"十四五"普通高等教育系列教材

U0161540

土木工程结构试验

（第二版）

主　编　曹国辉

副主编　贺　冉　胡张齐

参　编　何　敏　张再华　祝明桥　胡习兵

　　　　祝　新　陈　泉　熊　浩

主　审　李振宝

中国电力出版社
CHINA ELECTRIC POWER PRESS

内 容 提 要

本书为"十四五"普通高等教育系列教材。全书共分为 10 章,主要内容包括概述、结构试验基本原理、结构试验加载方法与设备、结构试验测量技术、结构试验模型设计、结构荷载试验、结构耐久性试验、建筑结构的现场检测技术、桥梁现场荷载试验、结构试验数据处理。本书在阐述传统试验方法及手段的基础上,介绍了国内外最新发展的试验理论及方法,理论与实践相结合,在阐明结构试验基本原理的基础上,重点介绍试验方法与技能,内容精练,重点突出,适用性强。

本书可作为高等院校土木工程及相关专业教材,也可供从事结构试验的工程技术人员参考使用。

扫码获取本书
配套数字资源

图书在版编目(CIP)数据

土木工程结构试验/曹国辉主编. —2 版. —北京:中国电力出版社,2023.8
ISBN 978-7-5198-7940-2

I. ①土⋯ II. ①曹⋯ III. ①土木工程-工程结构-结构试验-高等学校-教材 IV. ①TU317

中国国家版本馆 CIP 数据核字(2023)第 119585 号

出版发行:中国电力出版社
地　　址:北京市东城区北京站西街 19 号(邮政编码 100005)
网　　址:http://www.cepp.sgcc.com.cn
责任编辑:孙　静(010-63412542)
责任校对:黄　蓓　常燕昆
装帧设计:张俊霞
责任印制:吴　迪

印　　刷:廊坊市文峰档案印务有限公司
版　　次:2009 年 4 月第一版　2023 年 8 月第二版
印　　次:2023 年 8 月北京第十二次印刷
开　　本:787 毫米×1092 毫米　16 开本
印　　张:16
字　　数:397 千字
定　　价:50.00 元

版 权 专 有　侵 权 必 究

本书如有印装质量问题,我社营销中心负责退换

前　言

　　土木工程专业注重培养学生理论结合实践的能力，学生毕业后会进入科研、施工、检测、设计等工作岗位，在从业过程中所接触到的新理论、新结构、新工艺、新材料等，需要通过试验的方法来检验、验证。对常规工程问题，如产品质量鉴定、工程改建与加固、施工质量鉴定等，也需要结合试验手段给出评定依据或工程建议，这就需要从业人员具备试验组织、实施及数据处理的能力。基于以上几点，本书作者对《土木工程结构试验》进行了修订，本书可作为高等院校土木工程专业教材，也可供从事结构试验的工程技术人员参考使用。

　　本书在第一版的基础上增加了"结构耐久性试验"章节，第9章增加了"桥梁技术状况评定"部分。全书主要内容包括概述、结构试验基本原理、结构试验加载方法与设备、结构试验测量技术、结构试验模型设计、结构荷载试验、结构耐久性试验、建筑结构的现场检测技术、桥梁现场荷载试验、结构试验数据处理。

　　本次修订除对相关规范进行更新外，还对近些年的材料、工艺、设备、量测手段等的最新发展进行了阐述。本书阐明了结构试验基本原理，重点介绍了试验方法与技能，注意理论与工程实践相结合，内容全面、系统性强，把最新的试验设备、试验方法、规范标准、科研成果和工程实践案例引入到各章节中，便于读者理解和掌握。为方便教学，本书配套有相应的教学PPT，可扫码获取。

　　本书分工如下：湖南科技大学祝明桥编写第1章，湖南城市学院曹国辉编写第2、7章，胡张齐编写第3、4章，张西华编写第5章，贺冉编写第6章，湖南金君工程科技有限公司熊浩编写第8章8.1、8.2节，湖南城市学院检测中心有限公司陈泉编写第8章8.3、8.4节，湖南城市学院何敏编写第9章，中南林业科技大学胡习兵编写第10章10.1～10.3节，祝新编写第10章10.4节，另外，刘锐、曹祥、李高辉三位研究生在该书的编写过程中参与了文字修订、图片编辑以及本书配套PPT的制作等工作。

　　本书由湖南城市学院曹国辉主编，贺冉、胡张齐副主编，北京工业大学李振宝审阅了全书，提出了许多宝贵的意见，在此表示衷心的感谢。

　　限于编者水平，书中不足之处在所难免，敬请读者批评指正。

编　者

2023年6月

第一版前言

　　本书为 21 世纪高等学校系列教材，是根据高等院校土木工程专业的教学要求，按照"土木工程结构实验"教学大纲的要求编写而成的，可作为高等院校土木工程专业的教材，也可供从事结构试验的工程技术人员参考。

　　本书主要内容包括绪论、结构试验基本原理、结构试验加载方法与设备、结构试验测量技术、结构试验模型设计、结构荷载试验、建筑结构的现场检测技术、桥梁现场荷载试验、结构试验数据处理。

　　本书在阐述传统试验方法及手段的基础上，介绍了国内外最新发展的试验理论及方法，注意理论与实践相结合；在阐明结构试验基本原理的基础上，重点介绍试验方法与技能，教材内容安排由浅入深，易于接受掌握。

　　本书编写分工如下：湖南科技大学祝明桥编写第 1、2 章，湖南城市学院曹国辉编写第 3、4 章、第 8 章第 8.1、8.2 节，湖南工学院李知兵编写第 5 章，中南林业科技大学胡习兵编写第 6、7 章，惠州市天堃道路桥梁工程检测有限公司郑日亮编写第 8 章第 8.3 节，湖南城市学院贺冉编写第 9 章第 9.1～9.3 节，祝新编写第 9 章第 9.4 节。

　　本书由曹国辉主编，祝明桥、胡习兵副主编，由北京工业大学李振宝审阅了全书，提出了许多宝贵的意见，在此表示衷心的感谢。

　　编者的水平有限，书中错误和不足之处在所难免，敬请读者批评指正。

编　者

2009 年 1 月

目　录

第1章 概　　述

　　土木工程结构包括房屋结构、桥梁结构、地下结构等。结构形象的理解就是"骨架"，其功能是承受荷载作用并产生作用效应，产生的作用效应须满足各级规范要求（包括规范、规程、标准等）。例如，剪力墙结构是高层建筑最主要的结构形式之一，除承受竖向荷载作用之外还要抵抗水平荷载作用（如风荷载、地震作用等），当遭遇地震作用时会产生侧移，但必须满足刚度和安全性要求，目前主要以层间位移角作为参考指标，《建筑抗震设计规范》（GB 50011—2010）规定剪力墙的弹性层间位移角不超过 1/1000，弹塑性层间位移角不超过 1/120，其中，地震就是结构所承受的作用，而层间位移角就是地震产生的作用效应。

$$结构 \xrightarrow{承受} 作用 \xrightarrow{产生} 作用效应 \xrightarrow{满足} 要求（规范、规程、标准）$$

　　确保实现结构的功能，常采用以下三种途径：

　　第一种途径是理论分析：利用现有成熟的理论，计算分析结构在各种作用下的作用效应，使其满足规范、规程、标准要求。例如：《混凝土结构》《钢结构》《砌体结构》《桥梁结构》等课本知识，都是从理论的角度解决实现结构功能问题。

　　第二种途径是结构试验：对结构施加各种作用，通过测试得到结构在作用下的作用效应，从而评判结构是否满足要求。

　　第三种途径是计算机程序模拟分析：利用计算机程序模拟分析结构在各种作用下的作用效应，通过大量的参数分析，寻找其中的规律，从而解决结构功能问题。

　　上述三种解决结构功能的途径，彼此并不是独立的，而是互为指导和验证的关系；特别是随着土木工程结构的不断发展，结构越来越复杂，要确保这些结构功能的实现，这三种途径缺一不可。由于新的结构理论还不够成熟，所以结构试验必不可少，但是结构试验不可能完全模拟真实状态，试验本身会受到各种条件的限制，例如：试验经费、试验环境等；借助计算机程序模拟试验，一方面可以弥补试验的不足，另一方面可以通过大量的参数分析寻找其中的规律，从而发展新的结构理论。因此，结构理论、结构试验和计算机程序模拟分析，构成了解决现代土木工程结构体系的三大支柱，见图1-1。

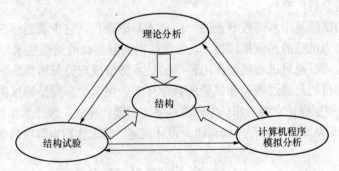

图1-1　理论分析、结构试验和计算机程序模拟分析三者关系

本课程重点讲述土木工程结构试验。

土木工程结构试验是一项科学性、实践性很强的活动，是研究和发展土木工程结构新材料、新体系、新工艺以及探索结构设计理论的重要手段，在土木工程结构科学研究和技术革新等方面起着重要的作用。

科学研究理论需要在实践中进行验证。对土木工程结构而言，确定材料的力学性能，建立复杂结构计算理论，验证梁、板、柱等单个构件的计算方法，都离不开具体的试验研究。因此，土木工程结构试验是研究和发展结构计算理论不可缺少的重要环节。

由于电子计算机的普遍应用，土木工程结构的设计方法和设计理论已经发生了根本性的变化，以前需要大量手工计算，难以精确分析的复杂结构问题，现在可凭借计算机简而化之。但结构试验在科研、设计和施工中的地位并没有因此改变。由于测试技术的进步，迅速提供精确可靠的试验数据比过去更加受到重视，因此土木工程试验仍是解决土木工程结构领域科研和设计问题必不可少的手段。其原因主要有以下几个方面：

（1）结构试验是人们认识自然的重要手段。认识的局限性使人们对诸如结构的材料性能等问题还缺乏真正透彻的了解。例如，在进行结构动力反应分析时要用到的阻尼比至今不能用分析的方法求得。而试验及其应用则是拓宽人们认识局限性的重要手段。

（2）结构试验是验证结构理论的有效方法。从最简单的结构受弯杆件截面应力分布的平截面假定理论、弹性力学平面应力问题中应力集中现象的计算理论到比较复杂的、不能对研究问题建立完善数学模型的结构平面分析理论和结构空间分析理论，以及隔震结构、耗能结构的理论发展都离不开结构试验这种有效的理论验证方法。

（3）结构试验是土木工程结构质量鉴定的直接方式。对于已建的结构工程，无论是某一具体的结构构件还是结构整体，任何目的的质量鉴定，所采用的直接方式仍是结构试验。

（4）结构试验是制定各类技术规范和技术标准的基础。我国现行的各种结构设计规范总结了已有大量科学试验的成果和经验；为设计理论和设计方法的发展进行了大量针对钢筋混凝土结构、砖石结构和钢结构的梁、柱、框架、节点、墙板、砌体等实物和缩尺模型的试验。对实体构造物的试验研究，为我国编制各种结构设计规范提供了基本的资料和试验数据。

（5）结构试验是建筑工程自身发展的需要。自动控制系统和电液伺服加载系统在结构试验中的广泛应用，从根本上改变了试验加载的技术：由过去重力加载逐步改进为液压加载，进而过渡到低周反复加载、拟动力加载及地震模拟随机振动台加载；在试验数据的采集和处理方面，工程试验已实现了测量数据的快速采集、自动化记录和数据自动化处理分析；这些都是结构试验自身发展的产物。

土木工程结构试验是土木工程专业的一门技术基础课程。它主要的研究内容包括：工程结构静力试验和动力试验的加载模拟技术，工程结构变形参数的测量技术，试验数据的采集，信号分析及处理技术以及对试验对象作出科学的技术评价或理论分析等。

学习本课程的目的是通过理论和试验的教学环节，使学生掌握结构试验方面的基本知识和基本技能，并能根据设计、施工和科学研究任务、需要，完成一般土木工程结构的试验设计与试验规划，为今后从事土木工程结构科研、设计或施工等工作积累解决问题的手段和方法。

1.1　结构试验的任务

土木工程结构试验的任务是以土木工程结构（实物或模型）为研究对象，通过加载技术对研究对象施加各种作用，借助测试技术对结构物受作用后的性能进行观测。通过对测量数据的分析，如变形、应变、温度、振幅、频率、裂缝宽度等，从强度（稳定）、刚度、抗裂性以及结构实际破坏形态来判明结构的实际工作性能，评估结构的承载能力，确定结构对使用要求的符合程度。通过结构试验检验并发展结构计算理论，例如：

（1）钢筋混凝土简支梁在静力集中荷载作用下，通过测得梁在不同受力阶段的挠度、角变位、截面上纤维应变和裂缝宽度等参数来分析梁的整个受力过程及结构的承载力、刚度和抗裂性能。

（2）当一个框架承受水平动力荷载作用时，同样可以从测得结构的自振频率、阻尼系数、振幅和动应变等数据研究结构的动力特性和结构在承受动力荷载作用下的动力反应。

（3）在结构抗震研究中，经常是通过低周期反复荷载作用下，由试验所得的应力与变形关系滞回曲线来分析抗震结构的承载力、刚度、延性、刚度退化和变形能力等。

因此，结构试验的任务，是通过加载技术进行试验，借助测试技术测定有关数据，由此反映结构构件的工作性能、承载能力和相应的安全度，为结构的安全使用和设计理论的建立提供重要依据。

1.2　结构试验的分类

结构试验可按试验目的、试验对象的尺寸、荷载的性质、作用时间的长短、所在场地的情况等因素进行分类。

1.2.1　根据不同试验目的分类

根据不同试验目的，结构试验可分为生产性试验和科研性试验两大类。

（一）生产性试验

这类试验经常具有直接的生产目的。它以实际建筑物或结构构件为试验鉴定对象，经过试验对具体结构构件作出正确的技术结论，常用来解决以下有关问题：

（1）综合鉴定重要工程和建筑的设计与施工质量。对于一些比较重要的结构与工程，除在设计阶段进行大量必要的试验研究外，在实际结构建成后还要求通过试验来综合鉴定其质量的可靠程度，图 1-2（a）所示遵余高速湘江大桥成桥试验就属于这类试验。

（2）对已建结构进行可靠性检验，以推断和估计结构剩余寿命。已建结构随着使用时间的增长，结构物会逐渐出现不同程度的老化现象，有的构件进入到老龄期，退化期或是更换期，有的甚至进入到危险期。为了保证已建结构物的安全使用，尽可能地延长其使用寿命并防止整个建筑的破坏、倒塌等重大事故的发生，国内外对结构物的使用寿命，尤其是使用寿命中的剩余期限，即剩余寿命特别关注。通常会先对已建结构物进行观察、检测和分析普查，再按可靠性鉴定规程评定结构所属的安全等级，并由此来判断其可靠性、评估其剩余寿命。可靠性鉴定大多采用非破损检测的试验方法。

（3）工程改建和加固，通过试验来判断具体结构的实际承载能力。旧有建筑的扩建加层、加固或由于需要提高建筑抗震设防烈度而进行的加固等情况，当仅凭理论计算不能得到分析结论时，常通过试验确定这些结构的潜在能力。这在缺乏旧有结构设计计算与图纸资料，而要求改变结构工作条件的情况下更有必要。图 1-2（b）所示为上海市建筑科学研究院进行的既有多层砌体住宅增设电梯与抗震加固试验。

（4）处理受灾结构和工程质量事故，通过试验鉴定提供技术依据。对遭受地震、火灾、爆炸等灾害而受损的结构，或在建造和使用过程中发现有严重缺陷（例如施工质量事故、结构过度变形和严重开裂等）的危险建筑，必须进行必要的详细检测。

（5）鉴定预制构件的产品质量。构件厂或现场生产的各种预制构件，在构件出厂或在现场安装之前，必须根据科学抽样试验的原则，按照预制构件质量检验评定标准和试验规程，通过一定数量的试件试验，以判断成批产品的质量，图1-2（c）所示为某工程的预制箱梁静载试验。

（a）　　　　　　　　　　　　（b）　　　　　　　　　　　　（c）

图 1-2　生产性试验

（a）遵余高速湘江大桥成桥试验；（b）既有多层砌体住宅增设电梯与抗震加固试验；（c）预制箱梁静载试验

（二）科研性试验

科研性试验通常用来解决下面两方面的问题。

（1）验证结构计算理论或通过结构试验创立新的结构理论。随着科学技术的进步，新方法、新材料、新结构、新工艺不断涌现。例如，高性能混凝土结构的工程应用，高温高压工作环境下的核反应堆安全壳，新的结构抗震设计方法，全焊接钢结构节点的热应力影响区等。每一种新的结构体系、新的设计方法都必须经过试验的检验，结构计算中的基本假设也需要试验验证。结构工程科学的每个新发现和进步都离不开结构试验，作为一门实验科学，结构工程强调结构试验在推动结构工程技术发展中所起的作用。图1-3（a）所示为天津大学进行的钢－UHPC 华夫板组合梁负弯矩区抗弯性能试验，该研究旨在为 UHPC 这种新材料在桥梁中的发展及应用提供指导；图1-3（b）所示为湖南大学进行的钢筋混凝土简支梁受剪性能试验，该研究对低配箍率有腹筋梁的受剪承载力计算方法提出了修正建议。

（2）制订结构设计规范和标准。由于土木工程结构关系到公共安全和国家经济发展，结构的设计、施工、维护必须有章可循，这些规章就是结构设计规范和标准，施工验收规范和标准以及其他技术规程。我国现行的各种结构设计和施工规范在编写过程中除了总结已有的工程经验和结构理论外，还进行了大量的混凝土结构、砌体结构、钢结构的梁、柱、板、框架、墙体、节点等构件的结构试验。系统的结构试验和研究为结构的安全性、实用性、耐久性提供了可靠的保证。

图1-3（c）、（d）分别为湖南城市学院进行的页岩陶粒混凝土徐变试验和外墙板平面外受力性能试验，旨在为《湖南省保温防水装配式一体化轻质外墙板技术规程》的制定提供依据。

图 1-3　科研性试验

（a）UHPC 华夫板组合梁负弯矩区抗弯性能试验；（b）钢筋混凝土简支梁受剪性能试验；

（c）页岩陶粒混凝土徐变试验；（d）页岩陶粒混凝土外墙板平面外受力性能试验

1.2.2　按试验对象分类

（一）原型试验

原型试验的对象是实际结构或者是按实物结构足尺复制的结构或构件。

实物试验一般用于生产性试验，例如秦山核电站安全壳加压整体性能试验就是一种非破坏性的现场试验。对于工业厂房结构的刚度试验、楼盖承载力试验等都是在实际结构上加载测量的。针对结构动力特性的风振测试和通过环境随机振动测定也是在高层建筑上直接进行。另外，桥梁结构中大跨桥梁的成桥试验等均属此类，图 1-2（a）所示遵余高速湘江大桥成桥试验。在原型试验中另一类就是对实际结构构件的试验，也可以在现场试验。为了保证测试的精度，防止环境因素对试验的干扰，目前国外已将这类足尺模型试验从现场转移到结构实验室进行。如日本已在室内完成了 7 层框架结构房屋足尺模型的抗震静力试验，近年来国内大型结构试验室的建设也已经考虑到这类试验的要求，图 1-4 所示为中建科技集团有限公司进行的后张预应力压接装配混凝土框结构足尺试验，框架模型首层层高 4.2m，顶层层高 3.5m，中梁跨度为 8.5m，边梁跨度为 7.5m。

（二）模型试验

模型是依照原型并按一定的比例关系复制而成的试验代表物。它具有实际结构的全部或部分特征，但大部分结构模型是尺寸比原型小得多的缩尺结构。当试验研究有特殊需要时也可以制作成 1:1 的足尺模型作为研究对象。由于受投资大、周期长、测量精度、环境因素等的影响，进行原型结构试验在物质和技术上常会存在某些困难。人们在结构设计的方案阶段进行初步比较或对设计理论和计算方法进行探索研究时，多采用比原型结构小的模型进行试验。图 1-5 所示的横风作用下高速列车—桥梁系统气动特性风洞试验就属于模型试验，列车模型采用 3D 打印制作，模型与实际列车在外形上保持几何相似。

模型的设计制作与试验是根据相似理论进行：用适当的比例和相似材料制成与原型几何相似的试验对象，在其上施加相似力系使模型受力后重现原型结构的实际工作状态，最后按相似理论由模型试验结果推算出实际结构的工作性能。因此，模型试验对模拟条件要求比较严格，即要求做到几何相似、力学相似和材料相似。这类满足严格的相似条件的模型称为相似模型。

由于严格的相似条件给模型设计和试验带来一定困难，在结构试验中尚有另一类型的模型，称为缩尺模型。缩尺模型是真型结构缩小几何尺寸的试验代表物，它不须遵循严格的相似条件，将模型的试验结果与理论计算对比校核，用以研究结构的性能，验证设计假定与计算方法的正确性，并认为这些结果所证实的一般规律与计算理论可以推广到实际结构中。例如，在教学试验中通过钢筋混凝土结构受弯构件的小梁试验可以同样说明钢筋混凝土结构正截面的设计计算理论。

图 1-4　原型试验（后张预应力压接装配　　　　图 1-5　模型试验（横风作用下高速列车—
混凝土框架结构足尺试验）　　　　　　　　桥梁系统气动特性风洞试验）

1.2.3　按试验荷载的性质分类

（一）结构静力试验

结构静力试验是结构试验中最多、最常见的基本试验，绝大部分结构在工作中承受的是静力荷载。在静力荷载作用下研究结构的承载力、刚度、抗裂性和破坏机理，一般可以通过重力或各种类型的加载设备来模拟和实现试验加载要求。

静力试验的加载过程是使荷载从零开始逐步递增直到试验某一预定目标或破坏为止，是在一个不长的时间段内完成试验加载的全过程。人们称这种试验为结构静力单调加载试验。

近年来由于探索结构抗震性能的需要，结构抗震试验成为一种重要的试验方式。结构抗震静力试验是以静力的方式模拟地震作用的试验，它是一种通过控制荷载或控制变形，作用于结构的周期性反复静力荷载。为与一般单调加载试验区别，称其为低周反复静力加载试验，也称伪静力试验。目前国内外结构抗震试验较多集中在这一方面。

静力加载试验最大的优点是加载设备相对简单，荷载可以逐步施加，也可以暂时停止以便观察结构变形和裂缝的发展，给人们以最明确和清晰的破坏概念。在实际应用中，即使是承受动力荷载的结构，在试验过程中为了解静力荷载下的工作特性，往往在动力试验之前先进行静力试验，如结构构件疲劳试验。

静力试验的缺点是不能反映应变速率对结构的影响，特别是在结构抗震试验中，静力试验结果往往与任意一次确定性的非线性地震反应相差很远。目前在抗震静力试验中，虽然已出现了计算机与加载器联机试验系统，可以弥补后一种缺点，但设备耗资较大，且每个加载周期远远大于实际结构的基本周期，故使用较少。

（二）结构动力试验

结构动力试验是研究结构在不同性质动力作用下结构动力特性和动力反应的试验。如研究厂房结构承受吊车及动力设备作用的动力特性，吊车梁的疲劳强度与疲劳寿命，多层厂房由于机器设备在楼上安装后产生的振动影响，高层建筑和高耸构筑物在风荷载作用下的动力问题，结构抗爆炸、抗冲击问题等，特别是在结构抗震性能的研究中，除了应用上述静力加载模拟试验以外，更为理想是直接施加动力荷载进行试验。目前抗震试验一般使用电液伺服加载设备或地震模拟振动台等设备进行。

工程结构风洞实验装置是一种能够产生和控制气流以模拟建筑或桥梁等结构物周围的空气流动，并可量测气流对结构的作用、观察有关物理现象的管状空气动力学试验设备。在多层房屋和工业厂房结构设计中，房屋的风载体型系数就是风洞试验的结果。结构风洞试验模型可分为钝体模型和气弹模型两种。其中，钝体模型主要用于研究风荷载作用下结构表面各个位置的风压；气弹模型则主要用于研究风致振动以及相关的空气动力学现象。超大跨径桥梁、大跨径屋盖结构和超高层建筑等新型结构体系常用风洞试验来确定与风荷载有关的设计参数。图 1-5 所示为中南大学进行的横风作用下高速列车-桥梁系统气动特性风洞试验。

对于现场或野外的动力试验，利用环境随机振动试验测定结构的动力特性模态参数的做法也日益增多。另外，还可以利用人工爆炸产生人造地震的方法或直接利用天然地震对结构进行试验。

由于荷载特性的不同，动力试验的加载设备和测试手段也与静力试验有很大差别，并且要比静力试验复杂得多。

1.2.4　按试验时间分类

（一）短期荷载试验

短期荷载试验是指结构试验时限于试验条件、试验时间或其他各种因素和基于及时解决问题的需要，对于实际承受长期荷载作用的结构构件，在试验时将荷载从零开始加载到最后结构破坏或某个阶段进行卸荷的时间总共只有几十分钟、几小时或者几天；或者当结构受地震爆炸等特殊荷载作用时，整个试验过程只有几秒甚至是微秒或毫秒级的时间，这种试验实际上是一种瞬态的冲击试验，属于动力试验的范畴。严格地讲，短期荷载试验不能代表长年累月进行的长期荷载试验，对其中由于具体的客观因素或技术限制所产生的影响，必须在试验结果的分析和应用时加以考虑。图 1-6 所示剪力墙拟静力试验和图 1-3（d）所示页岩陶粒混凝土外墙板平面外受力性能试验都属于短期荷载试验。

（二）长期荷载试验

长期荷载试验是指结构在长期荷载作用下研究结构变形随时间变化规律的试验，如混凝土的徐变、预应力结构钢筋的松弛等需要在静力荷载作用下进行的长期试验。长期荷载将连续进行几个星期或几年时间，通过试验获得结构的变形随时间变化的规律。为保证试验精度，试验环境应有严格控制，如保持恒温、恒湿、防止振动影响等。所以，长期荷载试验一般是在试验室内进行的。但如果能在现场对实际工作中的结构构件进行系统的、长期的观测，那么这样积累和获得数据资料将对于研究结构的实际工作性能以及进一步完善和发展结构理论具有更为重要的意义。图 1-7 所示组合板疲劳试验和图 1-3（c）所示页岩陶粒混凝土徐变试验都属于长期荷载试验。

图 1-6 剪力墙拟静力试验   图 1-7 组合板疲劳试验

1.2.5 按试验场所分类

（一）试验室结构试验

试验室结构试验由于其具备良好的工作条件、可以应用精密和灵敏的仪器设备、具有较高的准确性，甚至可以人为地创造一个适宜的工作环境以减少或消除各种不利因素对试验的影响，所以适用于研究性试验。其试验的对象可以是原型或模型，也可以对结构进行破坏性试验。近年来大型结构试验室的建设，特别是应用电子计算机控制试验，为发展足尺结构的整体试验和实际结构试验的自动化提供了更为有利的工作条件。

（二）现场结构试验

现场结构试验是指在生产或施工现场进行的实际结构试验，较多用于生产性试验。试验对象主要是正在生产使用的已建结构或将要投入使用的新结构。由于受客观条件的干扰和影响，高精度高灵敏度的仪表设备应用经常会受到限制，因此试验精度和准确度较差。特别是由于现场试验中没有试验室中应用的固定加载设备和试验装置，对试验加载会带来较大的困难。但是，目前应用非破坏检测技术手段进行现场试验，仍然可以获得近乎实际工作状态下的数据资料。

1.3 结构试验的发展

现代科学技术的不断发展，为结构试验水平的提高创造了物质条件；同样，高水平的结构试验又促进结构工程学科不断发展和创新。近年来，现代结构试验和相关的理论及方法在以下几个方面发展迅速。

1.3.1 先进的大型和超大型试验装备

在现代制造技术的支持下，大型结构试验设备不断被投入使用，使加载设备模拟结构实际受力条件的能力越来越强。例如，电液伺服压力试验机的最大加载能力可达 100000kN（万吨），可完成实际结构尺寸的高强度混凝土柱或钢柱的破坏性试验。图 1-8 所示为中建三局利用万吨级多功能试验系统进行的加压成型钢管混凝土叠合柱受压试验，也是全球首个万吨级加载试验。拟建设的地震模拟振动台阵列，由多个独立振动台组成。当振动台排成一列时，可用来模拟桥梁结构遭遇地震作用；若排列成一个方阵，可用来模拟建筑结构遭遇地震作用。复杂多向加载系统可以使结构同时受到轴向压力、两个方向的水平推力和不同方向的扭矩，而且这类系统可以在动力条件下对试验结构反复加载。以再现极端灾害条件为目的，大型风洞、大型离心机、大型火灾模拟结构试验系统等试验装备也相继投入运行，使研究人员和工程师能够通过结构试验更准确地掌握结构性能，改善结构防灾抗灾能力，发展结构设计理论。

图 1-8　万吨级多功能试验系统

1.3.2　基于网络的远程协同结构试验

互联网的飞速发展，为我们展现了一个崭新的世界。当外科手术专家通过互联网进行远程外科手术时，基于网络的远程结构试验体系也正在形成。上个世纪末，美国国家科学基金会投入巨资建设"远程地震模拟网络"，希望通过远程网络将各个结构实验室联系起来，利用网络传输试验数据和试验控制信息，网络上各站点（结构实验室）在统一协调下进行联机结构试验，共享设备资源和信息资源，实现所谓"无墙实验室"的科学构想。我国也在积极开展这一领域的研究工作，并已开始进行网络联机结构抗震试验。基于网络的远程协同结构试验集结构工程、地震工程、计算机科学、信息技术和网络技术于一体，充分体现了现代科学技术相互渗透、交叉、融合的特点。

1.3.3　现代测试技术

现代测试技术的发展以新型高性能传感器和数据采集技术为主要方向。传感器是信号检测的工具，理想的传感器具有精度高、灵敏度高、抗干扰能力强、测量范围大、体积小、性能可靠等特点。新材料，特别是新型半导体材料的研究与开发，促进了很多对于力、应变、位移、速度、加速度、温度等物理量敏感的传感器的发展。如利用微电子技术，使传感器具有一定的信号处理能力，形成所谓"智能传感器"；使用新型光纤传感器在上千米范围内以毫米级的精度确定混凝土结构裂缝的位置；使用大量程高精度位移传感器在 1000mm 测量范围内，将精度控制到 ±0.01mm，即 0.001% 的精度；将基于无线通信的智能传感器网络应用于大型工程结构健康监控等。测试仪器的性能也得到极大的改进，特别是由于与计算机技术相结合，使数据采集技术发展迅速。高速数据采集器的采样速度达到 500 次/s，可以清楚地记录结构经受爆炸或高速冲击时响应信号前沿的瞬态特征。利用计算机存储技术，长时间大容量数据采集已不存在困难。

1.3.4　计算机与结构试验

毫无疑问，计算机已渗透到我们日常生活中，甚至成为我们生活的一部分。计算机同样成为结构试验必不可少的一部分。安装在传感器中的微处理器，数字信号处理器（DSP），数据存储和输出，数字信号分析和处理，试验数据的转换和表达等，都与计算机密切相关。离开了计算机现代结构试验技术就不复存在。特别值得一提的是大型试验设备的计算机控制技术和结构性能的计算机仿真技术。多功能高精度的大型试验设备（以电液伺服系统为代表）的控制系统于 20 世纪末告别了传统的模拟控制技术，转而采用计算机控制技术，使试验设备能够完成复杂、快速的试验任务。以大型有限元分析软件为标志的结构分析技术也极大地促进了结构试验的发展，在结构试验前，通过计算分析预测结构性能，制订试验方案。完成结构试验后，通过计算机仿真处理，结合试验数据，对结构性能作出完整的描述。在结构抗震、抗风、抗火等研究方向和工程领域，计算机仿真技术和结构试验的结合越来越紧密。例如，清华大学陆新征团队在开源有限元程序 OpenSees 的基础上，开发了分层壳模型和相应的混凝土本构，该模型可很好地模拟剪力墙的受力特性，也能很好地用于工程应用，具有较高的精度与效率，如图 1-9 所示。

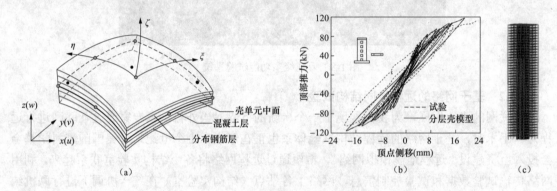

图 1-9　OpenSees 分层壳单元

（a）分层壳单元；（b）剪力墙滞回曲线；（c）核心筒 OpenSees 结构模型图

1.4　结构试验课程的特点

结构试验是土木工程专业的一门专业课，这门课程与其他专业课有着密切的关系。首先，结构试验课程以土木工程结构的专业知识为基础。设计一个结构试验，在试验中准确地测量数据、观察试验现象，需要试验人员具有完整的结构概念，能够对结构性能作出正确的计算。因此，材料力学、结构力学、弹性力学、混凝土结构、砌体结构、钢结构等结构专业课程是本课程的基础，掌握本课程的理论和方法，也将对结构性能和结构理论有更深刻的理解。其次，结构试验依靠试验加载设备和仪器仪表来进行，了解这些设备和仪器的基本原理和使用方法是本课程的一个重要环节。掌握机械、液压、电工学、电子学、化学、物理学等方面的知识，也对理解结构试验方法很有帮助。此外，电子计算机是现代结构试验技术的核心，结构试验中，常运用计算机进行试验控制、数据采集、信号分析和误差处理，结构试验技术也涉及自动控制、信号分析、数理统计等课程。总之，结构试验是一门综合性很强的课程，结构试验常常以直观的方式表现结构性能，但必须综合运用各方面的知识，全面掌握结构试验技术，才能准确地理解结构受力的本质，通过试验结果提高结构理论水平。

　　在对结构进行鉴定性试验和科研性试验时，试验方法必须遵守一定的规则。近年来，我国先后颁布了《混凝土结构试验方法标准》（GB/T 50152—2012），《建筑抗震试验规程》（JGJ/T 101—2015）等专门技术标准。对不同类型的结构，也用技术标准的形式规定了检测方法。通过这些与结构试验有关的技术标准或在技术标准中与结构试验有关的规定，可以确保试验数据准确、结构安全可靠、统一评价尺度，其作用与结构设计规范相同，在进行结构试验时必须遵守。

　　结构试验强调动手能力的训练和培养，是一门实践性很强的课程。学习这门课程，必须完成相关的结构和构件试验，熟悉仪器仪表的操作。除掌握常规测试技术外，很多知识是在具体试验中掌握的，要在试验操作中注意体会。

本章小结

　　（1）结构试验的任务就是在结构物或试验对象上，使用仪器设备和工具，采用各种试验技术手段，在荷载或其他因素作用下，通过测量与结构工作性能有关的各种参数，从强度、刚度和抗裂性以及结构实际破坏形态来判明结构的实际工作性能，估计结构的承载力，确定结构对使用要求的符合程度，并用以检验和发展结构的计算理论。

　　（2）根据不同的试验目的，结构试验可归纳为生产性试验和科研性试验两大类。生产性试验经常具有直接的生产目的，它以实际建筑物或结构构件为试验鉴定对象，经过试验对具体结构构件作出正确的技术结论。科学研究性试验的目的是验证结构设计计算的各种假定，为制定各种设计规范、发展新的设计理论、改进设计计算方法、发展和推广新结构、新材料及新工艺提供理论依据与试验依据。

　　（3）结构试验除了按试验目的分为生产性试验和科研性试验外，还可按试验对象分为原型试验、模型试验；按试验荷载的性质分为结构静力试验、结构动力试验；按试验时间分为短期荷载试验、长期荷载试验；按试验场所分为试验室结构试验、现场结构试验。

复习思考题

1-1　简述结构试验的任务。

1-2　土木工程结构试验分为哪几类？有何作用？

1-3　目前结构试验有何发展？

第 2 章 结构试验基本原理

2.1 结构试验的一般程序

结构试验大致可分为结构试验设计、试验准备、试验实施及试验分析等主要环节。每个环节的工作内容和相互关系如图 2-1 所示。

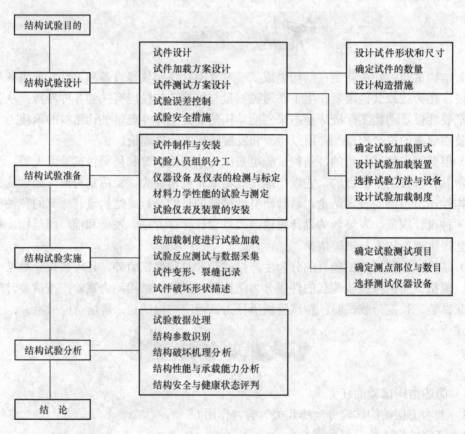

图 2-1 结构试验程序框图

2.1.1 结构试验设计

结构试验设计是整个结构试验与测试技术中极为重要且具有全局性的一项工作。它的主要内容是对所要进行的结构试验工作进行全面的设计与规划，从而使设计的计划与试验大纲对整个试验起到统管全局和具体指导的作用。

在进行结构试验的总体设计时，首先应该反复研究试验目的，充分了解本项试验研究或生产鉴定的任务要求，进行调查研究，收集相关资料，包括在该方面已有的理论假定、试验及其试验方法、试验结果和存在的问题等。在以上工作的基础上确定试验的性质与规模。试件的设计制作、加载测量方法的确定等各个环节不可孤立考虑，各种因素相互联系，必须要综合考虑，才能使设计结果在执行与实施中达到预期目的。

对于科研性试验，首先应根据研究课题了解其在国内外的发展状况和前景，并通过收集和查阅有关的文献资料，确定试验研究的目的和任务；确定试验的规模和性质，并在此基础上决定试件设计的主要组合参数，根据试验设备的能力确定试件的外形和尺寸；进行试件设计与制作；确定加载方法，设计加载系统；选定测量项目及测量方法；进行设备和仪表的率定；作好材料性能试验或其他辅助试件的试验；制定试验安全防护措施；提出试验进度计划和试验技术人员分工；工程材料需用计划、经费开支预算、试验设备、仪表及附件的清单等。

生产性试验的设计，往往是针对某一已建成的具体结构进行，一般不存在试件设计和制作问题，但应向有关设计、施工和使用单位或人员申请查阅相关试验项目的设计图纸、计算书、设计依据、施工记录、材料性能试验报告、隐蔽工程验收记录、使用历史（年限、过程、荷载情况等）、事故过程等材料档案，并对构件进行实地考察，检查结构的设计和施工质量状况，最后根据试验目的和要求制定试验计划。对于受灾损伤的结构，还必须了解受灾的起因、过程与结构的现状。对于实际调查的结果要加以整理（书面记录、草图、照片等）作为拟定试验方案，进行试验设计的依据。

2.1.2 结构试验准备

结构试验准备阶段是将结构试验设计阶段确定的试件按要求制作、安装与就位，将加载设备和测试仪表率定、安装就位，完成辅助试验工作，准备记录表格，算出各加载阶段结构各特征部位的内力及变形值。结构试验准备工作十分繁琐，不仅涉及面广，而且工作量大，通常准备工作占全部试验工作量的 1/2～2/3 以上。试验准备阶段的工作质量直接影响到试验结果的准确程度，有时还关系到试验能否顺利进行完毕。因此在试验准备阶段控制和把握试件的制作和安装就位、设备仪表的安装、调试和率定等主要环节是极为重要的。图 2-2 所示为叠合剪力墙拟静力试验的准备工作。

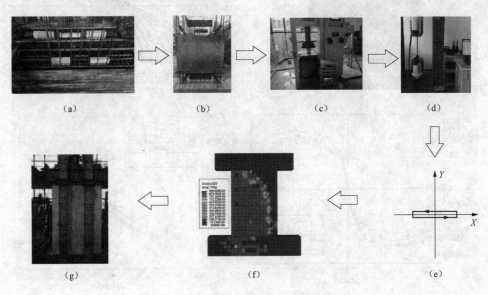

图 2-2 叠合剪力墙拟静力试验准备工作

（a）试件制作；（b）试件安装就位；（c）加载设备及仪器率定；（d）做好性能试验或其他辅助试件的试验；
（e）加载制度设计；（f）变形值、承载力验算；（g）制定试验安全防护措施，仪表安装

辅助试验完成后，要及时整理试验结果并作为结构试验的原始数据完整记录，对结构试验设计确定的加载制度控制指标进行必要的修正。结构试验准备工作，有时还与数据整理和资料分析有关，例如预埋应变片的编号和仪表的率定记录等。为了便于事后查对，试验组织者每天都应做好工作日记。

2.1.3　结构试验实施

按试验设计与试验准备阶段确定的加载制度进行正式加载试验。对试验对象施加外荷载是整个试验工作的中心环节，应按规定的加载顺序和测量顺序进行。重要的测量数据应在试验过程中随时整理分析，并与事先计算的数值进行比较，发现有反常情况时应查明原因或故障，将问题弄清楚后才能继续加载。

试验过程中除认真读数记录外，还必须仔细观察结构的变形，例如砌体结构和混凝土结构的开裂和裂缝的出现、走向及宽度，破坏的特征等。试件破坏后要绘制破坏特性图，有条件的可拍照或录像，作为原始资料保存，以便今后研究分析时使用。

2.1.4　结构试验分析

通过试验准备和加载试验阶段获得的大量数据和有关资料（如测量数据、试验曲线、变形观察记录、破坏特征描述等），一般不能直接回答试验研究所提出的各类问题，必须将数据进行科学地整理、分析和计算，做到去粗取精，去伪存真，再根据试验数据和资料编写总结报告。总结报告中应提出试验中发现的新问题及进一步的研究计划。图 2-3 所示为装配式剪力墙拟静力试验分析。

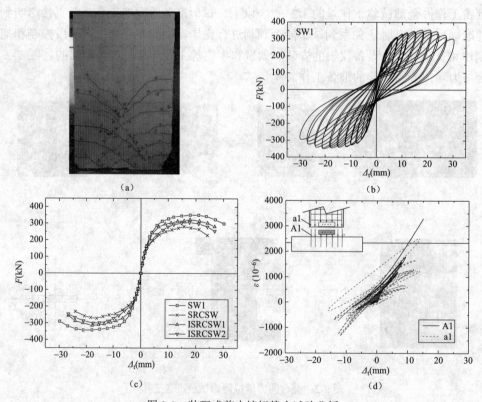

图 2-3　装配式剪力墙拟静力试验分析

（a）破坏形态；（b）滞回曲线；（c）骨架曲线；（d）应变-位移曲线

2.2 结构试验设计的基本原则

如果将工程结构视为一个系统，所谓"试验"是指给定系统的输入，并让系统在规定的环境条件下运行，考察系统输出，确定系统的模型和参数的全过程。从这一定义，可以确定结构试验设计的基本原则如下所述。

2.2.1 真实模拟结构所处的环境和结构所受到的荷载

工程结构在其使用寿命的全过程中，受到各种作用，并以荷载作用为主。要根据不同的结构试验目的选择试验环境和试验荷载。例如：地震模拟振动台试验再现地震的地面强烈运动，风洞试验则再现了结构所处的风环境，而为了考察混凝土结构遭受火灾的性能，试验则要在特定的高温装置中进行。在鉴定性结构试验中，可按照有关技术标准或试验目的确定试验荷载的基本特征。而在研究性结构试验中，试验荷载完全由研究目的决定。除对实际结构原型的现场试验外，在实验室内进行结构或构件试验时，试验装置的设计应注意模拟边界条件。图 2-4 所示的梁，通常称之为简支梁，根据弹性力学中的圣维南原理，我们知道，只要梁的两端没有转动约束，按初等梁理论，这就是与我们计算简图相符的简支梁。但是，图 2-4 所示梁的铰接位置不是在梁端的中轴线，而是在梁的底部。这种边界条件对梁的单调静力荷载试验的影响很小。但在梁的动力特性试验中，如果梁的跨高比不是很大，这种边界条件将在很大程度上改变梁的动力特性。

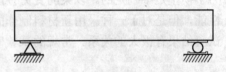

图 2-4 简支梁的支撑条件

2.2.2 消除次要因素影响

影响结构受力性能的因素有很多，一次试验很难同时确定所有因素的影响程度。此外，各影响因素中，有的是主要因素，有的是次要因素。通常，试验目的中明确包含的需要研究或需要验证的因素为主要因素。试验设计时，应进行仔细分析，注意消除次要因素的影响。

例如：试验目的是研究徐变对钢筋混凝土受弯构件的长期挠度的影响，为此，进行钢筋混凝土受弯构件的长期荷载试验。但影响受弯构件长期挠度的因素很多，除混凝土徐变外，还有混凝土的收缩。因此，为尽可能消除混凝土收缩的影响，试验宜在恒温恒湿条件下进行。

按照混凝土结构设计理论，钢筋混凝土梁可能发生两种类型的破坏，一种是弯曲破坏，另一种是剪切破坏。梁的剪切试验和弯曲试验均以对称加载的简支梁为试验对象。当以梁的受弯性能为主要试验目的时，观测的重点为梁的纯弯区段，在梁的剪弯区段应配置足够的箍筋以防剪切破坏影响试验结果。反之，当以梁的剪切性能为主要试验目的时，则应加大纵向受拉钢筋的配筋率，避免梁在发生剪切破坏之前出现以受拉钢筋屈服为标志的弯曲破坏。应当指出，加大纵向受拉钢筋配筋率对梁的剪切破坏也有一定的影响，但在试验研究中，以混凝土强度和配箍率为主要因素，而将拉筋配筋率视为次要因素。因此，大多数钢筋混凝土梁受剪性能的试验中，都采用高配筋率的梁试件。

在结构模型试验中，模型的材料、各部分尺寸以及细部构造，都可能和原型结构不尽相同，但主要因素必须在模型中得到体现。例如，采用模型试验的方法研究钢筋混凝土梁的受弯性能，如果模型采用的钢筋直径按比例缩小，则钢筋面积就不会按同一比例缩小，这使得试验主要因素发生改变，是不允许的。又如，在地震模拟振动台试验中，采用大比例缩尺模

型进行混凝土结构的抗震试验，如原型结构采用普通混凝土，最大骨料粒径可以达到 20mm
或更大，若采用 1:40 的比例制作结构模型，则只能选用最大骨料粒径为 3～5mm 的微粒混凝
土。从材料性能我们知道，微粒混凝土和普通混凝土尽管是两种不同的材料，但性能有相近
之处。所以采用微粒混凝土制作结构模型进行地震模拟振动台试验，能够反映结构在遭遇地
震时的主要性能，其他次要影响因素则不作为试验研究的重点，因此此种试验设计可行。

　　在大型结构试验中，更要注意把握结构试验的重点。按系统工程学的观点，有所谓"大
系统测不准"定理。意思是说系统越大越复杂，影响因素越多，这些影响因素的积累可能会
使测试数据的"信噪比"降低，影响试验结果的准确程度。不论是设计加载方案还是设计测
试方案，都应力求简单。复杂的加载子系统和庞大的测试仪器子系统，都会增加整个系统出
现故障和误差的概率。只要能实现试验目的，最简单的方案往往就是最好的方案。

2.2.3　将结构反应视为随机变量

　　从结构设计的可靠度理论可知，结构抗力和作用效应都是随机变量。因此，在设计和规
划结构试验时，必须将结构的反应视为随机变量。特别要强调指出的是，结构试验不同于材
料试验，在常规的材料强度试验中，用平均值和标准差表示试验结果的统计特征，这是众所
周知的处理方法。而结构试验的结果不但具有随机性，而且具有模糊性。这就是说，结构的
力学模型是不确定的。以梁的受力性能为例，根据材料力学，我们可以预测钢梁弹性阶段的
性能，但是对于一种采用新材料制作的梁，例如胶合木材制成的梁，其承载能力模型显然与
试验结果有极大的关系。常规的试验研究方法是根据试验结果建立结构的力学模型，再通过
试验数据分析确定模型的参数。

　　由图 2-5 所示的钢筋混凝土梁受剪承载能力的试验结果可知，试验结果是离散的。我们知道，影响梁的抗剪承载能力的因素有很多，梁的抗剪模型也有很多种。从 20 世纪初开始，国内外耗费人力物力进行了大量的钢筋混凝土梁的抗剪性能试验，然而试验证明，试验设计和规划的合理性对试验结果的分布规律有决定性的影响。

　　将结构反应视为随机变量，这一观点使得我们在结构试验设计时，必须运用统计学的方法设计试件的数量，排列影响因素（如采用基于数理统计的正交试验法），而在考虑加载设备、测试仪器时，必须留有充分的余地。有时，在进行新型结构体系或新材料结构的试验时，由于信息不充分，很难对试件制作、加载方案、观测方案等环节全面考虑，这时应先进行预备性试验，也就是为制定试验方案而进行试验。通过预备性试验初步了解结构的性能，再制订详尽的试验方案。

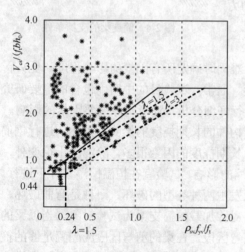

图 2-5　有腹筋梁受剪承载力试验结果
V_{cs} —只配箍筋钢筋混凝土梁的抗剪承载力；b —截面
宽度；h_0 —截面有效高度；f_t —混凝土抗拉
强度设计值；λ —剪跨比；f_{yv} —箍筋
抗拉强度设计值；ρ_{sv} —配箍率

2.2.4　合理选择试验参数

　　在结构试验中，试验方案涉及很多因素，这些参数决定了试验结构的性能。一般而言，
试验参数可以分为两类，一类与试验加载系统有关，另一类与试验结构的具体性能有关。例

如，约束钢筋混凝土柱的抗震性能试验，试验加载系统的能力决定柱的基本尺寸，试验参数中取柱的截面尺寸为 300mm×300mm，最大轴压比为 0.7，C40 级混凝土，试验中施加的轴压荷载约为 1700kN，这要求试验系统具有 2000kN 以上的轴向荷载能力。

试验结构的参数应在实际工程结构的可能取值范围内。钢筋混凝土结构常见的试验参数包括混凝土强度等级、配筋率、配筋方式、截面形式、荷载形式及位置参数等，砌体结构常见的试验参数有块体和砂浆强度等级，钢结构试验常以构件长细比、截面形式、节点构造方式等为主要变量。有时，出于试验目的的需要，要将某些参数取到极限值，以考察结构性能的变化。例如，试验钢筋混凝土受弯构件的界限破坏给出其承载力计算公式的适用范围，在试验中，梁试件的配筋率必须达到发生超筋破坏的范围，才能通过试验确定超筋破坏和适筋破坏的分界点。

在设计、制作试件时，对试验参数应进行必要的控制。如上所述，我们可以将试验得到的测试数据视为随机变量，用数理统计的方法寻找其统计规律，但试验参数分布应具有代表性。例如，钢筋混凝土构件的试验，取混凝土强度等级为一个试验参数，若按 C20、C25、C30 三个水平考虑进行试件设计，可能发生的情况是：受混凝土强度变异以及时间等因素的影响，试验时试件的混凝土强度等级偏离设计值，三个水平无法区分，导致混凝土强度这一因素在试验结果中体现不充分。

2.2.5 统一测试方法和评价标准

在鉴定性结构试验中，试验对象和试验方法大多已事先规定。例如，预应力混凝土叠合板试验，应符合《混凝土结构工程施工质量验收规范》（GB 5024—2015）的规定。采用回弹法、超声法等方法在原型结构现场进行混凝土非破损检测。钢结构的焊缝检验、预应力锚具试验等，也都必须符合有关技术标准的规定。

而在研究性结构试验中，情况则有所不同。结构试验是结构工程科学创新的源泉，很多新的发现来源于新的试验方法，我们不可能用技术标准的形式来规定科学创新的方法。但为了方便信息交换、建立共同的评价标准，我们又需要对试验方法有所规定，统一试验方法。例如，关于混凝土受拉开裂的定义。在 800 倍显微镜下，可以看到不受力的混凝土也存在裂缝，而在 100 倍放大镜下，可以看到宽度小于 0.003mm 的裂缝。但这种裂缝显然不构成我们对混凝土受力状态的评价。在常规的混凝土结构试验中，我们使用放大倍数 20~40 倍的裂缝观测镜，对裂缝的分辨率大约为 0.01mm。如果裂缝宽度小于观测的分辨率，我们认为混凝土没有开裂。这就是研究人员在结构试验中认可的开裂定义，它不由技术标准来规定，而是遵从历史沿革或约定惯例。在设计观测方案时，可以根据这个定义来考虑裂缝观测方案。

又例如，地震作用下，框架结构中的柱为压弯构件，即同时承受压力和弯矩的构件，在钢筋混凝土或型钢压弯构件的反复荷载试验中，加载速度是试验中需要控制的参数之一。压弯构件的反复荷载试验属结构抗震试验，加载速度越快，越接近实际结构在经历地震时的受力条件。受材料性能的影响，反复荷载作用下的压弯构件性能与加载速度有关，不同的加载速度，得到的试验结果也不同。选择压弯构件的试验加载速度，首先要考虑加载设备的能力、数据采集和记录能力等试验基本条件。而从信息交换、统一评价标准的角度来看，还必须考虑已往压弯构件试验研究的试验方法和其他研究人员进行压弯构件试验时采用的试验方法，以便对试验结果进行比较和评价。所有的科学研究都必须利用已有的成果，结构试验获取的新信息必须经过交流、比较、评价，才能形成新的成果。因此，结构试验要遵循学科领域中认可的标准或约定。

2.2.6 降低试验成本和提高试验效率

在结构试验中，试验成本由试件加工制作、预埋传感器、试验装置加工、试验用消耗材料、设备仪器折旧、试验人工费用和有关管理费等组成。在设计试验方案时，应根据试验目的选择适当的试验参数和仪器仪表，以达到降低试验成本的目的。一般而言，在试验装置和测试消耗材料方面，应尽可能重复利用以降低试验成本，如配有标准接头的应变计或传感器的导线，由标准件组装的试验装置等。

测试的精度要求对试验成本和试验效率也有一定的影响，盲目追求高精度只会增加试验成本，降低试验效率。例如，钢筋混凝土梁的动载试验中，要求连续测量并记录试件挠度和荷载，挠度的测试精度为 $0.05\sim0.1\mathrm{mm}$ 即可满足一般要求。但如要求挠度测试精度达到 $0.01\mathrm{mm}$，则传感器、放大器和记录仪都必须采用高精度高性能仪器仪表，使仪器设备费用和调试时间增加，对试验环境的要求也更加严格。

此外，设计结构试验方案时，还应仔细考虑安全因素。在实验室条件下进行的结构试验，要注意避免试件破坏或变形过大时，伤及实验人员，损坏仪器、仪表和设备。结构现场试验时，除上述因素外，还应特别注意因试验荷载过大引起的结构破坏。

2.3 测试技术基本原理

2.3.1 传感器技术

测试技术的关键之一是传感器技术。广义地说，传感器是一种转换器件，它能把物理量或化学量转换为可以观测、记录并加以利用的信号，在结构试验中，被转换的量一般为物理量，如力、位移、速度、加速度等。国际电工技术委员会对传感器的定义为：传感器是测量系统的一种前置部件，它将输入变量转换为可供测量的信号。如毫米波雷达传感器、电感式位移传感器、绝对式电感角位移传感器等，其中，毫米波雷达传感器在工作时，不会受到周围环境的光照、气候等环境因素的显著影响，目前已开始应用于汽车电子、安防、无人机、智能交通等多个行业中，包括导弹制导、汽车防撞、机场防入侵检测等。

结构试验就是在规定的试验环境下，通过各种传感器将结构在不同受力阶段的反应转换为可以观测、记录的定量信息。

2.3.2 试验结果的测量

为确定试验结构的反应量值而进行的过程称为测量，测量最基本的方式是比较，即将被测的未知物理量和预定的标准进行比较以确定物理量的量值。由测量所得到的被测物理量的量值表示为数值和计量单位的乘积。

测量可分为直接测量和间接测量。直接测量是指无须经过函数关系的计算，直接通过测量仪器得到被测量值。例如用钢尺测量构件的截面尺寸，通过与钢尺标示的长度直接比较就可得到构件的截面尺寸，这种测量方法是直接将被测物理量和标准量进行比较，方便直观。而采用百分表测量构件的变形则属于直接测量方法中的间接比较，百分表属于机械装置，使用时将待测物理量转换为百分表指针的旋转运动，百分表杆的直线运动和指针的旋转运动存在着固定的函数关系，这样，构件的变形与百分表指针的旋转就形成所谓的间接比较。在结构试验中采用得最多的测量方式是间接比较，大多数传感器也是基于间接比较方法设计的。

　　间接测量是在直接测量的基础上，根据已知的函数关系，通过计算得到被测物理量的量值。例如，采用非金属超声检测仪测量混凝土的声速，由仪器直接测量的是超声波在给定距离上的传播时间，称为声时，还需确定距离再计算出声速，因此，声速值是间接测量的结果。大型建筑结构的现场荷载试验，常采用水作为试验荷载，我们并不需要测量水的重量，只需要测量水的容积，就可以计算出水的重量，这种测量荷载的方式也属于间接测量。又如，声波透射法检测灌注桩完整性（见图 2-6），利用声波检测仪通过预埋声测管沿桩的纵轴方向以一定的间距逐点检测声波穿过桩身各截面的声学参数，然后对这些检测数据进行处理、分析和判断，以确定桩身混凝土缺陷的位置、程度，而非通过直接观测确定桩身完整性，因此也属于间接测量。热敏风速仪是测量风速的一种常用仪器，基本原理是将一根细的金属丝放在流体中，通电流加热金属丝，使其温度高于流体的温度，当流体沿垂直方向流过金属丝时，将带走金属丝的一部分热量，使金属丝温度下降，根据强迫对流热交换理论，可导出热线散失的热量 Q 与流体的速度 v 之间存在关系，热敏风速仪如图 2-7 所示。

图 2-6　声波透射法检测灌注桩完整性

图 2-7　热敏风速仪

2.3.3　标定和校准

　　使用各种传感器对物理量进行测量时，一个十分重要的环节就是传感器和测量系统的标定或校准。如上所述直接测量中的间接比较方法，将被测物理量进行转换后再与标准物理量进行比较，得到被测物理量的量值。其中，作为比较标准的传感器和测量仪器必须经过标定或校准。采用已知的标准物理量校正仪器或测量系统的过程称为标定，具体来说，标定就是将原始基准器件和比被标定仪器或测量系统精度高的各类传感器作用于测量系统，通过对测量系统的输入—输出关系分析，得到传感器或测量系统的精度的实验操作。从测试原理来看，传感器和测量系统的标定类似于直接测量中的直接比较或间接比较，将被标定的传感器和测量系统的输出值直接与"标准"输出值比较，确定传感器和测量系统的精度。再将经过标定的传感器和测量系统用于结构试验中物理量的测量，这时，传感器和测量系统就可作为比较测量的"标准"使用了。

　　物理量的测量不能离开标准。我国将国际单位制作为测量标准。国际单位制有 7 个基本单位，它们是米（m），长度单位；千克（kg），质量单位；秒（s），时间单位；安培（A），电流强度单位；开尔文（K），热力学温度单位；坎德拉（cd），发光强度单位；摩尔（mol），物质量单位。由基本单位的组合可以得到各种导出单位，例如，速度（m/s），加速度（m/s^2），力（kg·m/s²）等。

2.3.4　现代测量技术特点

现代测量技术的一个突出特点是采用电测法，即电测非电物理量，采用电测法，首先要将输入物理量转换为电量，然后通过转换、放大、调节、运算等环节，最后将测量结果输出。现代测量技术的另一个特点是采用计算机作为测量系统信息处理的关键器件，利用高速电子计算机完成数据采集、信号处理、运算放大、存储显示和打印输出等功能。现代测量技术的发展趋势包括轻量化、数字化、智能化、高可靠化等方面，例如，将无人机技术与深度学习相结合，可对建筑震害进行快速评估，有利于震后辅助决策与应急救援，图 2-8 所示为清华大学团队利用该技术对北川县城地震遗址的 66 栋房屋震害评估预测结果，准确率达89.39%。

（a）　　　　　　　　　　　　　　　　　　　　（b）

图 2-8　震害评估

（a）相机至每栋建筑的相对位置参数；（b）预测结果

2.4　试验大纲及其他文件

2.4.1　结构试验大纲

结构试验组织计划的表现形式是试验大纲。试验大纲是进行整个试验工作的指导性文件。其内容的详略程度视不同的试验而定，一般应包括以下几个部分：

（1）试验项目来源，即试验任务产生的原因、渠道和性质。

（2）试验研究目的，即通过试验最后应得出的数据，如破坏荷载值、设计荷载值下的内力分布和挠度曲线、荷载—变形曲线等，明确试验研究目的。

（3）试件设计及制作要求，包括试件设计的依据及理论分析，试件数量及施工图，对试件原材料、制作工艺、制作精度等的要求。

（4）辅助试验内容，包括辅助试验的目的，试件的种类、数量及尺寸，试件的制作要求，试验方法等。

（5）试件的安装与就位，包括试件的支座装置，保证侧向稳定装置等。

（6）测量方法，包括测点布置、仪表的布置与编号、仪表的安装方法、测量程序。

（7）加载方法，包括荷载数量及种类、加载设备、加载装置、加载图式、加载程序。

（8）试验过程的观察，包括试验过程中除仪表读数外在其他方面应做的记录。

（9）安全措施，包括安全装置、脚手架、技术安全规定等。

（10）试验进度计划。

（11）经费使用计划，即试验经费的预算计划。

（12）附件，包括经费、器材及仪表设备清单等。

2.4.2 试验其他文件

除试验大纲外，每一项结构试验从开始到最终完成尚应包括以下几个文件：

（1）试件施工图及制作要求说明书。

（2）试件制作过程及原始数据记录，包括各部分实际尺寸。

（3）自制试验设备加工图纸及设计资料。

（4）加载装置及仪器仪表编号布置图。

（5）仪表读数记录表，即原始记录表格。

（6）测量过程记录，包括照片及测绘图纸等。

（7）试件材料及原材料性能的测定数值的记录。

（8）试验数据的整理分析及试验结果总结，包括整理分析所依据的计算公式，整理后的数据图表等。

（9）试验工作日志。

（10）试验报告。试验报告是全部试验工作的集中反映，概括了其他文件的主要内容。编写试验报告，应力求精简扼要。试验报告有时可不单独编写，而作为整个研究报告中的一部分。试验报告的内容一般包括：

1）试验目的；

2）试验对象的简介和考察；

3）试验方法及依据；

4）试验过程及问题；

5）试验成果处理与分析；

6）技术结论；

7）附录。

以上（1）～（9）文件均为原始资料，在试验工作结束后应进行整理、装订成册、归档保存。

应该注意，由于试验目的的不同，其试验技术结论和表达形式也不完全一样。生产性试验的技术结论，可根据《建筑结构可靠性设计统一标准》（GB 50068—2018）中的有关规定进行编写。例如，该标准对结构设计规定了两种极限状态，即承载力极限状态和正常使用极限状态。因而在结构性能检验的报告书中必须阐明试验结构在上述两种极限状态下，是否满足设计计算所要求的功能，包括构件的承载力、变形、稳定、疲劳及裂缝开展等。只要检验结果同时都满足两个极限状态所要求的功能，则该构件的结构性能可评为"合格"，否则为"不合格"。

检验性（或鉴定性）试验的技术报告，主要应包括：

（1）检验或鉴定的原因和目的；

（2）试验前或试验后，结构存在的主要问题及结构所处的工作状态；

（3）采用的检验方案或鉴定整体结构的调查方案；

（4）试验数据的整理和分析结果；

（5）技术结论或建议；

（6）试验计划、原始记录、有关的设计、施工和使用情况调查报告等附件。

结构试验必须在一定的理论基础上才能有效地进行，试验的成果为理论计算提供了宝贵的资料和依据，决不能凭借一些观察到的表面现象，为结构的工作状况妄下断语，一定要经过周密的考察和理论分析，才可能对结构作出正确的符合实际的结论。"感觉只能解决现象问题，理论才能解决本质问题"，结构试验并不是单纯的经验分析，而是根据丰富的试验资料对结构工作的内在规律进行的更深入一步的理论研究。

本章小结

（1）结构试验大致可分为结构试验设计、试验准备、试验实施以及试验分析等主要环节。

（2）结构试验设计的基本原则包括：真实模拟结构所处的环境和结构所受到的荷载；消除次要因素影响；将结构反应视为随机变量；合理选择试验参数；统一测试方法和评价标准；降低试验成本和提高试验效率。

（3）测试技术的关键之一是传感器技术，可分为直接测量和间接测量。

（4）试验大纲是进行整个试验工作的指导性文件，一般应包括试验项目来源、试验研究目的、试件设计及制作要求、辅助试验内容、试件的安装与就位、测量方法、加载方法、安全措施、试验进度计划、经费使用计划、附件等文件或说明。

复习思考题

2-1　结构试验大致分为哪些主要环节？简述试验各环节的内容。

2-2　结构试验设计的基本原则有哪些？

2-3　什么是直接测量？什么是间接测量？请列举其他直接测量与间接测量的案例。

2-4　简述测试技术基本原理的内容。

2-5　试验大纲包括哪些内容？

第3章 结构试验加载方法与设备

3.1 概 述

工程结构的作用分为直接作用和间接作用。直接作用主要是荷载作用，包括结构自重与施加在结构上的荷载，如建筑物楼（屋）面的活荷载、雪荷载、灰载、施工荷载；作用在工业厂房上的吊车荷载、机械设备的振动荷载；作用在道路、桥梁上的车辆振动荷载；作用在大坝池堰上的水压荷载；作用在海洋平台上的海浪冲击荷载；特殊情况下还有地震、爆炸等荷载。间接作用主要有温度变化、地基不均匀沉降和结构内部物理或化学作用等。

直接作用按作用的范围，可分为分布荷载作用、集中荷载作用；按作用的时间长短，可分为短期荷载作用、长期荷载作用；按对结构的动力效应，可分为静力荷载作用、动力荷载作用。其中静力荷载作用是指对结构或构件不引起加速度或加速度可以忽略不计的作用；动力荷载作用则是指可使结构或构件产生不可忽略的加速度反应的作用。

结构试验除极少数是在实际荷载下实测外，绝大多数是在模拟条件下进行的。结构试验的荷载模拟即是通过一定的设备与仪器，以最接近真实的模拟荷载再现各种荷载对结构的作用。荷载模拟是结构试验最基本的技术之一。

结构试验中荷载模拟的方法多种多样，在静力试验中可以利用重物直接加载或通过杠杆作用间接加载；可以利用液压加载器（千斤顶）和液压试验机等液压加载方法；可以利用绞车、滑轮组、弹簧和螺旋千斤顶等机械加载方法；也可以利用气压模拟加载方法。在动力试验中可以利用惯性力或电磁系统激振；或使用比较先进的由自动控制、液压和计算机系统相结合而组成的电液伺服加载系统等设备；此外也可以采用人工爆炸和利用环境随机激振（脉动法）的方法进行荷载模拟。

只有正确地选择检测所用的荷载设备和加载方法，才能顺利地完成检测工作，保证检测质量。在选择加载方法和加载设备时，应满足以下基本条件：

（1）选用的加载图式应与结构设计计算的荷载图式所产生的内力值相一致或极为接近。

（2）荷载作用点与传递方式明确，产生的荷载数值不应随加载时间、外界环境和结构的变化而改变（保证荷载值的相对误差不超过±5%）。

（3）荷载分级的分度值要满足测量的精度要求，加载设备要有足够的强度储备（通常要留有25%的余量）。

（4）加载装置本身要安全可靠，不仅要满足强度要求，还必须按变形条件来控制加载装置的设计，即还须满足刚度要求，防止对结构或构件产生卸载作用而减轻实际承担的荷载。加载装置不应参与结构或构件工作，以免改变受力状态。

（5）加载设备应操作方便，便于加载和卸载，既能控制加载速度，又能适应同步加载或先后加载的不同要求。

（6）加载设备要力求采用现代化先进技术，减轻劳动强度，提高检测质量。

3.2 静 力 加 载 方 法

3.2.1 重力加载

重力加载就是将物体作为荷载加于结构。在实验室内可利用的重物包括标准铸铁块、混凝土块、水箱等；在现场则可就地取材，经常采用砂、石、砖块等建筑材料或钢锭、铸铁、废构件等。重物可以直接加于试验结构或构件上，或者通过杠杆间接加在构件上。

（一）重力直接加载法

物体的质量可以直接施于被测结构或构件上（如板的检测）形成均布荷载（图 3-1），或置于荷载盘上通过吊杆挂于结构上（如梁、屋架或网架的检测）形成集中荷载（图 3-2）。此时吊杆和荷载盘的自重应计入荷载。

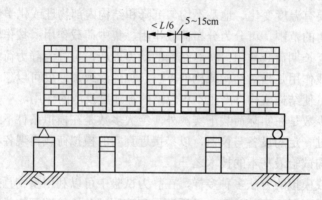

图 3-1 重物对板加载均布荷载

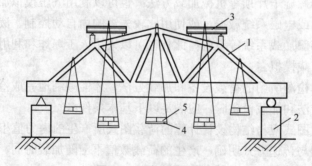

图 3-2 重物加集中荷载

1—试件；2—支座；3—分配梁；4—吊盘；5—重物

重力直接加载方法的优点是试验用的重物容易取得，并可重复使用，但加载过程需要花费较多的劳动力。以砂、石等松散材料作为均布荷载时应注意堆放方式，不要将材料连续堆放以免因荷载材料本身的起拱作用造成结构卸载。此外，小颗粒及粉状材料的摩擦角也可引起卸载，某些材料（如砂）的重量会随环境湿度的不同而发生变化。此时可将材料置于容器中，再将容器叠加于结构之上。对于形体比较规整的块状材料，如砖、钢锭等，则应整齐叠放，每堆重物的宽度小于或等于 $L/6$（L 为试验结构的跨度），堆与堆之间应有一定间隙（约 5～15cm），如图 3-1 所示。为了方便加载和分级的需要，并尽可能减少加载时的冲击力，重物的块（件）重不宜太大，一般不应大于 20～25kg，且不超过加载面积上荷载标准值的 1/10，以保证分级精确及均匀分布。当通过悬吊装置加载时，应将每一悬吊装置分开或通过静定的分配梁体系作用于试验的对象上，使结构受力明确。

　　利用水作为荷载是一个简便、经济的方法。水可以盛在水桶内用吊杆作用于结构上，作为集中荷载；也可以采用特殊的盛水装置作为均布荷载直接加于结构表面（图 3-3）。后者多用于大面积的平板试验，例如楼面、平屋面等钢筋混凝土结构试验等。加载时可以利用进水管，卸载时可利用虹吸管原理，控制水面高度就可知道所加荷载大小。

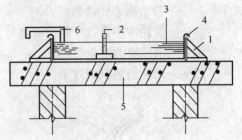

图 3-3　用水加均布荷载

1—侧向支撑；2—标尺；3—水；4—防水胶布或塑料布；5—试件；6—水管

　　在现场试验水塔、水池、油库等特种结构时，水是最为理想的试验荷载。它不仅符合结构物的实际使用条件，而且还能检验结构的抗裂、抗渗情况。

（二）杠杆加载法

　　利用重物施加集中荷载，经常会受到荷载量的限制。这时可以利用杠杆原理将荷重放大后作用在结构上，既可以扩大重力荷载的使用范围，又可以减轻加载的劳动强度。杠杆加载的装置根据实验室或现场试验条件的不同，可以有如图 3-4 所示的几种方案。根据试验需要，当荷载不大时可以用单梁式或组合式杠杆；荷载较大时则可采用桁架式杠杆。

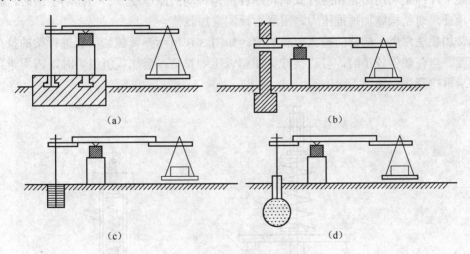

（a）　　　　　　　　　　　　　（b）

（c）　　　　　　　　　　　　　（d）

图 3-4　几种杠杆加载装置

（a）利用试验台座；（b）利用墙身；（c）利用平衡重量；（d）利用桩

　　杠杆应有足够刚度，杠杆比一般不宜大于 5。三个支点应在同一直线上，避免杠杆放大比例失真，保证荷载稳定、准确。

3.2.2　机械机具加载

　　机械加载常用的机具有吊链、卷扬机、绞车、花篮螺丝、螺旋千斤顶及弹簧等。吊链、卷扬机、绞车和花篮螺丝等主要是配合钢丝或索绳对结构施加拉力，还可与滑轮组联合使用，改变作用力的方向和拉力大小。拉力的大小通常用拉力测力计测定，按测力计的量程可分两种装置方式。当测力计量程大于最大加载值时可用串联方式［图 3-5（a）］，直接测量绳索拉力；如测力计量程较小，则可采用如图 3-5（b）所示的装置方式，此时作用在结构上的实际拉力应为

$$P = \varphi nKp \tag{3-1}$$

式中　P——拉力测力计读数；

　　　φ——滑轮摩擦系数（对涂有良好润滑剂的滑轮可取 0.96～0.98）；

　　　n——滑轮组的滑轮数；

　　　K——滑轮组的机械效率。

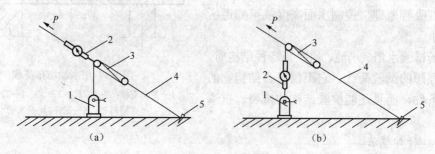

图 3-5　拉力测力装置布置图

（a）大量程；（b）小量程

1—绞车或卷扬机；2—拉力测力计；3—滑轮组；4—钢索；5—桩头

螺旋千斤顶是利用齿轮和螺杆式涡轮蜗杆机构传动的原理制成。当摇动手柄时，就带动螺旋杆顶升，对结构施加顶推压力，用测力计测定加载值。

弹簧加载法常用于构件的持久荷载试验。如图 3-6 所示弹簧施加荷载进行梁的持久荷载试验装置。当荷载值较小时，可直接拧紧螺帽以压缩弹簧；当加载值很大时，需用千斤顶压缩弹簧后再拧紧螺帽。

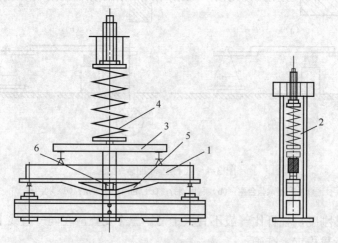

图 3-6　机械机具加载示意图

1—试件；2—荷载支撑架；3—分配梁；4—加载弹簧；5—仪表架；6—挠度计

弹簧变形值与压力的关系已预先测定，故在试验时只需知道弹簧最终变形值，即可求出对试件施加的压力值。用弹簧作持久荷载时，应事先估计到结构徐变使弹簧压力变小时，变

化值是否在弹簧变形的允许范围内。

　　机械加载的优点是设备简单，容易实现，当通过索具加载时很容易改变荷载作用的方向，故在建筑物、柔性构筑物（桅杆、塔架等）的实测或大尺寸模型试验中，常用此法施加水平集中荷载。其缺点是荷载值不大，当结构在荷载作用点产生变形时，会引起荷载值的改变。

3.2.3　液压加载

　　液压加载一般为油压加载，这是目前结构试验中普遍应用且比较理想的一种加载方法。它的最大优点是利用油压使液压加载器（千斤顶）产生较大的荷载，试验操作安全方便，无需大量的搬运工作，特别是对于要求荷载点数多，吨位大的大型结构试验更为合适。由此发展而成的电液伺服液压加载系统为结构动力试验模拟地震荷载等不同的动力荷载创造了有利条件。而液压加载系统在结构的拟静力、拟动力和结构动力加载应用使动力加载技术发展到一个新的水平。

　　液压加载系统由油箱、油泵、阀门、液压加载器等部件用油管连接起来，配以测力计和支承机构组成。油压加载器是液压加载设备中的一个重要部件，其主要工作原理是高压油泵将具有一定压力的液压油压入液压加载器的工作缸，使之推动活塞，对结构施加荷载。荷载值由油压表指示值和加载器活塞受压底面积求得，也可由液压加载器与荷载承力架之间所置的测力计直接测得，或用传感器将信号输给电子秤显示，由记录器直接记录。

　　使用液压加载系统在试验台座上或现场进行试验时还须配置各种支承系统，来承受液压加载器对结构加载时产生的平衡力系。

　　（一）手动液压加载

　　手动液压加载器主要包括手动油泵和液压加载器两部分，其构造原理如图 3-7 所示：当手柄 6 上提带动油泵活塞 5 向上运动时，油液从储油箱 3 经单向阀 11 被抽到油泵油缸 4 内。当手柄 6 下压带动油泵活塞 5 向下运动时，油泵油缸 4 中的油经单向阀 11 被压出到工作油缸 2 内。手柄不断地上下运动，油被不断地压入工作油缸，从而使工作活塞不断上升。如果工作活塞运动受阻，则油压作用力将反作用于底座10。试验时千斤顶底座放在加载点上，从而使结构受载。卸载时只需打开阀门 9，使油从工作油箱 2 流回储油箱 3 即可。手动油泵一般能产生

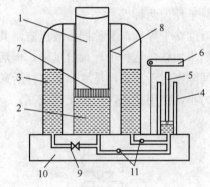

图 3-7　手动液压千斤顶

1—工作活塞；2—工作油缸；3—储油箱；4—油泵油缸；
5—油泵活塞；6—手柄；7—油封；8—安全阀；
9—泄油阀；10—底座；11—单向阀

$40N/mm^2$ 或更大的液体压力。为了确定实际的荷载值，可在千斤顶之上安装一个荷重传感器，或在工作油缸中引出紫铜管，安装油压表，根据油压表测得的液体压力和活塞面积即可算出荷载值。千斤顶活塞行程在 200mm 左右，通常可满足结构试验的要求。其缺点是一台千斤顶需一人操作，多点加载时难以同步。

　　（二）同步液压加载系统

　　若在油泵出口接上分油器，可以组成一个油源供多个加载器同步工作的系统，适应多点同步加载需要。分油器出口再接上减压阀，则可组成同步异荷加载系统，满足多点同步异荷加载需要。如图 3-8 所示。

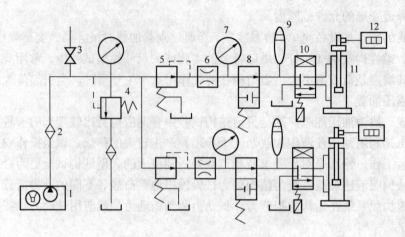

图 3-8　同步液压加载系统图

1—高压油泵；2—滤油器；3—截止阀；4—溢流阀；5—减压阀；6—节流阀；

7—压力表；8、10—电磁阀；9—蓄能器；11—加载器；12—测力器

　　同步液压加载系统所采用的单向作用液压千斤顶，其特点是储油缸、油泵、阀门等不附在加载器上，构造比较简单，只由活塞和工作油缸组成。其活塞行程较大，顶端装有球铰，可在 15°范围内转动，整个加载器可按结构试验需要倒置安装，并适应于多个加载器组成同步加载系统使用，适应多点加载要求。目前常用的单向作用液压加载器有双油路千斤顶和间隙密封千斤顶两种。

　　双油路千斤顶，又称同步液压缸，其构造如图 3-9 所示。其中上油路用来回缩活塞，下油路用来加载。这种千斤顶自重轻，但活塞与油缸的摩阻力较大。

　　间隙密封千斤顶，是靠弹簧进行活塞复位的千斤顶，如图 3-10 所示。这种活塞与油缸的摩阻力小，使用稳定，但加工精度高。

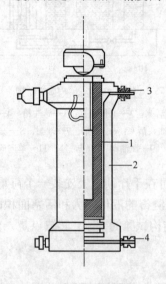

图 3-9　双油路加载千斤顶

1—活塞；2—油缸；3—上油路接头；

4—下油路接头

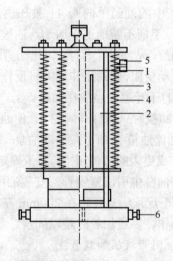

图 3-10　间隙密封千斤顶

1—活塞；2—油缸；3—丝杆；4—拉簧；

5—油管接头；6—吊杆

利用同步液压加载试验系统可以进行各类结构（屋架、梁、柱、板、墙板等）的静荷试验，尤其对大吨位、大跨度的结构更为适用，它不受加荷点数的多少、加荷点的距离和高度的限制，并能适应均布和非均布、对称和非对称加荷的需要。

为适应结构抗震试验施加低周反复荷载的需求，可以采用双向作用液压千斤顶，如图3-11 所示，其特点是在油缸的两端各有一个进油孔，设置油管接头，可以通过油泵与换向油阀交替进行供油，由活塞对结构产生拉、压双向作用，施加反复荷载。

图 3-11 双向作用液压千斤顶

1—工作油缸；2—活塞；3、7—油管接头；4—固定环；5—油封；6—端盖；8—活塞杆

（三）电液伺服加载系统

电液伺服液压系统在 20 世纪 50 年代中期首先应用于材料试验，它的出现是材料试验机技术领域的重大进展。由于它可以较为准确地模拟试件所受的实际外力与受力状态，所以又被人们引入工程结构试验的领域，用以模拟并产生各种振动荷载，如地震、海浪等荷载。它是目前工程结构试验研究中一种比较理想的试验设备，特别适用于进行工程结构抗震的静力或动力试验，所以愈来愈受到人们的重视和广泛应用。

（1）电液伺服液压系统的工作原理。电液伺服液压系统大多采用闭环控制，主要组成是电液伺服液压加载器、控制系统和液压源等三部分（图 3-12）。它可将荷载、应变、位移等物理量直接作为控制参数，实行自动控制。由图 3-12 可见左侧为液压源部分，右侧为控制系统，中间为带有电液伺服阀的液压加载器。高压油从液压源的油泵 3 输出经过滤器进入伺服阀 4，然后输入到双向加载器 5 的左右室内，对试件 6 施加试验所需的荷载。根据不同的控制类型，反馈信号由荷载传感器 7（荷载控制）、试件上的应变计 8（应变控制）或位移传感器 9（位移控制）测得。测得的信号分别经过与之相适应的调节器 10、11、12 放大，输出各控制变量的反馈值。反馈值可在记录及显示装置 13 上反映。指令发生器 14 根据试验要求发出指令信号。该指令信号与反馈信号在伺服控制器 15 中进行比较，其差值即为误差信号，经放大后反馈，用来控制伺服阀 4 操纵液压加载器 5 活塞的工作，从而完成了全系统的闭环控制，如图 3-13 所示。

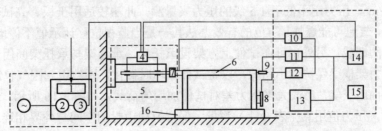

图 3-12 电液伺服液压系统工作原理

1—冷却器；2—电动机；3—高压油泵；4—电液伺服阀；5—液压加载器；6—试验结构；7—荷载传感器；
8—应变传感器；9—位移传感器；10—荷载调节器；11—位移调节器；12—应变调节器；
13—记录及显示装置；14—指令发生器；15—伺服控制器；16—试验台座

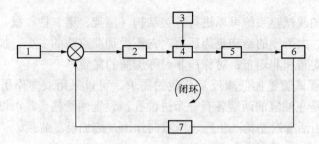

图 3-13 电液伺服液压系统的基本闭环回路

1—指令信号；2—调整放大系统；3—油源；4—伺服阀；5—加载器；6—传感器；7—反馈系统

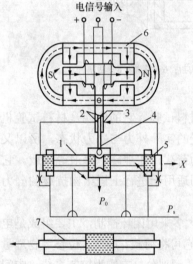

图 3-14 电液伺服阀原理图

1—阀套；2—挡板；3—喷嘴；4—反馈杆；
5—阀芯；6—永久磁铁；7—加载器

（2）电液伺服阀的工作原理。电液伺服液压加载系统中的关键部分。它安装于液压加载器上，指令发生器发出的所需荷载大小的信号经放大后输入伺服阀，转换成大功率的液压信号，将来自液压源的液压油输入加载器，使加载器按输入信号的规律产生振动对结构施加荷载。同时，将测量的位移等信号通过伺服控制器作反馈控制，以提高整个系统的灵敏度。图 3-14 所示是电液伺服阀原理图，主要由力矩电动机、喷嘴 3、挡板 2、反馈杆 4、阀芯 5 和阀套 1 等组成。当电信号输入线圈时，衔铁偏转，带动一挡板偏转，推动滑阀滑移，高压油进入加载器的油腔推动活塞工作。滑阀的移动，又带动反馈杆偏转，使另一挡板开始上述动作。如此反复运动，使加载器产生动力或静力荷载。由于高压油流量与方向随着输入电信号而改变，再加上闭环控制，便形成了电—液伺服工作系统。三级阀就是在二级阀的滑阀与加载器间再经一次滑阀功率放大。多数大、中型振动台使用三级阀。

3.2.4 气压加载

气压加载有两种，一种是用空气压缩机对气包充气，给试件加均匀荷载；另一种是用真空泵抽出试件与台座围成的封闭空间的空气，形成大气压力差对试件加均匀荷载。空气压缩机对气包充气，加均匀荷载，如图 3-15 所示，为提高气包耐压能力，四周可加边框，最大压力可达 $180kN/m^2$，压力用不低于 1.5 级的压力表量测。此法较适用于板、壳试验，但当试件为脆性破坏时，气包可能爆炸。防范的有效办法其一是当监视位移计示值不停地急剧增加时，立即打开泄气阀卸载；另外也可在试件上方架设承托架，承力架与承托架间用垫块调节，随时使垫块与承力架横梁保持微小间隙，以备试件破坏时搁住，不致引起因气包卸载而爆炸。

用真空泵抽出空气，形成大气压力差对试件加均匀荷载，如图 3-16 所示。最大压力可达 $80\sim100kN/m^2$，压力值用真空表（计）测量。保持恒载由封闭空间与外界相连通的短管和调节阀控制。试件与围壁间缝隙可用薄铁皮、塑料薄膜等涂黄油粘贴密封。这种方法适用于不能从板顶加载的板或斜面、曲面的板壳等施加垂直均布荷载的情况。

气压加载的优点是加、卸载方便，荷载稳定、安全，构件破坏时能自动卸载，构件外表面便于观察与安装仪表。其缺点是内表面无法直接观察。

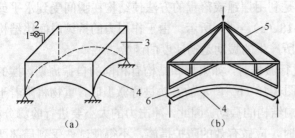 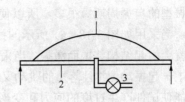

图 3-15　压缩空气加载示意图　　　　　　　　图 3-16　大气压差加载

1—压缩空气；2—阀门；3—容器；4—试件；5—支撑装置；6—气囊　　1—试验结构；2—支撑装置；3—接真空泵

3.3　动力加载方法

3.3.1　惯性力加载

在工程结构试验中可以利用物体质量在运动时产生的惯性力对结构施加动力荷载；也可以利用弹药筒或小火箭爆炸时产生的反冲击力对结构加载。

（一）冲击力加载

冲击力加载的特点是荷载作用时间极为短促，在它的作用下结构产生自由振动，适用于进行结构动力特性的试验。

（1）初位移加载法。初位移加载法也称为"张拉突卸法"。如图 3-17（a）所示，在结构上拉一钢丝缆绳，使结构变形而产生一个人为的初始位移，然后突然释放，使结构在静力平衡位置附近作自由振动。在加载过程中当拉力达到足够大时，事先连接在钢丝绳上的断开装置自动或人为断开而形成突然卸载。

对于小型试件可采用如图 3-17（b）的方法，使悬挂的重物通过钢丝绳对试件施加水平拉力，剪断钢丝绳造成突然卸载。这种方法的优点是结构自振时荷载已不存在于结构上，没有附加质量的影响，但刚度不大的结构才能以较小的荷载产生初始变位。值得注意的问题是使用怎样的牵拉和释放方法才能使结构仅在一个平面内产生振动，防止由于加载作用点偏差而使结构在另一平面内同时振动产生干扰。另外，如何准确控制试件的初始位移，也是试验过程中应该注意的问题。

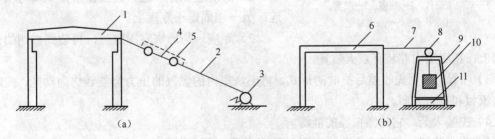

图 3-17　用张拉突卸法对结构施加冲击力荷载

（a）绞车张拉；（b）吊重张拉

1—结构物；2—钢丝绳；3—绞车；4—钢拉杆；5—保护索；6—模型；

7—钢丝；8—滑轮；9—支架；10—重物；11—减振垫层

（2）初速度加载法。初速度加载法是利用摆锤或落重的方法使结构在瞬间受到水平或垂直的冲击荷载，并产生初速度，如图 3-18（a）、（b）所示。由于作用力的持续时间比结构有效振型的自振周期短很多，所以使结构所产生的振动是初速度的函数。

当采用如图 3-18（a）所示的摆锤进行激振时，如果摆和结构有相同的自振周期，摆的运动就会引起结构共振而激振。当采用如图 3-18（b）所示的方法进行激振时，重物将附着于结构上一起振动，并且落重的跳动又会影响结构的振动。因此，冲击力的大小要进行验算分析，不能使试件产生过度的应力和变形。同时，应做有效的防护措施，不得使试件受到局部严重损伤。

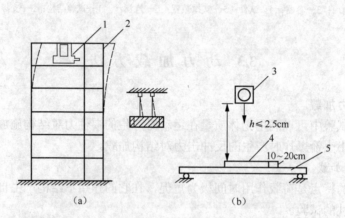

图 3-18　用摆锤或落重法施加冲击力荷载

（a）摆锤激振；（b）落重激振

1—摆锤；2—结构；3—落重；4—砂垫层；5—试件

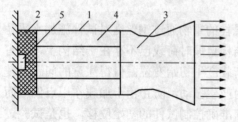

图 3-19　反冲激振器结构示意

1—燃烧室壳体；2—底座；3—喷嘴；
4—主装火药；5—点火装置

（3）反冲激振法。反冲激振也称"小火箭激振"。它适用于在现场对原型结构进行试验。小冲量的反冲激振也可在实验室内用于对结构构件进行激振。

图 3-19 所示为反冲激振器的结构示意图。激振器的壳体是用合金钢制成。它的结构主要由以下五部分组成：

1）燃烧室壳体。通常为圆筒形，一端与喷管相连，另一端固定于底座上。

2）底座。与燃烧室固定后，再装到被测的试验结构上，在底座内腔装有点火装置。

3）喷管。采用先收缩后扩散的形式，将燃烧室内的燃气的压力势能转化为动能，控制燃气的流量和推力方向。

4）主装火药。它是激振器的能源。

5）点火装置。包括点火头（电阻丝和引燃药）和点火药。

反冲激振器的基本工作原理是当点火装置内的火药被点燃燃烧后，很快使主装火药到达燃烧温度。主装火药开始在燃烧室中进行平稳燃烧，产生的高温高压气体便从喷管口以极高的速度喷出。如果每秒喷出气流的重量为 W，则按动量守恒定律便可得到反冲力

$$P = W\frac{v}{g} \tag{3-2}$$

式中　v ——气流从喷口喷出的速度；

　　　g ——重力加速度。

这个反冲力即为作用在试验结构上的反冲力。

反冲激振器的输出特性曲线见图 3-20，主要有升压段、平衡压力工作段和火药燃尽后燃气继续外泄的后效段。根据主装火药的性能、重量及激振器的结构，可设计出不同的特性曲线。

目前设计与使用的反冲激振器的性能为：

反冲力：0.1～0.8kN 至 1～8kN 共 8 种；

反冲输出：近似于矩形脉冲；

上升时间：2ms；

持续时间：50ms；

下降时间：3ms；

点火延时时间：（25＋5）ms。

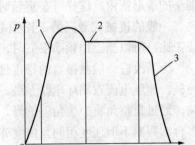

图 3-20　反冲激振器输出特性曲线

1—升压段；2—平衡压力工作段；3—后效段

（二）离心力加载

离心力加载是根据旋转质量产生的离心力对结构施加简谐振动荷载。其特点是运动具有周期性，作用力的大小和频率按一定规律变化，使结构产生强迫振动。

利用离心力加载的机械式激振器的原理如图 3-21 所示。使一对偏心块按相反方向运转，便由离心力产生一定方向的激振力。

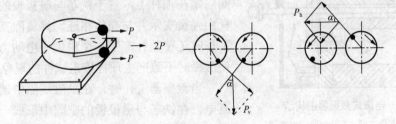

图 3-21　机械式激振器的原理图

由偏心块产生的离心力

$$P = m\omega^2 r \tag{3-3}$$

式中　m ——偏心块的质量；

　　　ω ——偏心块旋转角速度；

　　　r ——偏心块旋转半径。

任何瞬时产生的离心力均可分解成垂直与水平两个分力

$$\left.\begin{array}{l} P_v = P\sin\alpha = m\omega^2 r \sin(\omega t) \\ P_h = P\cos\alpha = m\omega^2 r \cos(\omega t) \end{array}\right\} \tag{3-4}$$

试验时将激振器底座固定在试验结构物上，由底座把激振力传递给结构，使结构受到简谐变化的激振力作用。一般要求底座有足够的刚度，以保证激振力的传递效率。

激振器产生的激振力等于各旋转质量离心力的合力。改变质量或调整带动偏心质量运转电机的转速，改变角速度ω即可调整激振力的大小。

激振器由机械和电控两部分组成。机械部分主要是由两个或多个偏心质量组成。对于小型的激振器，偏心块安装在圆形旋转轮上，调整偏心轮的位置，可形成垂直或水平的振动。近年来研制成功的大型同步激振器在机械构造上采用双偏心水平旋转式方案，偏心块安装于扁平的扇形筐内，这样可在旋转时使质量更为集中，提高激振力，降低动力功率。

一般的机械式激振器工作频率范围较窄，大致在60Hz以下。由于激振力与转速的平方成正比，所以当工作频率很低时，激振力就较小。

为了改进一般激振器的稳定性和测速精度，并提高激振力，在电气控制部分采用单向可控硅，速度电流双闭环电路系统，对直流电机实行无级调速控制。通过测速发电机作速度反馈，通过自整角机产生角差信号，并将信号送往速度调节器与给定信号综合，以保证两台或多台激振器不但速度相同且角度亦按一定关系运行而对结构施加激振力。

3.3.2　电磁加载

磁场中通电导体会受到与磁场方向相垂直的作用力。电磁加载就是根据这个道理，在磁场（永久磁铁或直流励磁线圈）中放入动圈，通入交变电流，使固定于动圈上的顶杆等部件作往复运动，从而对试验对象施加荷载。若在动圈上通以一定方向的直流电，可产生静荷载。

目前常见的电磁加载设备有电磁式激振器和电磁振动台。

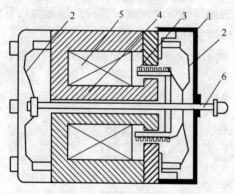

图3-22　电磁式激振器的构造

1—外壳；2—支承弹簧；3—动圈；4—铁芯；
5—励磁线圈；6—顶杆

（一）电磁式激振器

电磁式激振器是由磁系统（包括励磁线圈、铁芯、磁极板）、动圈（工作线圈）、弹簧、顶杆等部件组成，图3-22所示为电磁式激振器的构造图。动圈固定在顶杆上，置于铁芯与磁极板的空隙中，顶杆由弹簧支承并与壳体相连。弹簧除支承顶杆外，工作时还使顶杆产生一个稍大于电动力的预压力，使激振时不致产生顶杆撞击试件的现象。

当激振器工作时，在励磁线圈中通入稳定的直流电，在铁芯与磁极板的空隙中形成一个强大的磁场。与此同时，由低频信号发生器输出一交变电流，并经功率放大器放大后输入工作线圈。这时工作线圈即按交变电流谐振规律在磁场中运动并产生一电磁力F，使顶杆推动试件振动（图3-23）。根据电磁感应原理，电磁力

$$F=0.102BLI\times10^{-4} \tag{3-5}$$

式中　B——磁场强度；

　　　L——工作线圈的有效长度；

　　　I——通过工作线圈的交变电流。

当通过工作线圈的交变电流以简谐规律变化时，通过顶杆作用于试验结构的激振力也按同样规律变化。在B、L不变的情况下，激振力F与电流I成正比。

电磁激振器安装于支座上，可以作垂直激振，也可以作水平激振。电磁式激振器的频率范围较宽，一般在0～200Hz，国内个别产品可达1000Hz，推力可达几千牛顿，重量轻，控

制方便，按给定信号可产生各种波形的激振力。其缺点是激振力小，一般仅适合于小型结构或模型试验。

（二）电磁振动台

电磁振动台原理基本上与电磁激振器一样，在构造上实际是利用电磁激振器来推动一个活动的台面而构成。

电磁激振台通常是由信号发生器、自动控制仪、功率放大器、电磁激振器和台面组成，如图 3-24 所示。

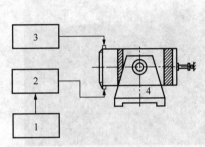

图 3-23　电磁式激振器的工作原理图

1—信号发生器；2—功率放大器；3—励磁电源；4—电磁式激振器

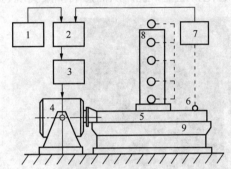

图 3-24　电磁振动台组成系统图

1—信号发生器；2—自动控制器；3—功率放大器；4—电磁激振器；5—振动台台面；6—测振传感器；7—振动测量记录系统；8—模型；9—台座

电磁霍普金森（E-Hopkinson）杆技术利用电磁驱动的方式替代了传统霍普金森杆中子弹撞击加载杆来产生应力波，是电磁驱动技术与霍普金森杆实验技术相结合而发展起来的一种新的动态加载技术。其原理是高压气枪发射的子弹轴向撞击输入杆，产生弹性应力波，弹性应力波从撞击端分别传播进子弹和输入杆。进入输入杆的弹性应力波到达输入杆与试样交界面时，由于两者的阻抗不同，一部分脉冲将在界面处发生反射，而剩余部分进入试样，同样在试样与输出杆界面处发生反射和透射。通过应力对试样的作用压缩试样，如图 3-25 所示。

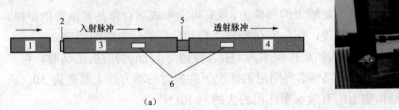

(a)

(b)

图 3-25　电磁霍普金森杆

（a）工作原理；（b）实物图

1—撞击杆；2—波形整形器；3—入射杆；4—透射杆；5—试样；6—应变片

3.3.3　结构疲劳试验机

结构疲劳试验机主要由脉动发生系统、控制系统和千斤顶工作系统三部分组成，它可做正弦波形荷载的疲劳试验，也可做静载试验和长期荷载试验等。工作时从高压油泵打出的高压油经脉动器再与工作千斤顶和装于控制系统中的油压表连通，使脉动器、千斤顶、油压表都充满压力油。当飞轮带动曲柄运动时，就使脉动器活塞上下移动产生脉动油压。脉动频率通过电磁无级调速电机控制飞轮转速进行调整。

　　图 3-26 所示为 PMS-500 疲劳试验机，最大动试验力 500kN，频率范围 2～8Hz，疲劳次数由记录器自动记录，记数至预定次数、时间或破坏时，即自动停机。当荷载大小相同时，结构损伤随加载次数的增加而增大，包括刚度损失增加，结构挠度增大等。实际工程中，预应力桥在服役期间会承受频繁的汽车反复荷载作用，导致长期下挠，而同时由于设计、施工、维护不当以及超载等原因，使桥梁在十几年甚至几年内就会因为混凝土开裂导致钢筋锈蚀，引起刚度退化、过量下挠，从而影响桥梁美观、耐久性甚至安全，如图 3-27 所示。

　　　　图 3-26　PMS-500 疲劳试验机　　　　　　　　　　图 3-27　梁体开裂

　　应注意的是，在进行疲劳试验时，由于千斤顶运动部件的惯性力和试件质量的影响，会产生一个附加作用力作用在构件上，该值在测力仪表中不能被测出，故实际荷载值需按机器说明加以修改。

3.3.4　人工激振动加载法

　　在工程结构动力试验的加载方法中，都需要比较复杂的加载（激振）设备，这在实验室试验时一般都能满足，而在野外现场试验时经常会受到各方面的限制而无法满足。因此，需要寻找更简单的试验方法。这种方法既可以引起结构发生振动而又不需要复杂设备。

　　在现场试验中发现，人们可以利用自身在结构物上的有规律的活动，即以人的身体做与结构自振周期同步的前后运动而产生足够大的惯性力，就有可能形成适合作共振试验的振幅。这对于自振频率比较低的大型结构来说，完全有可能被激振到足以进行量测的程度。

　　试验发现，一个体重约 70kg 的人如果作频率为 1Hz、振幅为 15cm 的前后运动时，将产生大约 0.2kN 的水平惯性力。由于在 1%临界阻尼的情况下共振时的动力放大系数为 50，所以做前后运动的人作用于结构物上的有效水平作用力大约为 10kN。

3.3.5　环境随机振动激振法

　　在工程结构动力试验中，除了利用一些设备进行激振加载以外，环境随机振动激振法也被人们广泛应用。

　　环境随机振动激振法又称为"脉动法"。

　　人们在许多试验观测中发现，工程结构经常处于微小而不规则的振动之中。这种微小而不规则的振动来源于微小的地震活动以及诸如机器运转、车辆来往等人为扰动，使地面存在着连续不断的运动。其运动幅值极为微小，但其所包含的频谱却是相当丰富的。这种地面微幅运动称为"地面脉动"。地面脉动会使工程结构发生微小而不规则的振动，称为"脉动"。通过测量工程结构的脉动现象，可以分析测定结构的动力特性。这种方法称为"环境随机振动激振法"，又称"脉动法"。它不需要任何激振设备，也不受结构形式和大小的限制。

　　从 20 世纪 50 年代起我国开始应用脉动法测定工程结构的动态参数，但数据分析方法一直采取从结构脉动反应的时程曲线记录图上按照"拍"的特征直接读取频率数值的主谐量法，所以一般只能获得第一振型频率这个单一参数。自 20 世纪 70 年代，随着计算机技术的发展和一批信号处理机、结构动态分析仪的应用，使脉动法得到了迅速发展，目前已经可以从记录到的结构脉动信号中识别出全部模态参数，使环境随机激振法的应用更广泛，测试与识别分析技术也有了新的发展。

3.4　荷载支承装置和试验台座

3.4.1　支座、支墩

　　工程结构试验中的支座与支墩是试验装置中模拟结构受力和边界条件的重要组成部分，是支承结构、正确传递作用力和模拟实际荷载图式的设备，对于不同的结构形式、不同的试验要求，有不同形式与构造的支座和支墩。这也是工程结构试验设计中需要着重考虑和研究的重要问题。

（一）支座

　　按作用方式不同，支座有滚动铰支座、固定铰支座、球铰支座和刀口支座（固定铰支座的一种特定形式）。

　　铰支座一般都用钢材制作，常见的形式如图 3-28 所示。对铰支座的基本要求如下：

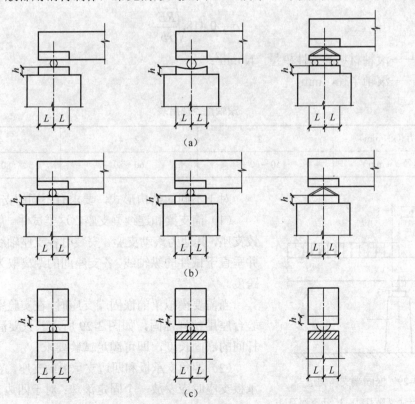

图 3-28　常见的铰支座

（a）活动铰支座；（b）固定铰支座；（c）球铰支座

（1）必须保证试件在支座处能自由转动。

（2）必须保证试件在支座处可将力良好传递。如果试件在支承处没有预埋支承钢垫板，试验时必须另加垫板。其宽度一般不得小于试件支承处的宽度，支承垫板的长度 $2L$ 可按式（3-6）计算

$$2L=\frac{R}{bf_c} \tag{3-6}$$

式中　R——支座反力，N；

　　　b——试件支座宽度，mm；

　　　f_c——试件材料的抗压强度设计值，N/mm^2；

　　　L——滚轴中心至垫板边缘的距离，mm。

（3）试件支座处铰的上下垫板要有一定的刚度，其厚度

$$\delta=\sqrt{\frac{2f_cL^2}{f_y}}\geqslant 6mm \tag{3-7}$$

式中　f_c——混凝土的抗压强度设计值，N/mm^2；

　　　f_y——垫板钢材的强度设计值，N/mm^2。

（4）滚轴的长度，一般取等于试件支承处截面宽度 b。

（5）滚轴的直径可参照表 3-1 选用，并按式（3-8）进行强度验算

$$\sigma=0.418\sqrt{\frac{RE}{rb}} \tag{3-8}$$

式中　E——滚轴材料的弹性模量，N/mm^2；

　　　r——滚轴半径，mm。

表 3-1   滚轴直径选用表

滚轴受力（kN/mm）	<2	2~4	4~6
滚轴直径 d（mm）	50~60	60~80	80~100

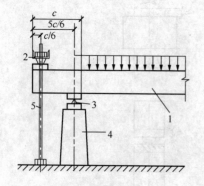

图 3-29　嵌固端支座构造

1—试件；2—上支座刀口；3—下支座刀口；
4—支墩；5—拉杆

对于不同的结构形式，要求有不同的支座形式。

（1）简支梁和连续梁支座。这类试件一般一端为固定铰支座，其他为滚动支座。安装时各支座轴线应彼此平行并垂直于试件的纵轴线，各支座间的距离取为试件的计算跨度。

当需要模拟梁的嵌固端支座时，在实验室内可利用试验台座用拉杆锚固，如图 3-29 所示。只要满足支座与拉杆间的嵌固长度，即可满足试验要求。

（2）四角支承板和四边支承板的支座。在配置四角支承板支座时应安放一个固定滚珠；对于四边支承板，滚珠间距不宜过大，宜取板在支承处厚度的 3~5 倍。此外，对于四边简支板的支座应注意四个角部的处理。当四边支

承板无边梁时，加载后四角会翘起。因此，角部应安装可受拉的支座。板、壳支座布置方式如图 3-30 所示。

（3）受扭试件两端的支座。对于梁式受扭构件试验，为保证试件在受扭平面内自由转动，支座形式如图 3-31 所示。试件两端架设在两个能自由转动的支座上，支座转动中心应与试件转动中心重合。两支座的转动平面应相互平行，并应与试件的扭轴相垂直。

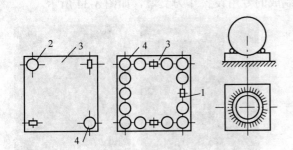 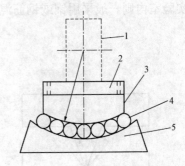

图 3-30　板壳结构的支座布置方式　　　　图 3-31　受扭试验转动支座构造

1—滚轴；2—钢球；3—试件；4—固定球铰　1—受扭试验构件；2—垫板；3—转动支座盖板；

4—滚轴；5—转动支座

（4）受压试件两端的支座。在进行柱与压杆试验时，试件两端应分别设置球形支座或双层正交刀口支座（图 3-32、图 3-33）。球铰中心应与加载点重合，双层刀口的支点应落在加载点上。

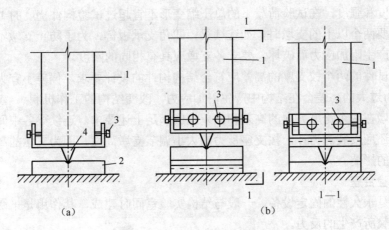

（a）　　　　　　　　　　　（b）

图 3-32　柱和压杆试验的铰支座

（a）单向铰支座；（b）双向铰支座

1—试件；2—铰支座；3—调整螺丝；4—刀口

目前试验柱的对中方法有两种，即几何对中法和物理对中法。从理论上讲，物理对中法比较好，但实际上不可能做到整个试验过程中永远处于物理对中状态。因此，较实用的办法是，以柱控制截面处（一般等截面柱为柱高度的中点）的形心线作为对中线，或计算出试验时的偏心距，按偏心线对中。进行柱或压杆偏心受压试验时，对于刀口支座，可以用调节螺丝调整刀口与试件几何中线的距离，以满足不同偏心距的要求。在试验机中做短柱抗压承载力试验时，由于短柱破坏时不发生纵向挠曲，短柱两端面不发生相对转动，因此，当试验机上下压板之一已有球铰时，短柱两端可不另加设刀口。这样处理是合理的，目的和混凝土棱柱强度试验方法一致。

（二）支墩

支墩本身的强度必须进行验算，保证试验时不致发生过度变形。支墩在现场多用砖块临时砌成，支墩上部应有足够大的平整支承面，最好在顶部铺钢板，支承底面积要按地耐力复核。在实验室内则一般采用钢或钢筋混凝土制成的专用设备作为支墩，如图 3-34 所示。

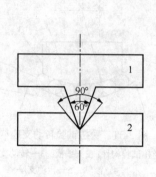

图 3-33　刀口支座
1—刀口；2—刀口座

（a）　　　　　　　　　（b）

图 3-34　支墩
（a）钢支墩；（b）混凝土支墩

为了使用灵敏度高的位移量测仪表量测试验结构的挠度，提高试验精度，要求支墩和地基有足够的刚度和强度，在试验荷载下的总压缩变形不宜超过试验构件挠度的 1/10。

当试验需要两个以上的支墩时，如连续梁，四角支承板等，为了防止支墩不均匀沉降及避免试验结构产生附加应力而破坏，要求各支墩应具有相同的刚度。

单向简支试件的两个铰支座的高差应符合结构构件的设计要求，偏差不宜大于试件跨度的 1/150。因为过大的高差会在结构中产生附加应力，改变结构的工作机制。

双向板支墩在两个跨度方向的高差和偏差也应满足上述要求。连续梁各中间支墩应为可调式，必要时还应安装测力计，按支座反力的大小调节支墩高度，因为支墩的高度对连续梁的内力有很大的影响。

3.4.2　试验台座

试验台座是永久性的固定设备，一般与结构实验室同时建成，其作用是平衡施加在试验结构物上的荷载所产生的反力。

试验台座的台面一般与实验室地坪标高一致，这样可以充分利用实验室的地坪面积，使室内水平运输搬运物件比较方便，但对试验活动可能造成影响。也可以高出地平面，使之成为独立体系，这样试验区划分比较明确，且不受周边活动及水平交通运行的影响。

试验台座的长度可从十几米到几十米，宽度也可达到十余米，台座的承载能力一般在 $200 \sim 1000 \mathrm{kN/m^2}$，台座的刚度极大，所以受力后变形极小，这样就允许在台面上同时进行几个结构试验，而无需考虑相互的影响，不同的试验可沿台座的纵向或横向布设。

试验台座除平衡对结构加载时产生的反力外，同时也可用于固定横向支架，以保证构件侧向稳定，还可以通过水平反力架对试件施加水平荷载，由于台座本身的刚度很大，还能消除试件试验时的支座沉降变形。

设计台座时在其纵向和横向均应按各种试验组合可能产生的最不利受力情况进行验算和配筋，以保证台座有足够的强度和整体刚度。动力试验的台座还应有足够的质量和耐疲劳强度，防止引起共振和疲劳破坏，尤其要注意局部预埋件和焊缝的疲劳破坏。如果实验室内同时有静力和动力台座，则动力台座必须设置隔振措施，以免试验时产生相互干扰现象。

目前国内外常见的大型试验台座，按结构构造的不同可分为：槽式试验台座、地脚螺栓式试验台座、箱式试验台座、抗侧力试验台座等。

（一）槽式试验台座

这是目前国内用得较多的一种典型静力试验台座，其构造特点是沿台座纵向全长布置若干条槽轨，这些槽轨是用型钢制成的纵向框架式结构，埋置在台座的混凝土内，如图3-35所示。槽轨的作用在于锚固加载支架，用以平衡结构物上的荷载所产生的反力。如果加载架立柱用圆钢制成，可直接用两个螺帽固定于槽内，如加载架立柱由型钢制成，则在其底部设计成类似钢结构柱脚的构造，用地脚螺丝固定在槽内。在试验加载时立柱受向上拉力，故要求槽轨的构造应和台座的混凝土部分有很好的联系，不致变形或拔出。这种台座的特点是加载点位置可沿台座的纵向任意变动，不受限制，以适应试验结构不同加载位置的需要。

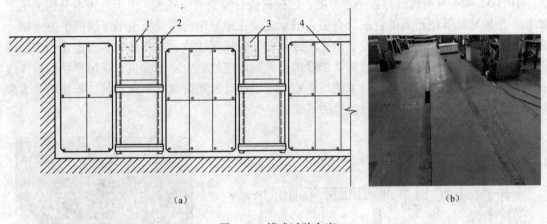

（a）　　　　　　　　　　　　　　　　　　（b）

图 3-35　槽式试验台座

（a）构造图；（b）实物图

1—槽轨；2—型钢骨架；3—高强度混凝土；4—混凝土

（二）地锚式试验台座

这种试验台座的特点是在台面上每隔一定间距设置一个地脚螺栓，螺栓下端锚固在台座内，其顶端伸出于台座表面特制的圆形孔穴内（但略低于台座表面标高），使用时通过套筒螺母与加载架的立柱连接，平时可用圆形盖板将孔穴盖住，保护螺栓端部及防止杂物落入孔穴。其缺点是螺栓受损后修理困难，此外由于螺栓和孔穴位置已经固定，所以试件安装就位的位置受到限制，不像槽式台座那样可以移动，灵活方便。这类台座通常设计成预应力钢筋混凝土结构，优点是造价低。

如图3-36所示为地脚螺栓式试验台座的示意图。这类试验台座不仅用于静力试验，同时可以安装结构疲劳试验机进行结构构件的动力疲劳试验。

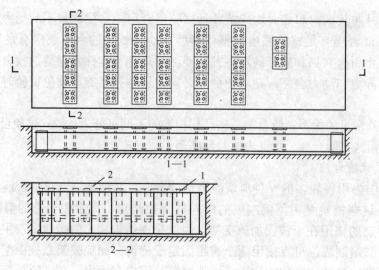

图 3-36　地脚螺栓式试验台座

1—地脚螺栓；2—台座地槽

（三）箱形试验台座（孔式试验台座）

图 3-37 所示为箱式试验台座示意图。这种试验台座的规模较大，由于台座本身构成箱形结构，所以它比其他形式的台座具有更大的刚度。在箱形结构的顶板上沿纵横两个方向按一定间距留有竖向贯穿的孔洞，便于沿孔洞连线的任意位置加载。即先将槽轨固定在相邻的两孔洞之间，然后将立柱或拉杆按需要加载的位置固定在槽轨中，试验也可在箱形结构内部进行，所以台座结构本身也是实验室的地下室，可供进行长期荷载试验或特种试验使用。大型箱形试验台座可同时兼作实验室房屋的基础。

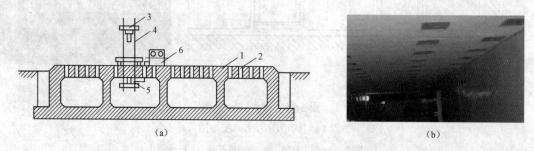

（a）　　　　　　　　　　　　　　　　　　（b）

图 3-37　箱式结构试验台座剖面

（a）构造图；（b）箱式结构试验台座下部实物图

1—箱形台座；2—顶板上的孔洞；3—试件；4—加荷架；5—液压加载器；6—液压操纵台

（四）抗侧力试验台座

为了适应结构抗震试验研究的要求，需要进行结构抗震的静力和动力试验，即使用电液伺服加载系统对结构或模型施加模拟地震荷载的低周期反复水平荷载。近年来国内外大型结构实验室都建造了抗侧力试验台，如图 3-38 所示。它除了利用前面几种形式的试验台座用以对试件施加竖向荷载外，在台座的端部建有高大的刚度极大的抗侧力结构，用以承受和抵抗水平荷载所产生的反作用力。为了保证试验时变形很小，抗侧力结构往往是钢筋混凝土或预应力钢筋混凝土的实体墙即反力墙或剪力墙，或者是为了增大结构刚度而建的大型箱形结构物。在墙体的纵横方向按一定距离间隔布置锚孔，以便按试验需要在不同的位置上固定为水平加载用的液压加载器。这时抗侧力墙体结构一般是固定的并与水平台座连成整体，以提高墙体抵抗弯矩和基底剪力的能力，其平面形式有一字形、L 形等。

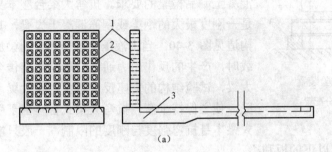

（a）　　　　　　　　　　　　　　　　（b）

图 3-38　水平推力试验台座

（a）构造图；（b）实物图

1—承力墙；2—加载设备固定孔；3—水平台座

简单的抗侧力结构可采用钢推力架的方案，利用地脚螺丝与水平台座连接锚固，其特点是推力钢架可以随时拆卸，按需要移动位置、改变高度；但缺点是用钢量较大且承载能力有限，此外钢推力架与台座的连接锚固较为复杂、费时，同时要满足可在任意位置安装水平加载器亦有一定困难。

大型结构实验室也有在试验台座左右两侧设置两座反力墙的情况，这时整个抗侧力台座的竖向剖面不是 L 形而成为 U 形，其特点是可以在试件的两侧对称施加荷载；也有在试验台座的端部和侧面建造在平面上成直角的抗侧力墙体，这样可以在 x、y 两个方向同时对试件加载，模拟 x、y 两个方向的地震荷载。

有的实验室为了提高反力墙的承载能力，将试验台座建在低于地面一定深度的深坑内，利用坑壁作为抗侧力墙体，这样在坑壁四周的任意面上的任意部位均可对结构施加水平推力。

（五）槽锚式试验台座

如图 3-39 所示，槽锚式试验台座兼有槽式及地脚螺栓式台座的特点，同时由于抗震试验的需要，利用锚栓一方面可固定试件，另一方面可承受水平剪力。

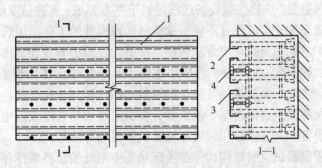

图 3-39　槽锚式试验台座

1—滑槽；2—高强度混凝土；3—槽钢；4—锚栓

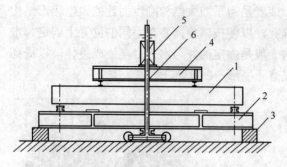

图 3-40　抗弯大梁式台座的荷载试验装置

1—试件；2—抗弯大梁；3—支座；4—分配梁；

5—液压加载器；6—荷载架

（六）抗弯大梁式台座

在预制构件厂和小型结构实验室中，当缺少大型试验台座时，也可以采用抗弯大梁式或空间桁架式台座满足中小型构件试验或混凝土制品检验的要求。抗弯大梁台座本身是一刚度极大的钢梁或钢筋混凝土大梁，其构造见图 3-40。当用液压加载器和分配梁加载时，产生的反作用力通过门形荷载架传至大梁，试验结构的支座反力也由台座大梁承受，使之保持平衡。抗弯大梁式台座由于受大梁本身抗弯强度与刚度的限制，一般只能试验跨度在 7m 以下、宽度在 1.2m 以下的板和梁。

（七）空间桁架式台座

如图 3-41 所示，桁架式台座是由型钢制成的专门试验架，一般用来试验中等跨度的桥架及屋面大梁。它可施加为数不多的集中荷载，液压加载器的反作用力由空间构架自身平衡。

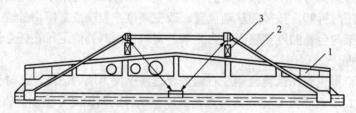

图 3-41　空间桁架式台座

1—试件（屋面大梁）；2—空间桁架式台座；3—液压加载器

本章小结

（1）大部分结构试验是在模拟荷载条件下进行，模拟荷载与实际荷载的吻合程度的高低对试验成功与否非常重要。试验加载设备应满足以下基本要求：荷载值准确稳定且符合实际；荷载易于控制；加载设备安全可靠且不参与试验结构或构件的工作；加载方法尽量先进。

（2）结构试验中常见的荷载模拟方法包括：在静力试验中有重物直接加载法、通过重物和杠杆作用的间接加载的重力加载法；液压加载器（千斤顶）、液压加载系统（液压试验机）；利用吊链、卷扬机、绞车、花篮螺丝及弹簧的机械加载法；气压加载法。在动力试验中有利用惯性力或电磁系统激振；自由控制、液压和计算机系统相结合组成的电液伺服加载系统和地震模拟振动台等设备；人工爆炸和利用环境随机激振的方法等。

（3）在试验中需根据试验的结构构件在实际状态中所处的边界条件和应力状态，模拟设置支座和支墩，以支承结构、正确传递作用力和模拟实际荷载图式。此外，还需由型钢制成的横梁、立柱组成的反力架和大型试验台座，或利用适宜于试验中小型构件的抗弯大梁、空间桁架式台座作荷载支承设备。

复习思考题

3-1　重物加载通常采用哪两种方法？对这两种方法有何具体要求？哪些结构适合采用水加载？水加载如何确定荷载值？

3-2　液压加载系统由哪几部分组成？电液伺服加载的关键技术及其优点是什么？

3-3　常见的支座形式有哪几种？对铰支座的基本要求是什么？

3-4　常见的试验台座有哪些？

第4章 结构试验测量技术

4.1 概　　述

结构试验的测量技术是指通过一定的测量仪器或手段，直接或间接地取得结构性能变化的定量数据。只有取得可靠的数据，才能对结构性能作出正确的结论，达到试验目的。

一般来说，土木工程试验中的测量系统基本上由以下测试单元组成，如图4-1所示。

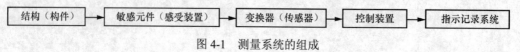

图 4-1　测量系统的组成

图 4-1 中的敏感元件是从被测物接受能量，并输出一定测量数值的元件。但这一测量数值总会受到测量装置本身的干扰，好的测量装置能将这种干扰减少到最低程度。敏感元件所输出的信号是一些物理量，如位移、电压等。例如：测力计的弹簧装置、电阻应变仪中的应变片等都属于敏感元件。

变换器又叫传感器、换能器、转换器等，它的作用是将被测参数变换成电量，并把转换后的信号传送到控制装置中进行处理。根据能量转换形式的不同，又可将传感器分成电阻式、电感式、压电式、光电式、磁电式等。

控制装置的作用是对传感器的输出信号进行测量计算，使之能够在显示器上显示出来。控制装置中最重要的部分就是放大器，这是一种精度高、稳定性好的微信号高倍放大器。有时在控制装置中还包括振荡电路（如静态电阻应变仪）、整流回路等。

指示记录系统是用来显示所测数据的，一般分为模拟显示和数字显示两种。前者常以指针或模拟信号表示，例如：X—Y 函数记录仪、磁带记录器；后者用数字形式显示所测数据，是比较先进的指示记录系统。

测量技术的发展是一个从简单到复杂，从单一学科到各学科互相渗透，从低级到高级的过程。例如，用直尺测量距离的方法可能就是一种最简单的测量技术；此后发展起来的机械式测量仪器，则是利用杠杆、齿轮、螺杆、弹簧、滑轮、指针、刻度盘等部件，将被测量值放大，转化为长度的变化，再以刻度的形式显示出来；随着电子技术的不断发展，结构试验中越来越多地应用电测仪器，电测仪器能够将各种试验参数转变为电阻、电容、电压、电感等电量参数，然后加以测量，这种测量技术通常又被称为"非电量的电测技术"。目前，测量仪器的发展趋势主要集中在数字化与集成化两个方面，许多新仪器均属声、光、电联合使用的复合式设备。

结构试验的主要测量参数包括外力（支座反力、外荷载）、内力（钢筋的应力、混凝土的拉、压力）、变形（挠度、转角、曲率）、裂缝等。相应的测量仪器包括荷重传感器、电阻应变仪、位移计、读数显微镜等。这些设备按其工作原理可分为：机械式、电测式、光学式、复合式、伺服式；按仪器与时间的位置关系可分为：附着式与手持式、接触式与非接触式、绝对式与相对式；按设备的显示与记录方式又可分为：直读式与自动记录式、模拟式和数字式。

4.2 测量仪表的技术指标

测量可定义为狭义测量和广义测量。狭义测量就是将被测量与同性质的标准量进行比较，并确定被测量为标准量的多少倍。标准量应为国家专门机构指定，具有足够稳定的性能。标准量采用的单位愈小，对一给定的被测量而言，测量精确度愈高。广义测量是指对被测对象进行检出、变换、分析、处理、判断、控制和显示等动作，这些环节的组合称为"测试系统"。换言之，在广义测量系统中，有以敏感元件为中心的检出部分，有转换信号提高效率的变换放大部分，有执行信息分析处理的数据分析处理部分，还有联系以上各部分的控制系统等。随着计算机自动控制技术的迅速发展，广义测量系统正在不断改进和完善，目前已在工程结构试验中广泛应用。

4.2.1 测量仪表的组成及技术指标

狭义测量仪表和广义测量系统从形式上看虽然有很大差别，但是二者实现测量任务时，必备的基本功能却是相同的，即每种测量仪表都应具备检出、变换、放大和显示记录等基本功能。一切测量仪表也都是由具备这些功能的元件或部件组合而成的。

图 4-2 测量仪表的组成

测量仪器的组成，如图 4-2 所示。其中检出变换部分的敏感元件，一般都直接与被测对象接触或直接附着在被测对象上，用来探测被测对象的参数变化；有时还需要将探测到的数据经过变换后再输入放大系统，最后至读数器、显示仪或记录器进行数字或模拟记录。

反映测量仪表性能优劣的是仪表的技术指标。测量仪表的主要技术指标如下：

（1）刻度值 A（最小分度值）：仪器指示装置的每一刻度所代表的被测量值，通常也表示该设备所能显示的最小测量值（最小分度值）。在整个测量范围内 A 可能为常数，也可能不是常数。例如：千分表的最小分度值为 0.001mm，百分表则为 0.01mm。

（2）量程 S：是指测量上限值和下限值的代数差，即仪表刻度盘上的上限值减去下限值，$S = x_{max} - x_{min}$。通常下限值 $x_{min} = 0$，这样 $S = x_{max}$。在整个测量范围内仪表提供的可靠程度并不相同，通常在上、下限值附近测量误差较大，故不宜在该区段内使用。

（3）灵敏度 K：被测物理量单位制的变化引起仪器读数值的改变量称为灵敏度，也可用仪器的输出与输入量的比值来表示，在数值上与精度互为倒数。例如：电测位移计的灵敏度＝输出电压/输入位移。

（4）测量精度：表示测量结果与真值符合程度的量称为精度或准确度，它能够反映仪器所具有的可读数能力或最小分辨率。从误差观点来看，精度反映了测量结果中的各类误差，包括系统误差与偶然误差。通常用绝对误差和相对误差来表示测量精度，而在结构试验中，更多采用相对于满量程的百分数来表示测量精度。很多仪器的测量精度与最小分度值是用相同的数值来表示。例如，千分表的测量精度与最小分度值均为 0.001mm。

（5）滞后量 H：当输入由小增大或由大减小时，对于同一个输入量将得到大小不同的输出量。在量程范围内，这种差别的最大值称为滞后量 H，滞后量越小越好。滞后量的示意图如图 4-3 所示。

（6）信噪比：仪器测得的信号中信号与噪声的比值，称作信噪比，其计量单位是"分贝"

（dB），信噪比越大，测量效果越好。信噪比对结构的动力特性测试影响很大。

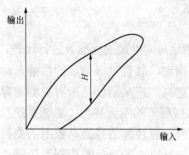

图 4-3　滞后量的示意图

（7）稳定性：指仪器受环境条件干扰影响后其指示值的稳定程度。

（8）频率响应：动测仪器仪表输出信号的幅值和相位随输入信号的频率范围而变化的特性，常用幅频和相频特性曲线来表示。分别说明仪器输出信号与输入信号间的幅值比和相位角偏差与输入信号频率的关系。

（9）分辨率：仪器仪表测量被测物理量最小变化值的能力。

（10）线性度：仪器仪表使用时的校准曲线与理论拟合直线的接近程度，可用校准曲线与拟合直线的最大偏差作为评定指标，以最大偏差与满量程输出的百分比来表示。

4.2.2　测量方法

常用的测量方法有直接测量法和间接测量法、偏位测定法和零位测定法。

（一）直接测量法和间接测量法

直接测量法是用一个事先按标准量分度的测量仪表对某一被测量进行直接测定，从而得出该量的数值。直接测量法是工程结构试验中应用最广泛的一种方法，但直接测量不等于必须用直读式仪表进行，用电压表和电位差计测量电压均属直接测量。所谓"间接测量"，是不直接测量待求量 X，而是对与待求量 X 有确切函数关系的其他物理量 Y_1，Y_2，…，Y_n 进行直接测量，然后通过已知函数关系式求得待求量 X 值，即 $X=F$（Y_1，Y_2，…，Y_n）。例如：测量一构件某特定点上的应力，一般都是通过测定应变，然后根据函数关系式再导出应力。间接测量法是在直接测量不便进行、没有相应仪表可采用或直接测量引起误差过大时使用。

（二）偏位测定法和零位测定法

偏位测定法和零位测定法都属于直接测量法。

当测量仪表是用指针相对于刻度线的偏位来直接表示被测量的大小时，这种测量方法就称为"偏位法"。用偏位法测量时，指针式仪表内没有标准量具，只设有经过标准量具标定过的刻度尺。刻度尺的精确度不可能很高，因而这种测量方法的测量精度不高。

零位法是指被测量 X 和某已知标准量 X' 对仪表指零机构的作用达到平衡，即两个作用的总效应为零。总效应为零表示被测量值等于该已知标准量的值。在零位法中测量结果的误差主要取决于标准量的误差，因而测量精度高于偏位测定法。但采用零位法测量必须及时调整标准量，这就需要一个时间历程，因此测量速度受到限制。

偏位测量和零位法测量在工程结构试验中被广泛采用。接触式位移计、动态电阻应变仪等都是采用偏位法进行测定，而天平秤和静态电阻应变仪等就是采用零位法进行测量。一般认为零位法比偏位法测量更精确，尤其当利用桥路特性对被测量放大后，零位法测量精度可以进一步提高。

4.2.3　仪器误差及消除方法

仪器本身的误差属于系统误差范畴，产生系统误差的原因主要是仪器在生产工艺或设计上的缺陷造成的，或者是由于长时间使用导致的零件磨损、零件变形等。在设计原理上用线性关系近似地代替非线性关系也会产生系统误差。

仪器系统误差出现的规律可分为定值误差和变值误差两种。在整个测量过程中，误差的大小和符号都保持不变称为"定值误差"；变值误差则较复杂，分为累进误差、周期误差和按复杂规律变化的误差三种。在测量过程中，随时间递增或递减的误差称"累进误差"；周期性地改变数值及符号的误差称为"周期误差"。

消除系统误差的基本方法是事先找出仪器存在的系统误差及其变化规律，并对其建立各种修正公式或绘制修正曲线、修正表格等。这就需要对仪器进行定期率定，率定方法有如下三种：

（1）在专门的率定设备上进行。专门设备能产生一个已知标准量的变化，把它和被率定仪器的示值做比较，求出被率定仪器的刻度值。使用这种方法时，率定设备的准确度要比被率定仪器的准确度高一个等级以上。

（2）采用和被率定仪器同一等级的"标准"仪器进行比较来率定。此种方法中使用的所谓"标准"仪器的准确度并不比被率定的仪器高，但它不常使用，因而可认为该仪器的度量性能技术指标可保持不变，准确度也为已知。显然这种率定方法的准确度取决于"标准"仪器的准确度。因为被率定仪器和"标准"仪器具有同一精度，故率定结果的准确度要比上述方法差。但此法不需要特殊率定设备，所以常被采用。

（3）利用标准试件率定仪器。将标准试件放在试验机上加载，使标准试件产生已知的变化量，根据这个变化量就可以求出安装在试件上的被率定仪器的误差。此法准确度不高，但更简单，容易实现，所以被广泛采用。

此外，对于在工作期间随时要求进行率定的仪器，可将专门的率定装置直接安装在仪器内部。例如动态电阻应变仪内部就设有这种内部率定装置。

4.3 应 变 测 量

应变测量是结构试验中的基本测量内容，主要包括钢筋局部的微应变和混凝土表面的变形测量；另外，由于目前还没有较好的方法直接测定构件截面的应力，因此，结构或构件的内力（钢筋的拉压力）、支座反力等参数实际上也是先测量应变，然后再通过计算转化为应力或力，或由已知的关系曲线查得应力。由此可见，应变测量在结构试验测量内容中具有非常重要的地位，往往是其他物理量测量的基础。

应变测量的方法和仪表很多，主要有机测与电测两类。

机测是指机械式仪表，例如：双杠杆应变仪、手持应变仪，如图 4-4 所示。机械式仪表适用于各种建筑结构在长时间受力过程中的变形，无论是构件制作过程中变形的测量，还是结构在试验过程中变形的观察，均可采用。尤其适用于野外和现场作业条件下结构变形的测试。

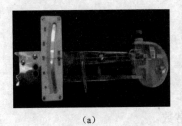

（a）   （b）

图 4-4 机测法

（a）双杠杆应变仪；（b）手持应变仪

机测法简单易行，适用于现场作业或精度要求不高的场合；电测法手续较多，但精度更高，适用范围更广。因此，目前大多数结构试验，特别是在实验室内进行的试验，基本上均采用电测法进行应变测量。

4.3.1　电阻应变片

（一）电阻应变片的工作原理及构造

电阻应变片的工作原理是基于电阻丝具有应变效应，即电阻丝的电阻值随其变形而发生改变。由物理学可知，金属电阻丝的电阻 R 与长度 L、截面面积 A 有如下关系

$$R = \rho \frac{l}{A} \tag{4-1}$$

式中　R——电阻，Ω；

　　　ρ——电阻率，$\Omega \cdot m$；

　　　l——电阻丝长度，m；

　　　A——电阻丝截面积，m^2。

当电阻丝拉伸或压缩后，其长度会发生变化，如图 4-5 所示。相应的电阻变化由式（4-1）两边进行微分后即得

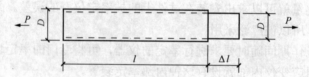

图 4-5　金属丝的电阻应变原理

$$dR = \frac{\partial R}{\partial \rho}d\rho + \frac{\partial R}{\partial l}dl + \frac{\partial R}{\partial A}dA = \frac{l}{A}d\rho + \frac{\rho}{A}dl - \frac{\rho l}{A^2}dA \tag{4-2}$$

$$\frac{dR}{R} = \frac{d\rho}{\rho} + \frac{dl}{l} - \frac{dA}{A} \tag{4-3}$$

设

$$\frac{dl}{l} = \varepsilon, \quad \frac{dA}{A} = -2\nu\varepsilon, \quad \frac{d\rho}{\rho} = c\frac{dV}{V} = c(1-2\nu)\frac{dl}{l}$$

代入式（4-2）、式（4-3），得

$$\frac{dR}{R} = [1 + 2\nu + c(1-2\nu)]\varepsilon \tag{4-4}$$

$$\frac{dR}{R} = K_0\varepsilon \tag{4-5}$$

式中　V——金属电阻丝的体积；

　　　c——由材料成分确定的常数；

　　　ν——电阻丝材料的泊松比；

　　　K_0——电阻丝的灵敏系数。

对于某一种金属材料而言，ν、c 为定值，K_0 为常数。

可见，应变片的电阻变化率与应变值呈线性关系。当把应变片牢固粘贴于试件上，使之与试件同步变形时，便可由式（4-5）中的电量—非电量转换关系测得试件的应变。在应变仪

中，由于敏感栅几何形状的改变和粘胶、基底等的影响，灵敏系数与单丝有所不同，一般由产品分批抽样实际测定，通常 $K=2.0$ 左右。

不同用途的电阻应变片，其构造有所不同，但都包含敏感栅、基底、覆盖层和引出线几部分。其构造如图4-6所示。电阻应变片的构造包括：

（1）敏感栅：应变片将应变变换成电阻变化量的敏感部分，它是用金属或半导体材料制成的单丝或栅状体。敏感栅的形状与尺寸直接影响应变片的性能。栅长 L 和栅宽 B 代表应变片的标称尺寸，即规格。

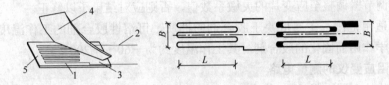

图4-6　电阻应变片的构造

1—敏感栅；2—引出导线；3—黏结剂；4—覆盖层；5—基底

（2）基底和覆盖层：主要起定位和保护电阻丝的作用，并使电阻丝和被测试件之间绝缘。基底的尺寸通常代表应变片的外形尺寸。

（3）黏结剂：黏结剂是一种具有一定电绝缘性能的黏结材料。其作用是将敏感栅固定在基底上，或将应变片的基底粘贴在试件的表面。

（4）引出线：引出线通过测量导线接入应变测量桥。引出线一般采用镀银、镀锡或镀合金的软铜线制成，在制造应变片时与电阻丝焊接在一起。

（二）电阻应变片的分类及技术指标

应变片的种类很多，按栅极分有丝式、箔式、半导体等；按基底材料分有纸基、胶基等；按使用极限温度分有低温、常温、高温等。箔式应变片是在薄胶膜基底上镀合金薄膜（0.002～0.005mm），然后通过光刻技术制成，具有绝缘度高、耐疲劳性能好、横向效应小等特点，但价格高。丝绕式多为纸基，具有防潮、价格低、易粘贴等优点，但耐疲劳性稍差，横向效应较大，一般适用于静载试验。图4-7所示为几种应变片的形式。

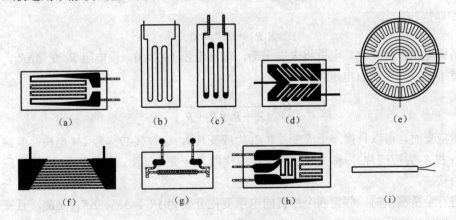

图4-7　几种电阻应变片

（a）、（d）、（e）、（f）、（h）箔式电阻应变片；（b）丝绕式电阻应变片；
（c）短接式电阻应变片；（g）半导体应变片；（i）焊接电阻应变片

应变片的主要技术性能由下列指标给出：

（1）标距：指敏感栅在纵轴方向的有效长度 L。

（2）规格：以使用面积 $L \times B$ 表示。

（3）电阻值：与电阻应变片配套使用的电阻应变仪中的测量线路，其电阻均以 120Ω 作为标准进行设计，因此应变片的阻值大部分为 120Ω 左右，否则应加以调整或对测量结果予以修正。

（4）灵敏系数：电阻应变片的灵敏系数出厂前经抽样试验确定，使用时，必须把应变仪上的灵敏系数调节器调整至应变片的灵敏系数值，否则应对结果予以修正。

（5）温度适用范围：主要取决于胶合剂的性质，可溶性胶合剂的工作温度约为 $-20\sim +60℃$；经化学作用而固化的胶合剂，其工作温度约为 $-60\sim +200℃$。

4.3.2　电阻应变仪的测量电路

电阻应变片的金属电阻丝 K_0 值为 $1.7\sim3.6$，制成电阻应变片后，K 值一般在 2.0 左右，机械应变一般为 $10^{-6}\sim10^{-3}$。这样微弱的电信号很难直接检测出来，必须依靠放大器将信号放大，电阻应变片的专用放大仪器称为电阻应变仪。根据电阻应变仪的工作频率范围可分为静态电阻应变仪和动态应变仪。

测量电路的作用是将应变片的电阻变化转换为电压或电流的变化，一般采用惠斯登电桥和电位计式两种测量电路，后者仅用在动态分量的测量。

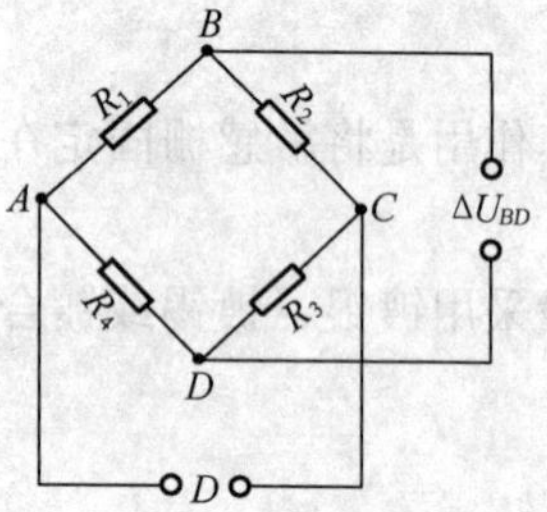

（一）电桥基本原理

应变仪的测量电路一般采用惠斯登电桥，如图 4-8 所示。在四个臂上分别接入电阻 R_1、R_2、R_3、R_4，在 A、C 端接入电源，B、D 端为输出端。

图 4-8　惠斯登电桥

根据基尔霍夫定律，输出电压 U_{BD} 与输入电压 U 的关系如下

$$U_{BD}=U \cdot \frac{R_1 R_3 - R_2 R_4}{(R_1+R_2)(R_3+R_4)} \tag{4-6}$$

当 $R_1=R_2=R_3=R_4$，即四个桥臂电阻值相等时，称为等臂电桥。当电桥平衡，即输出电压 $U_{BD}=0$ 时，有

$$R_1 R_3 - R_2 R_4 = 0 \tag{4-7}$$

如桥臂电阻发生变化，电桥将失去平衡，输出电压 $U_{BD}\neq0$。设电阻 R_1 变化 ΔR_1，其他电阻均保持不变，则有输出电压为

$$U_{BD}=U \cdot \frac{R_2 R_4}{(R_1+R_2)(R_3+R_4)} \cdot \frac{\Delta R_1}{R_1} \tag{4-8}$$

测量应变时，可以只接一个应变片（R_1 为应变片），这种接法称为 1/4 电桥；或接两个应变片（R_1 和 R_2 为应变片），称为半桥接法；或接四个应变片（R_1、R_2、R_3 和 R_4 均为应变片），称为全桥接法。

当进行全桥测量时，假定四个桥臂的电阻变化分别为 ΔR_1、ΔR_2、ΔR_3、ΔR_4，且变化前电桥平衡，则输出电压为

$$U_{BD}=U \cdot \frac{R_2 R_4}{(R_1+R_2)(R_3+R_4)} \left(\frac{\Delta R_1}{R_1} - \frac{\Delta R_2}{R_2} + \frac{\Delta R_3}{R_3} - \frac{\Delta R_4}{R_4} \right) \tag{4-9}$$

式（4-8）、式（4-9）中忽略了分母项中的 ΔR，分子中则取 $\Delta R_i \Delta R_j = 0(i,j = 1,2,3,4)$。如四个应变片规格相同，即 $R_1 = R_2 = R_3 = R_4$，$K_1 = K_2 = K_3 = K_4 = K$，则有

$$U_{BD} = \frac{1}{4}UK(\varepsilon_1 - \varepsilon_2 + \varepsilon_3 - \varepsilon_4) \tag{4-10}$$

由式（4-10）可知，当 $\Delta R < R$ 时，输出电压与四个桥臂应变的代数和呈线性关系；相邻桥臂的应变符号相反，如 ε_1 与 ε_2；相对桥臂的应变符号相同，如 ε_1 与 ε_3。这种利用桥路的不平衡输出进行测量的电桥称为不平衡电桥，其测量方法称为偏位测定法。偏位测定法适用于动态应变测量。

（二）平衡电桥原理

由式（4-10）可看出，不平衡电桥的输出中含有电源电压 U 项。当采用城市电网供电，而测试工作又需要延续较长时间时，电源电压的波动将不可避免，其后果必将影响到测量结果的准确性。另外不平衡电桥采用偏位法测量，要求输出对角线上的检流计有很高的灵敏度且有较大的测量范围。因此现代的电阻应变仪都已改用平衡电桥，即采用零位法进行测量，如图 4-9 所示。

R_1 为贴在受力构件上的工作应变片，R_2 为贴在非受力构件上的温度补偿片，R_3 和 R_4 之间加滑线电阻 r，触点 D 平分 r，且使桥路 $R_3 = R_4 = R''$，$R_1 = R_2 = R'$。构件受力前，工作电阻没有增量，桥路处于平衡状态，检流计指零，则有 $R_1R_2 - R_3R_4 = 0$。构件受力变形后，应变片的电阻由 R_1 变为 $R_1 + \Delta R_1$，此时桥路失去平衡，检流计指针偏转至某一新的位置。这时如果调节触点 D 使检流计指针回到零位，即桥路重新恢复平衡。则新的平衡条件为

$$(R_1 + \Delta R_1)(R_3 - \Delta r) = R_2(R_4 + \Delta r) \tag{4-11}$$
$$R_1R'' + \Delta R_1R'' - R_1\Delta r - \Delta R_1\Delta r = R_1R'' + R_1\Delta r$$

$$\frac{\Delta R_1}{R_1} = \frac{2\Delta r}{R''}$$

$$\varepsilon = \frac{2\Delta r}{KR''} \tag{4-12}$$

可见，滑线电阻的滑移量可以度量工作电阻的应变量。滑线电阻若以 $\mu\varepsilon$ 为刻度，则可直接读取工作电阻的应变量。在这里，检流计仅用来判别电桥平衡与否，故可避免偏位法测量的缺点。此种测量方法称零位测定法，零位测定法一般用于静态电阻应变测量。

如图 4-9 所示电桥，系统中只有半个桥臂参与测量工作，另一半是供读数用的。为了使四个桥臂都能参与测量工作，同时也为了进一步提高电桥的输出灵敏度，现代的应变仪一般采用所谓双桥路，如图 4-10 所示。

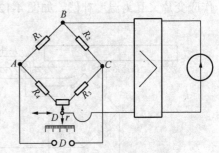

图 4-9 零位法测量桥路图

双电桥桥路除有一个连接电阻应变片的测量电桥外，还有一个能输出与测量电桥变化相反的读数电桥，读数电桥的桥臂由可以调节的精密电阻组成。当试件发生变形，测量电桥失去平衡，检流计指针发生偏转时，调节读数电桥的电阻，使其产生一个与测量电桥大小相等、方向相反的量，使指针重新指向零。由于测量电桥的 U 与 ε 成正比，因此读数电桥的电阻调整值也必定与 ε 成正比。

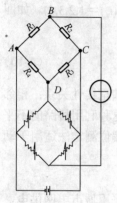

图 4-10　双桥路原理

（三）温度补偿技术

用电阻应变片测量应变时，除能感应试件应变外，环境温度的变化，同样也能通过应变片的感应而引起电阻应变仪指示部分的示值变动，这种变动称为温度效应。

温度使应变片的电阻值发生变化的原因有二：一是电阻丝温度改变 Δt℃时，电阻将随之改变；二是试件材料与应变片电阻丝的线膨胀系数不相等，但两者又黏合在一起，这样试件温度改变 Δt℃时，应变片中产生了温度应变，引起一个附加电阻变化。总的应变效应为两者之和，可用电阻增量 ΔR_t 表示。根据桥路输出公式得

$$U_{BD}=\frac{U}{4}\frac{\Delta R_t}{R}=\frac{U}{4}K\varepsilon_t \qquad (4\text{-}13)$$

式中　ε_t——视应变。

当应变片的电阻丝为镍铬合金丝时，温度变动 1℃，将产生相当于钢材（$E=2.1\times10^5$MPa）应力为 14.7MPa 的示值变动，这个量值不能忽视，必须设法加以消除。消除温度效应的方法称为温度补偿。

温度补偿的方法是在电桥的 BC 臂上接一个与测量片 R_1 同样阻值的应变片 R_2，R_2 为温度补偿应变片。测量片 R_1 贴在受力构件上，既受应变作用又受温度作用，故 ΔR_1 由两部分组成，即 $\Delta R_1+\Delta R_t$；补偿片 R_2 贴在一个与试件材料相同并置于试件附近，具有同样温度变化，但不受外力的补偿试件上，只有 ΔR_t 的变化，如图 4-11 所示。故由式（4-9）得

$$U_{BD}=\frac{U}{4}\frac{\Delta R_1+\Delta R_{1,t}-\Delta R_{2,t}}{R}=\frac{U}{4}\frac{\Delta R_1}{R}=\frac{U}{4}K\varepsilon_1 \qquad (4\text{-}14)$$

由此可见，测量结果仅为试件受力后产生的应变值，温度产生的电阻增量（或视应变）自动得到消除。

某些被测结构或构件应变符号相反，比例关系已知，温度条件相同的二个或四个测点，可以将这些应变片按符号不同，分别接在相应的邻臂上，这样在等臂的条件下，各片既是工作应变片又互为温度补偿，如图 4-12 所示。但图示接法不适用于混凝土等非匀质材料。

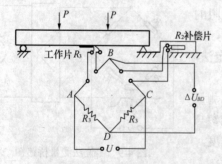

图 4-11　温度补偿应变片桥路连接示意图

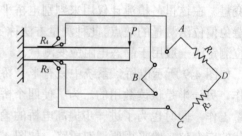

图 4-12　工作应变片温度互补偿法桥路示意图

以上两种方法都是通过桥路连接方法实现温度补偿，称为桥路补偿法。

当无法找到一个适当位置来安装温度补偿片，或工作片与补偿片的温度变动不相等时，应采用温度自补偿片。温度自补偿片是一种单元片，它可由两个单元组成 [图 4-13（a）]，两个单元的相应效应可以通过改变外电路来调整，如图 4-13（b）所示。其中 R_G 和 R_T 互为工作

片和补偿片，R_{LG} 和 R_{LT} 为各自的导线电阻，R_B 为可变电阻，加以调节可给出预定的最小视应变。

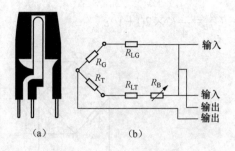

图 4-13　温度自补偿电路
（a）工作肢转换；（b）中线转换

（四）多点测量线路

进行实际测量时，仅设一个测点显然是不可取的，因而要求应变仪具有多个测量桥，这样就可以进行多测点的测量工作。图 4-14 所示是实现多点测量的两种线路：如图 4-14（a）所示工作肢转换法是每次只切换工作片，温度补偿片为公用片；而图 4-14（b）所示中线转换法每次同时切换工作片和补偿片，通过转换开关自动切换测点而形成测量桥。

当供桥电压为交流电压时，即为交流电桥。在交流电桥中，两邻近导体以及导体与机壳之间存在有分布电容，测量导线之间也会产生分布电容。分布电容的存在，严重影响电桥的平衡，并使电桥灵敏度大大降低，因此必须在测量前预先将电容调平，即使桥路对角线上的容抗乘积相等（如 $Z_1Z_3 = Z_2Z_4$）。这时，分布电容引起的对角线输出为零。

电阻应变仪预调平衡的原理如图 4-15 所示。$ABCD$ 组成测量桥路。R_1，R_2，R_3，R_4 均为工作片时，组成全桥测量。若用 R_3'、R_4'（仪器内部标准电阻）代替 R_3、R_4 时，则组成半桥测量。其中 R_a 与 R_{ta} 组成电阻预调平衡线路，C_t 与 R_t 组成电容预调平衡线路。这样当 R_t 或 R_{ta} 的触点分别左右滑动时，就可以使电容或电阻达到平衡状态。

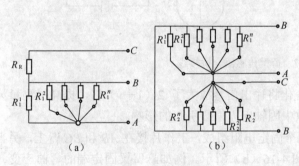

图 4-14　多点测量线路

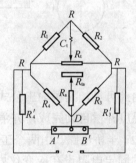

图 4-15　预调平衡原理

静态应变仪最小分度值不大于 $1\mu\varepsilon$，误差不大于 1%，零漂不大于 $\pm 3\mu\varepsilon/4h$。动态应变仪，其标准量程不宜小于 $200\mu\varepsilon$，灵敏度不低于 $10\mu\varepsilon/mA$ 或 $10\mu\varepsilon/mV$，灵敏度变化不大于 $\pm 2\%$，零漂不大于 $\pm 5\%$。

4.3.3　实用电路与电阻应变片的粘贴技术

（一）实用电路及其应用

前文已述，式（4-10）建立的应变与输出电压之间的关系，为我们提供了三种标准实用电路。

（1）全桥电路。在测量桥的四个桥臂上全部接入工作应变片，如图 4-16（a）所示。其中相邻臂上的工作片兼作温度补偿用，桥路输出 $U_{BD} = \dfrac{U}{4}K(\varepsilon_1 - \varepsilon_2 + \varepsilon_3 - \varepsilon_4)$。如图 4-17 所示的圆柱体荷重传感器，在筒壁的纵向和横向分别贴有电阻应变片，根据横向应变片的泊松效应和对角线输出的特性，经推导可知，图示两种贴片和连接方式的输出均为

$$U_{BD} = \frac{U}{4} K \times 2(1+\nu)\varepsilon \text{。}$$

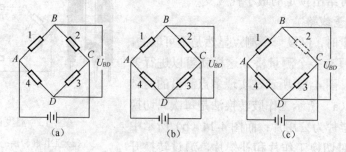

图 4-16　标准实用电路

（a）全桥电路；（b）半桥电路；（c）1/4 桥电路

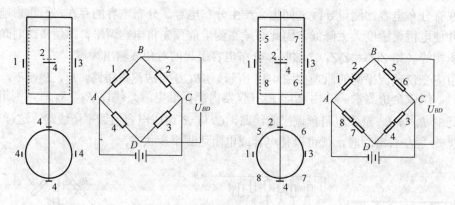

图 4-17　荷重传感器全桥接线

由此可见，路桥输出公式中符号变化将输出信号放大了 $2(1+\nu)$ 倍，提高了测量灵敏度；温度补偿自动完成；并消除了读数中因轴向力偏心引起的影响。

（2）半桥电路。由两个工作片和两个固定电阻组成，工作片接在 AB 和 BC 臂上，另半个桥上的固定电阻设在应变仪内部，如图 4-16（b）所示。例如悬臂梁固定端的弯曲应变（图 4-12）可以用 R_1 和 R_2 来测定，利用输出公式可得 $U_{BD} = \frac{U}{4} K[\varepsilon_1 - (-\varepsilon_1)] = \frac{U}{4} K \times 2\varepsilon_1$。即电桥输出灵敏度提高了 1 倍，温度补偿也由两个工作片自动完成。

（3）1/4 桥电路。1/4 桥电路常用于测量应力场的单个应变，如图 4-16（c）所示。例如简支梁下边缘的最大拉应变（图 4-11），这时温度补偿必须用一个补偿应变片 R_2 来完成。这种接线方法对输出信号没有放大作用。

（二）电阻应变片粘贴技术

应变片是应变电测技术中的感受元件，粘贴质量的好坏对测量结果影响甚大，技术要求十分严格。为保证质量，要求测点基底平整、清洁、干燥；粘贴剂的电绝缘性、化学稳定性及工业性能良好，蠕变小，粘贴强度高（剪切强度不低于 3~4MPa），温湿度影响小；同一组应变片规格型号应相同；应变片的粘贴应牢固、方位准确、不含气泡；粘贴前后阻值不改变；粘贴干燥后，灵敏栅对地绝缘电阻一般不低于 500MΩ；应变线性好，滞后、零飘、蠕变小，保证应变能正确传递。粘贴的具体方法步骤见表 4-1。

表 4-1　　　　　　　　　　　　　　　　　电阻应变计粘贴技术

步骤	工作内容		方　　法	要　　求
1	应变片检查分选	外观检查	借助放大镜肉眼检查	应变片应无气泡、霉斑、锈点,栅极应平直、整齐、均匀
		阻值检查	用万用电表检查	应无短路或断路
2	测点处理	测点检查	检查测点处表面状况	测点应平整、无缺陷、无裂缝等
		打磨	用1#砂布或磨光机打磨	表面达∇_5,平整、无锈、无浮浆等,并使断面减小
		清洗	用棉花蘸丙酮或酒精等清洗	棉花干擦时无污染
		打底	用环氧树脂:邻苯二甲酸二丁酯:乙二胺=8～10:100:10～15 或环氧树脂:聚酰胺=100:90～110	胶层厚度0.05～0.1mm左右,硬化后用0#砂布磨平
		测线定位	用铅笔等在测点上画出纵横中心线	纵线应与应变方向一致
3	应变片粘贴	上胶	用镊子夹应变片引出线,在背面上一层薄胶,测点也涂上薄胶,将片对准放置	测点上十字中心线与应变片的标志应对准
		挤压	在应变片上盖上一小片玻璃纸,用手指沿一方向滚压,挤出多余胶水	胶层应尽量薄,并注意应变片位置不滑动
		加压	快干胶粘贴,用手指轻压1～2分钟,其他胶则用适当方法加压1～2小时	胶层应尽量薄,并注意应变片位置不滑动
4	固化处理	自然干燥	在室温15℃以上,湿度60%以下1～2天	胶强度达到要求
		人工固化	气温低、湿度大,则在自然干燥12小时后,用人工加温(红外线灯照射或电吹热风)	加热温度不超过50℃,受热应均匀
5	粘贴质量检查	外观检查	借助放大镜肉眼检查	应变片应无气泡、粘贴牢固、方位准确
		阻值检查	用万用电表检应变片	无短路和断路
			用单臂电桥测量应变片	电阻值应与前基本相同
		绝缘度检查	用兆欧表检查应变片与试件绝缘度	一般测量应在50MΩ以上,恶劣环境或长期测量大于500MΩ
			或接入应变仪观察零点漂移	不大于$2\mu\varepsilon/15$分钟
6	导线连接	引出线绝缘	应变片引出线底下贴胶布或胶纸	保证电线不与试件形成短路
		固定点设置	用胶固定端子或用胶布固定电线	保证电线轻微拉动时,引出线不断
		导线焊接	用电烙铁把引出线与导线焊接	焊点应圆滑、丰满、无虚焊等
7	防潮防护		根据环境条件,贴片检查合格接线后,加防潮、防护处理。防护一般用胶类防潮剂浇注或加布带绑扎	防潮剂必须覆盖整个应变片并稍大5mm左右。防护应防机械损坏

　　应变电测法具有感受元件重量轻、体积小;测量系统信号传递迅速、灵敏度高;可遥测,便于与计算机联用及实现自动化等优点,因此在试验应力分析、断裂力学及宇航工程中都有广泛的用途。其主要缺点是连续长时间测量会出现漂移,这是由黏合剂的不稳定性和对周围环境的敏感性所致;另外,电阻应变片的粘贴技术比较复杂,工作量大,并且不能重复使用,消耗量也比较大。

4.3.4　应变的其他测量方法与仪表

（一）机测法

　　应变机测法的主要优势在于操作简单、可重复使用,但精度稍差。如图4-18、图4-19所示为两种常用的测量应变的方法。手持应变仪常用现场测量,标距为50～250mm,读数可用百分表或千分表。手持应变仪的操作步骤为:①根据试验要求确定标距,在标距两端黏结两个角标（每边各一个）；②结构变形前，用手持应变仪先测读一次；③结构变形后，再用手持应变仪测读；④变形前后的读数差即为标距两端的相对位移，由此可求得平均应变。百分表装置常用于实际结构或足尺试件的应变测量，其标距可任意选择，读数可用百分表，也可用千分表或其他电测位移传感器。百分表应变装置的工作原理和操作步骤与手持应变仪基本相同。

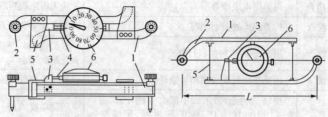

图 4-18　手持应变仪工作原理

1—刚性骨架；2—插轴；3—骨架外凸缘；4—千分表插杆；5—薄钢片；6—千分表

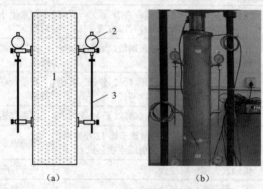

（a）　　　　　　　　　　　（b）

图 4-19　千分表测徐变装置

（a）工作原理；（b）实物图

1—混凝土试件；2—千分表；3—标杆

（二）光纤光栅应变测试法

光纤光栅是指光纤经紫外光照射成栅技术形成的光纤型光栅，其结构如图 4-20 所示，其应变传感器原理如图 4-21 所示，作用于光纤光栅的被测物理量（如温度、应变等）发生变化时，会导致波长 λ_B 的漂移，通过检测得出波长 λ_B 的漂移量 $\Delta\lambda_B$，便可测出被测物理量的信息。轴向应变的变化与 $\Delta\lambda_B$ 之间的关系可表示为 $\Delta\varepsilon = f(\Delta\lambda_B)$，$f$ 为某种特定的函数关系。

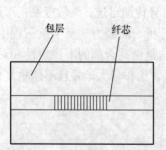

图 4-20　Bragg 光纤光栅的结构

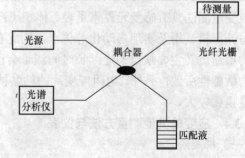

图 4-21　光纤光栅应变传感器原理图

应变和温度的变化都会导致波长 λ_B 的漂移，但可通过特定的技术，实现对应变和温度的分别测量或同时测量。

与其他测试方法比较,光纤光栅应变测试技术具有以下优点:

（1）抗腐蚀,抵抗电磁干扰强,可用于恶劣环境的监测。

（2）尺寸小,光纤光栅长度小于 8mm。

（3）寿命长,有关研究表明,光纤性能在工作 25 年后基本不退化。

（4）信号损失极小,可实现远距离的监测与传输。

（5）响应速度快,能用于动态和瞬态应变测量。

（6）便于进行分布式测量,采用波分复用技术,在一根光纤上可以串接多个中心波长不同的光纤光栅传感器,将波长值和测点位置对应起来,就可以实现分布式测量,节约线路,提高工作效率。

光纤光栅应变测试技术的优点是非常突出的,但是光纤光栅的制造成本和可靠性制约了它的大规模应用。随着光纤光栅的制造技术日趋成熟和可靠,光纤光栅传感器的制作成本大幅下降,可靠性得到提高,因而其在工程领域的应用前景是十分广阔的。

4.4 位移与变形测量

4.4.1 线位移测量

位移是工程结构承受荷载作用后的最直观反应,是反映结构整体工作情况的最主要参数。结构在局部区域内的屈服变形、混凝土局部范围内的开裂以及钢筋与混凝土之间的局部黏结滑移等变形性能,都可以在荷载—位移曲线上得到反映,因此位移测定对分析结构性能至关重要。总的来说,结构的位移主要是指试件的挠度、侧移、转角、支座偏移等参数。测量位移的仪表有机械式、电子式及光电式等多种。在工程结构试验中,位移测量广泛采用的仪表有接触式位移计、应变梁式位移传感器、滑线电阻式位移传感器和差动变压器式位移传感器等。

（一）接触式位移计

接触式位移计为机械式仪表,构造如图 4-22 所示。它主要由测杆、齿轮、指针和弹簧机械零件组成。测杆的功能是感受试件变形;齿轮是将感受到的变形放大或变换方向;测杆弹簧是使测杆紧随试件的变形,并使指针自动返回原位。扇形齿轮和螺旋弹簧的作用是使齿轮相互之间只有单面接触,以消除齿隙造成的无效行程。

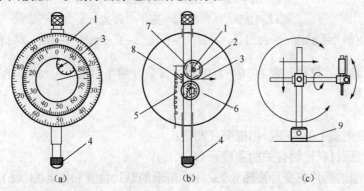

图 4-22 接触式位移计

（a）外形;（b）构造;（c）磁性表座

1—短针;2—齿轮弹簧;3—长针;4—测杆;5—测杆弹簧;6、7、8—齿轮;9—表座

接触式位移计根据刻度盘上最小刻度值所代表的量，可分为百分表（刻度值为 0.01mm）、千分表（刻度值为 0.001mm）和挠度计（刻度值为 0.05mm 或 0.1mm）。

接触式位移计的度量性能指标有刻度值、量程和允许误差。一般百分表的量程为 5、10、30mm，允许误差 0.01mm。千分表的量程为 1mm，允许误差 0.001mm。挠度计量程为 50、100、300mm，允许误差 0.05mm。

使用时，将位移计安装在磁性表架上，用表架横杆上的颈箍夹住位移计的颈轴，并将测杆顶住测点，使测杆与测面保持垂直。表架的表座应放置在一个不动点上，打开表座上的磁性开关以固定表座。

（二）应变梁式位移传感器

图 4-23（a）所示为应变梁式位移传感器，其主要部件是一块弹性好、强度高的铍青铜制成的悬臂梁（弹性簧片），如图 4-23（b）所示。簧片固定在仪器外壳上。在悬臂梁固定端粘贴四片应变片，组成全桥或半桥测量电路。悬臂梁的悬臂端与拉簧相连接，拉簧与指针固接。当测杆随位移移动时，传力弹簧使悬臂梁产生挠曲，即悬臂梁固定端产生应变，通过电阻应变仪即可测得应变与试件位移间的关系。

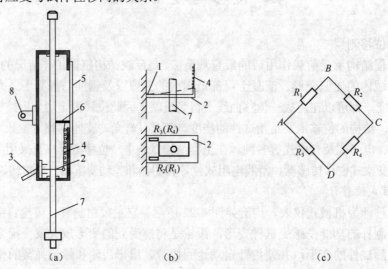

图 4-23 应变梁式位移传感器

（a）传感器；（b）悬臂梁的贴片；（c）电桥

1—应变片；2—悬臂梁；3—引线；4—拉簧；5—标尺；6—标尺指针；7—测杆；8—固定环

这种位移传感器的量程一般为 30～150mm，读数分辨率可达 0.01mm。由材料力学可知，位移传感器的位移为

$$\delta = \varepsilon C \tag{4-15}$$

式中 ε ——铍青铜梁上的应变，由应变仪测定；

C ——与拉簧材料性能有关的刚度系数。

悬臂梁固定端的四片应变片按图 4-23（b）所示的贴片位置和图 4-23（c）所示的接线方式连接，且取 $\varepsilon_1 = \varepsilon_3 = \varepsilon$；$\varepsilon_2 = \varepsilon_4 = -\varepsilon$，则桥路输出为

$$U_{BD} = \frac{U}{4} K(\varepsilon_1 - \varepsilon_2 + \varepsilon_3 - \varepsilon_4) = \frac{U}{4} K \times 4\varepsilon \tag{4-16}$$

由此可见，采用全桥接线且贴片符合图中位置时，桥路输出灵敏度最高，应变放大 4 倍。常用的机电复合式电子百分表的构造原理和应变梁式位移传感器相同。

（三）滑线电阻式位移传感器

滑线电阻式位移传感器由测杆、滑线电阻和触头等组成，构造与测量原理如图 4-24 所示。沿线电阻固定在表盘内，触点将电阻分成 R_1 及 R_2。工作时将电阻 R_1 和 R_2 分别接入电桥桥臂，预调平衡后输出等于零。当测杆向下移动一个位移 δ 时，R_1 便增大 ΔR_1，R_2 将减小 ΔR_1。由相邻两臂电阻增量相减的输出特性得知

$$U_{BD} = \frac{U}{4}\frac{\Delta R_1 - (-\Delta R_1)}{R} = \frac{U}{4}K \times 2\varepsilon \qquad (4-17)$$

采用这样的半桥接线时，输出量与电阻增量（或与应变）成正比，亦即与位移成正比。其量程可达 10～100mm 以上。

（四）差动变压器式位移传感器

图 4-25 所示为差动变压器式位移传感器的构造原理。它由一个初级线圈和两个次级线圈分内外两层绕在同一个圆筒上，圆筒内放一能自由上下移动的铁芯。对初级线圈加入激磁电压时，通过互感作用使次级线圈感应而产生电势。当铁芯居中时，感应电势 $e_{s1} - e_{s2} = 0$，无输出信号。铁芯向上移动一个位移 δ，$e_{s1} \neq e_{s2}$，输出为 $\Delta E = e_{s1} - e_{s2}$。铁芯向上移动的位移愈大，$\Delta E$ 也愈大。反之，当铁芯向下移动时，e_{s1} 减小而 e_{s2} 增大，所以 $e_{s1} - e_{s2} = -\Delta E$。因此其输出量与位移成正比。由于输出量为模拟量，当需要知道它与位移的关系时，应通过率定确定。图 4-25 中的 ΔE—δ 直线是率定得到的一组标定曲线。这种传感器的量程大，可达 500mm，适用于整体结构的侧移测量。

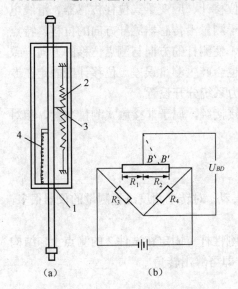

图 4-24　滑线电阻式位移传感器

（a）位移传感器；（b）滑线电阻测量线路

1—测杆；2—滑线电阻；3—触头；4—弹簧

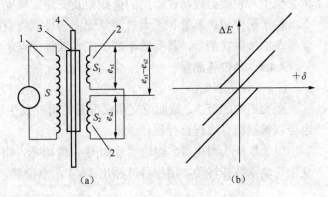

图 4-25　差动变压器式位移传感器

（a）构造原理；（b）ΔE—δ 关系

1—初级线圈；2—次级线圈；3—圆形筒；4—铁芯

（五）粒子图像测速法

粒子图像测速法（Particle Image Velocimetry，PIV）是一种用多次摄像以记录流场中粒子

的位置，并分析摄得的图像，从而测出流动速度的方法，该技术选择流场中合适的粒子，用激光片光源等将流场照明，使用数字相机拍摄流场照片，得到前后两帧粒子图像，对图像中的粒子图像进行互相关计算，进而获得流场速度分布。PIV 技术目前可用于风洞测速试验、岩土试验（如筋土界面土颗粒运动的细观量测）、燃烧研究、结构试验（如结构变形量测量）等，PIV 装置如图 4-26 所示。

（六）测绘无人机

测绘无人机是以无人机作为载体，以机载遥感设备，如高分辨率数码相机等获取信息，用计算机对图像信息进行处理，并按照一定精度要求制作成图像，集成了高空拍摄、遥控、遥测技术、视频影像微波传输和计算机影像信息处理的新型应用技术，该技术已应用于地理测绘与建筑行业等领域，如图 4-27 所示。

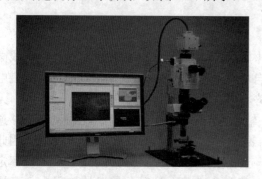

图 4-26　粒子图像测速装置

图 4-27　无人机测量

以上介绍了四种接触式位移传感器，包括接触式位移计、应变梁式位移传感器、滑线电阻式位移传感器、差动变压器式位移传感器，主要用于测量沿传感器测杆方向的位移，特点是测量杆必须与被测物相接触，在安装位移传感器时，使测杆的方向与测点位移的方向一致是非常关键的。此外，测杆与测点接触面的凹凸不平也会产生测量误差。位移计应固定在专用表架上，表架必须与试验用的荷载架及支撑架等受力系统分开设置。

粒子图像测速装置和无人机测量无需与被测物直接接触，属于非接触式测量装置，相对于传统的接触式测量，具有效率高、成本低等优点。

4.4.2　角位移测量

（一）转角测定

受力结构的节点、截面或支座截面都有可能发生转动。对转动角度进行测量的仪器很多，也可以根据测量原理自行设计。

（1）杠杆式测角器。构造示意如图 4-28 所示，将刚性杆 1 固定在试件 2 的测点上，结构变形带动刚性杆转动，用位移计测出 3、4 两点位移，即可算出转角

$$\alpha = \arctan \frac{\delta_4 - \delta_3}{L} \tag{4-18}$$

当 $L=100\text{mm}$，位移计刻度差值 $\varDelta=0.1\text{mm}$ 时，则可测得转角值为 1×10^{-3} 弧度，具有足够的精度。

（2）水准式倾角仪。图 4-29 所示为水准式倾角仪的构造。水准管 1 安置在弹簧片 4 上，一端铰接于基座 6 上，另一端被微调螺丝 3 顶住。当仪器用夹具 5 安装在测点上后，用微调

螺丝 3 使水准管的气泡居中，结构变形后气泡漂移，扭动微调螺丝使气泡重新居中，刻度盘前后两次读数的差即为测点的转角，即

$$\alpha = \arctan \frac{h}{L} \qquad (4-19)$$

式中　L——铰接基座与微调螺丝顶点之间的距离；

　　　h——微调螺丝顶点前进或后退的位移。

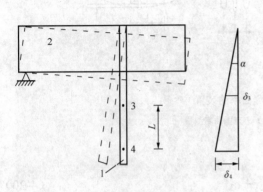

图 4-28　杠杆式测角器

1—刚性杆；2—试件；3、4—位移计测点

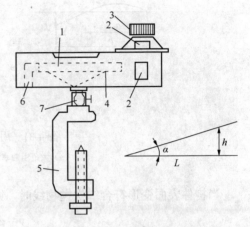

图 4-29　水准式倾角仪

1—水准管；2—刻度盘；3—微调螺丝；4—弹簧片；
5—夹具；6—基座；7—活动铰

仪器的最小读数可达 $1''\sim2''$，量程为 $3°$。其优点为尺寸小、精度高；缺点是受温度及震动影响大，在阳光下暴晒会引起水准管爆裂。

（3）电子倾角仪。电子倾角仪实际上是一种传感器，通过电阻变化测定结构某部位的转动角度。仪器的构造原理图如图 4-30 所示。其主要装置是一个盛有高稳定性的导电液体的玻璃器皿，在导电液体中插入三根电极 A、B、C

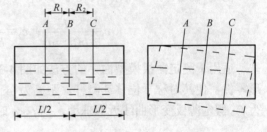

图 4-30　电子倾角仪构造原理

并加以固定。电极等距离设置且垂直于器皿底面。当传感器处于水平位置时，导电液体的液面保持水平，三根电极浸入液内的长度相等，故 A、B 极之间的电阻值等于 B、C 极之间的电阻值，即 $R_1=R_2$。使用时将倾角仪固定在试件测点上，试件发生微小转动时倾角仪随之转动。导电液面始终保持水平，因此插入导电液内的电极深度必然发生变化，使 R_1 减小 ΔR，R_2 增大 ΔR。若将 AB、BC 视作惠斯登电桥的两个臂，则可建立电阻改变量 ΔR 与转动角度 α 间的关系，并以电桥原理测量和换算倾角 α，$\Delta R=K\alpha$。

（二）曲率测定

测定试件变形后的曲率可以利用位移计先测出试件表面某一点及与之邻近两点的挠度差，然后根据杆件变形曲线的形式，近似计算测区内试件的曲率。图 4-31 所示为测定曲率的装置。

图 4-31（a）中，一根金属杆一端有固定刀口 A，B 为可移动刀口。当选定标距 AB 后，

固定螺母使 B 刀口不因构件变形而改变 AB 间的距离。位移计安装在 D 点，取图示 x—y 坐标系。

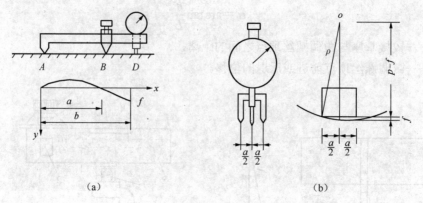

图 4-31   用位移计测曲率的装置

（a）大范围曲率测量；（b）小范围曲率测量

当构件表面变形符合二次抛物线时，则有

$$y = c_1 x^2 + c_2 x + c_3 \tag{4-20}$$

将 A、B、D 的边界条件代入式（4-20）则有

$$c_3 = 0; \quad c_1 a^2 + c_2 a = 0; \quad c_1 b^2 + c_2 b = f \tag{4-21}$$

由式（4-21），可得出 c_1、c_2。将 c_1、c_2 代入式（4-20）得

$$c_1 = \frac{f}{b(b-a)}; \quad c_2 = \frac{af}{b(a-b)}; \quad \frac{1}{\rho} = \frac{2f}{b(b-a)} \tag{4-22}$$

适用于测定薄板模型曲率的方法如图 4-31（b）所示：在一个位移计的轴颈上安装一个 Π 形零件，使其对称于位移计测杆，距离为 4～8mm。设薄板变形前后两次位移计的读数之差为 f。假定薄板变形曲线近似球面，当 $f \ll a$ 时有

$$\frac{1}{\rho} = \frac{8f}{a^2} \tag{4-23}$$

（三）剪切变形测量

框架结构在水平荷载作用下，梁柱节点核心区将产生剪切变形。这种剪切变形可以用核心区角度的改变量来表示，并通过用百分表或千分表测量核心区对角线的改变量来间接求得，如图 4-32 所示。设节点剪切变形角为 γ，则

$$\gamma = \alpha_1 + \alpha_2 = \alpha_3 + \alpha_4 = \frac{1}{2}(\alpha_1 + \alpha_2 + \alpha_3 + \alpha_4) \tag{4-24}$$

根据几何关系可知

$$\alpha_1 = \frac{x_1}{a} = \frac{\Delta_2 \sin\theta + \Delta_3 \sin\theta}{a} = \frac{b}{\sqrt{a^2 + b^2}} \cdot \frac{\Delta_2 + \Delta_3}{a} \tag{4-25}$$

同理，可求解 α_2、α_3 和 α_4，并代入式（4-25），得

$$\gamma=\frac{1}{2}(\Delta_1+\Delta_2+\Delta_3+\Delta_4)\frac{\sqrt{a^2+b^2}}{ab} \qquad (4-26)$$

（四）扭角测量

图 4-33 所示为利用位移计测量扭角的装置，该装置可近似测定空间壳体受到扭转后单位长度的相对扭角。扭角的计算式为

$$\theta=\frac{\mathrm{d}\phi}{\mathrm{d}x}=\frac{\Delta\phi}{\Delta x}=\frac{f}{ba} \qquad (4-27)$$

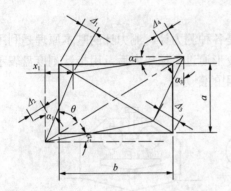

图 4-32　核心区对角线的改变量

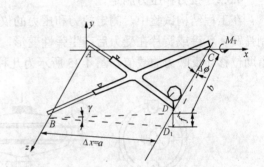

图 4-33　千分表测扭角装置

4.5　力 的 测 量

结构静载试验中的力，主要是指荷载和支座反力，其次有预应力施加过程中钢丝或钢绞线的张力，此外还有风压、油压和土压力等。测量力的仪器也分机械式与电测式两种。由于电测仪器具有体积小、反应快、适应性强及便于自动化等优势，目前使用比较普遍。

4.5.1　荷载和反力测定

荷载传感器可以测量荷载、反力以及其他各种外力。根据荷载性质不同，荷载传感器的形式有拉伸型、压缩型和通用型三种。各种荷载传感器的外形基本相同，其核心部件是一个厚壁筒，如图 4-34 所示。壁筒的横截面大小取决于材料的容许最高应力。在壁筒上贴有电阻应变片以便将机械变形转换为电量。为避免在储存、运输或试验期间损坏应变片，设有外罩加以保护。为便于设备或试件连接，在筒壁两端加工有螺纹。荷载传感器的负荷能力可达 1000kN 或更高。

在筒壁的轴向或横向布片，并按全桥接入应变仪电桥，根据桥路输出特性可求得 $U_{BD}=\frac{U}{4}K\varepsilon\times 2(1+\upsilon)$，其中 $2\times(1+\upsilon)=A$。

A 为电桥输出放大系数，可提高其测量灵敏度。

荷载传感器的灵敏度可表达为每单位荷重下的应变，因此灵敏度与设计的最大应力成正比，而与荷重传感器的最大负荷能力

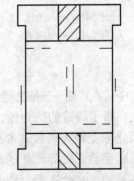

图 4-34　荷重传感器内壁图

成反比。荷重灵敏度

$$K^0 = \frac{\varepsilon A}{P} = \frac{\sigma A}{PE} \tag{4-28}$$

式中　P、σ——荷重传感器的设计荷载和设计应力；

　　　　A——桥臂放大系数；

　　　　E——荷重传感器材料的弹性模量。

可见，对于一个给定的设计荷载和设计应力，传感器的最佳灵敏度由桥臂系数 A 的最大值和 E 的最小值确定。

4.5.2　拉力和压力测定

在工程结构试验中，测定拉力和压力的仪器是各种测力计。测力计的基本原理是利用钢制弹簧、环箍或簧片在受力后产生弹性变形，将变形通过机械放大后，用指针刻度盘表示或借助位移计反映力的数值。图 4-35 所示为几种常用的测力计。

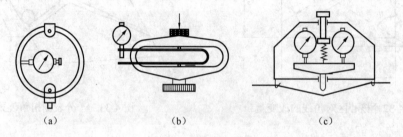

（a）　　　　　　　　　　（b）　　　　　　　　　　（c）

图 4-35　几种常用的测力计

（a）钢环拉力计；（b）环箍式压力计；（c）钢丝张力测力计

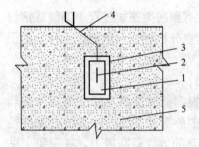

图 4-36　埋入式应力栓

1—与试件同材料的应力栓；2—应变片；

3—防水层；4—引出线；5—试件

4.5.3　结构内部应力测定

在工程结构试验中，当需要测定结构内部混凝土或钢筋的应力时，可采用埋入式测力装置。如图 4-36 所示的埋入式应力栓，由混凝土或砂浆制成，埋入试件后相当于置换了一小块混凝土。在应力栓上贴有两片电阻应变片。应力栓和混凝土的应力—应变关系借助虎克定律可知

$$\left.\begin{array}{l} \sigma_c = E_c \varepsilon_c \\ \sigma_m = E_m \varepsilon_m \end{array}\right\} \tag{4-29}$$

由此可得

$$\sigma_m = \sigma_c(1 + C_s); \quad \varepsilon_m = \varepsilon_c(1 + C_\varepsilon) \tag{4-30}$$

式中　C_s、C_ε——应力栓的应力集中系数和应变增大系数。

对于特定的应力栓，C_s 和 C_ε 为常数。但由于混凝土和应力栓的物理性能不完全匹配，因此应变增大系数基本上属于在测量结果中所产生的误差，例如：弹性模量、泊松比和热膨胀系数的差异产生的误差。通过适当的标定方法和尽可能减少不匹配因素，可使误差降至最小。试验证明，最小的误差可控制在 0.5% 以下。室温下，一年内的漂移量很小，可以忽略不计。

图 4-37 所示为振弦式应变计，依靠改变受拉钢弦的固有频率进行工作。钢弦密封在金属管内，在钢弦中部用激励装置拨动钢弦，再用同样的装置接受钢弦产生的振动信号，并将其传送至显示或记录仪表。当应变计上的圆形端板与混凝土浇为一体时，混凝土发生的任何应变都将引起端板的相对移动，从而导致钢弦的原始张力或振动频率发生变化，由此可换算求得结构内部的有效应变值。这种振弦式应变计常用于测量预应力混凝土结构的内部应力。振弦式应变计的工作稳定性好，分辨率高达 0.1με，室温下年漂移量仅为 1με。

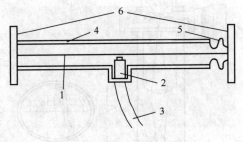

图 4-37　振弦式应变计
1—钢弦；2—激振丝圈；3—引出线；4—管体；
5—波纹管；6—端板

4.6　裂缝与温度测量

4.6.1　裂缝检测

裂缝的产生和发展是钢筋混凝土结构反应的重要特征，对确定结构的开裂荷载、研究结构的破坏过程与结构的抗裂及变形性能均有十分重要的价值。

目前，最常用于发现裂缝的最简便方法是借助放大镜用肉眼观察。在试验前用纯石灰水溶液均匀地刷在结构表面并等待干燥。当试件受力后，白色涂层将在高应变下开裂并剥落。这时，在钢结构表面可以看到屈服线条，混凝土表面的裂缝也会明显地显示出来。研究墙体结构表面开裂时，在白灰层干燥后画出 50mm 左右的方格栅，以构成基本参考坐标系，便于分析和描绘墙体在高应变场中裂缝的发展和走向。用白灰涂层，具有效果好、价格低廉和使用技术要求不高等优点。工程结构试验中，也可利用粘贴于试件受拉区的普通应变片，通过试件开裂后应变计读数发生突变确定裂缝是否产生。裂缝宽度的测量常借助读数显微镜。读数显微镜是由物镜、目镜、刻度分划板组成的机械系统。试件表面的裂缝，经物镜在刻度分划板上成像，然后经过目镜被观测到。为了提高测量精度，可增加微调读数鼓轮等机械系统；还可在光学系统中相应地增加一个可动的下分划板，由微调螺丝和分划板弹簧共同来调整刻度长线的位置。由于微调螺丝的螺距和上分划板的分划值均为 1mm，所以读数鼓轮转动一圈，下分划板上的长线相对上分划板也移动一刻度值。读数鼓轮分成 100 刻度，每一刻度值等于 0.01mm，量程为 3～8mm。图 4-38 所示为读数显微镜的构造图。读数显微镜的优点是精度高；缺点是每读一次都要调整焦距，测读速度比较慢。较简便的方法是用印有不同裂缝宽度的裂缝宽度检验卡上的线条与裂缝对比估计裂缝宽度，这种方法较粗略，但能满足一般工程要求。

电子裂缝测宽仪是目前较常用的裂缝观测仪器，图 4-39 所示为智博联 ZBL-F130 裂缝测宽仪，该仪器具有自动调焦功能，测读速度较快，测量精度为 0.01mm。

（一）裂纹扩展片

裂纹扩展片由栅体和基底组成，栅体由平行的栅条组成。各栅条的一端互不相连。用某一栅条的端部和公用端与仪器相连，以测定裂纹是否已达到该栅条处。此法在断裂力学试验中应用较多。

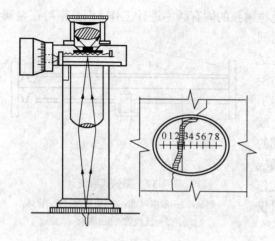

图 4-38 读数显微镜构造   图 4-39 智博联 ZBL-F130 裂缝测宽仪

（二）脆漆涂层

脆漆涂层是一种在一定拉应变下即开裂的喷漆。涂层的开裂方向正交于主应变方向，从而可以确定试件的主应力方向。脆漆涂层可用于任何类型结构的表面，而不受结构材料、形状和加载方法的限制。但脆漆涂层的开裂强度与拉应变密切相关，只有当试件开裂应变低于涂层最小自然开裂应变时，脆漆层才能用来检测试件的裂缝。

也可以用一种导电漆膜发现裂缝。这是将一种具有小阻值的弹性导电漆涂在经过清洁处理的混凝土表面上，涂成长度约 100~200mm、宽 5~10mm 的条带，待干燥后接入电路。当混凝土裂缝宽度达到 0.001~0.004mm 时，由于混凝土受拉，因而拉长的导电漆膜就会出现火花直至烧断。导电漆膜电路被切断后还可以继续用肉眼观察。

（三）声发射技术

声发射技术是将声发射传感器埋入试件内部或放置于混凝土试件表面，利用试件材料开裂时发出的声音检测裂缝是否出现。这种方法在断裂力学试验和机械工程中得到广泛应用，近年来在工程结构试验中也已应用。

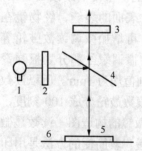

图 4-40 光弹贴片装置原理
1—光源；2—$\lambda/4$ 偏振片；3—$\lambda/4$ 分析片；4—分光镜；5—贴片；6—试件

（四）光弹贴片

光弹贴片是在试件表面牢固地粘贴一层光弹薄片。当试件受力后，光弹片同试件共同变形，并在光弹片中产生应力。将试件表面事先经加工磨光，具有良好的反光性，若以偏振光照射，当光穿过透明的光弹薄片后，经过试件表面反射，又第二次通过薄片而射出，经过分析镜后可在屏幕上得到应力条纹，其试验装置如图 4-40 所示。由广义胡克定律知，主应力与主应变的关系为

$$\left.\begin{aligned} E\varepsilon_1 &= \sigma_1 - \nu(\sigma_2 + \sigma_3) \\ E\varepsilon_2 &= \sigma_2 - \nu(\sigma_1 + \sigma_3) \\ \sigma_2 - \sigma_1 &= \frac{E}{1+\nu}(\varepsilon_1 - \varepsilon_2) \end{aligned}\right\} \qquad (4\text{-}31)$$

式中 E、ν——试件弹性模量和泊松比。

因试件表面有一主应力等于零，因此试件表面主应力差（$\sigma_1-\sigma_2$）与应变差（$\varepsilon_1-\varepsilon_2$）成正比。

4.6.2 内部温度测量

大体积混凝土入模后的内部温度、预应力混凝土反应堆容器的内部温度等都是很重要的物理量。由于这些温度很难计算，所以只能用实测方法确定。

通常，测量混凝土内部温度的方法是使用热电偶或热敏电阻。热电偶的基本原理如图 4-41 所示。热电偶由两种导体 A 和 B 组合成一个闭合回路，并使结点 1 和结点 2 处于不同的温度 T 和 T_0。例如，测温时将结点 1 置于被测温度场中，使结点 2 处于某一恒定温度状态。由于互相接触的两种金属导体内自由电子密度不同，在 A、B 接触处发生电子扩散。电子扩散的速率和自由电子的密度与金属所处的温度成正比。假设金属 A 和

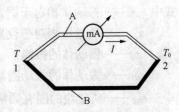

图 4-41   热电偶原理

B 中的自由电子密度分别为 N_A 和 N_B，且 $N_A>N_B$，在单位时间内由金属 A 扩散到金属 B 的电子数比从金属 B 扩散到金属 A 的电子数要多。这样，金属 A 因失去电子而带正电，金属 B 因得到电子而带负电，于是在接触点处便形成了电位差，从而建立电势与温度的关系，即可测得温度。根据理论推导，回路的总电势与温度的关系为

$$E_{AB}=E_{AB}(T)-E_{AB}(T_0)=\frac{k}{e}(T-T_0)\ln\frac{N_A}{N_B} \qquad (4-32)$$

式中 T、T_0——A、B 两种材料接触点处的绝对温度；

      e——电子的电荷量，等于 4.802×10^{-10}；

      k——波尔兹曼常数，等于 138×10^{-16}；

      N_A、N_B——金属 A、B 的自由电子密度。

4.7   测 振 传 感 器

工程结构动力荷载试验测量系统的测量仪表包括拾振器、测振放大器和记录仪。拾振器是将机械振动信号变换成电参量的一种敏感元件，其种类繁多，按测量参数可分为位移式、速度式和加速度式；按构造原理可分为磁电式、压电式、电感式和应变式；从使用角度出发又可分为绝对式和相对式、接触式和非接触式等。

4.7.1   惯性式拾振器原理

振动具有传递作用，测振时很难在振动体附近找到一个静止的基准点作为固定的参考系来安装仪器。因此，往往需要在仪器内部设法构成一个基准点，构成方法是在仪器内部设置"弹簧质量体系"。这样的拾振器叫"惯性式拾振器"，如图 4-42 所示。它主要由质量块 m、弹簧（弹性系数 k）、阻尼器（阻尼 c）和外壳等组成。使用时将仪器外壳紧固在振动体上。当振动体发生振动时，拾振器随之一起振动。质量 m 的运动微分方程为

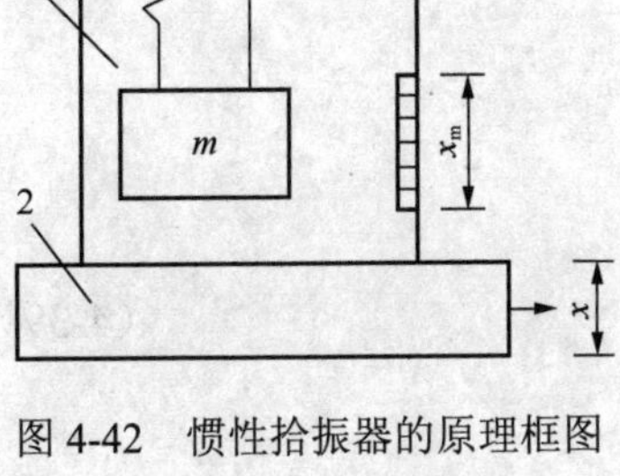

图 4-42   惯性拾振器的原理框图

1—拾振器；2—振动体

$$m(\ddot{x}+\ddot{x}_m)+c\dot{x}_m+kx_m=0 \tag{4-33}$$

设被测试件的振动为简谐振动

$$x=x_0\sin\omega t \tag{4-34}$$

则式（4-33）也可写成

$$\ddot{x}_m+2\zeta\omega_n\dot{x}+\omega_n^2x_m=x_0\omega^2\sin\omega t \tag{4-35}$$

式中　x——振动体相对于固定参考系坐标的位移；

　　　　x_m——质量块相对于仪器外壳的位移；

　　　　x_0——振动体的振幅；

　　　　ω——振动体的振动圆频率；

　　　　ω_n——质量块的固有频率 $\sqrt{k/m}$；

　　　　ζ——质量块的阻尼比 $c/2m\omega_n$。

求解可得

$$x_m=Ae^{-\zeta\omega_n t}\sin(\omega t-\varphi)+\frac{\left(\dfrac{\omega}{\omega_n}\right)^2 x_0}{\sqrt{\left[1-\left(\dfrac{\omega}{\omega_n}\right)^2\right]^2+\left[2\zeta\dfrac{\omega}{\omega_n}\right]^2}}\sin(\omega t-\varphi) \tag{4-36}$$

式（4-36）描述的是振动体作简谐振动 $x=x_0\sin\omega t$ 时质量块 m 相对于外壳的运动规律，其中第一项称"通解"，代表的是随着时间的增长而衰减的有阻尼自由振动。振动系统的阻尼力愈大，振动幅值衰减得愈快。因此，这部分振动分量实际存在的时间十分短促，只要振动系统存在阻尼，这部分振动分量很快就会消失。式（4-36）中第二项称"特解"，是由外界干扰力迫使振动体产生的强迫振动分量，因而当振动系统中自由振动分量消失后就进入稳定状态的振动，其稳态解为式（4-36）的第二项，可简写作

$$x_m=x_{0m}\sin(\omega t-\varphi) \tag{4-37}$$

可见，质量块相对于仪器外壳的振动规律 x_m 与振动体的振动规律 x 是一致的，只是前者滞后一个相位角 φ。其中

$$x_{0m}=\frac{\left(\dfrac{\omega}{\omega_n}\right)^2}{\sqrt{\left[1-\left(\dfrac{\omega}{\omega_n}\right)^2\right]^2+\left[2\zeta\dfrac{\omega}{\omega_n}\right]^2}}x_0 \tag{4-38}$$

所以有

$$\frac{x_{0m}}{x}=\frac{\left(\dfrac{\omega}{\omega_n}\right)^2}{\sqrt{\left[1-\left(\dfrac{\omega}{\omega_n}\right)^2\right]^2+\left[2\zeta\dfrac{\omega}{\omega_n}\right]^2}} \tag{4-39}$$

$$\varphi = \arctan \frac{2\zeta \dfrac{\omega}{\omega_n}}{1-\left(\dfrac{\omega}{\omega_n}\right)^2} \qquad (4\text{-}40)$$

显然，拾振器质量块相对于振动体的位移幅值 x_{0m} 与振动体的位移幅值 x_0 成正比，即拾振器所测振幅与实际振幅成正比。在实际试验测试工作中，要求 $\dfrac{x_{0m}}{x_0}$ 和相位角 φ 保持常数。

4.7.2 拾振器的换能原理

在惯性式拾振器中，质量弹簧系统将振动参数转换成质量块相对于仪器外壳的位移，使拾振器可以正确反映振动体的位移、速度和加速度。但由于测试工作的需要，拾振器除应正确反映振动体的振动外，尚应不失真地将位移、速度及加速度等振动参量转换为电量，以便用量电器测量。转换的方法有多种，例如：利用磁电感应原理、压电晶体材料的压电效应原理、机电耦合伺服原理以及电容、电阻应变、光电原理等进行转换。其中磁电式拾振器能线性地感应振动速度，所以通常又称"感应式速度传感器"。它适用于实际结构的振动测量。因为压电晶体式拾振器体积较小、重量轻、自振频率高，故适用于模型结构试验。

（一）磁电式拾振器及其换能原理

磁电式拾振器是以导线在磁场中运动切割磁力线产生电动势为理论基础的，如图 4-43 所示。由永久磁铁和导磁体组成磁路系统，在磁钢间隙中放一工作线圈。当线圈在磁场中运动时，由于线圈切割磁力线，线圈中就有感应电动势产生，其大小正比于切割磁力线的线圈匝数和通过此线圈磁通量的变化率。如果以振动的速度表示感应电动势的大小，表达式为

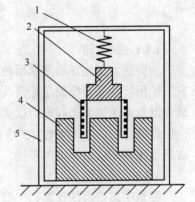

图 4-43 磁电拾振器换能原理
1—弹簧；2—质量块；3—线圈；
4—磁钢；5—仪器外壳

$$E = BL_\phi n\dot{x} \times 10^{-8} \qquad (4\text{-}41)$$

式中　B ——磁钢和线圈间的磁感应强度；

　　　L_ϕ ——每匝线圈的平均长度；

　　　n ——线圈的匝数；

　　　$\dot{x}$ ——线圈相对于磁钢的线速度。

当仪器结构定型后，磁感应强度 B、线圈匝数 n、每匝线圈的平均长度 L_ϕ 均为常数。因此，感应电动势 E 和线圈对磁钢相对运动的线速度 $\dot{x}$ 成正比。若把磁钢和线圈分别固定在仪器外壳和惯性质量上，这个速度就反映了仪器外壳的线速度。可见，测量感应电动势就可以得到振动体振动速度的大小。如果用来测量位移，只要对输出信号进行积分或在仪器输出端加一个积分线路就可以达到目的。

根据可用频率的范围和振幅的大小，磁电式拾振器有不同的型号，其中 65 型和 701 型拾振器是广泛用于工程结构振动测量的仪器。

（二）压电式加速度计

压电式加速度计，如图 4-44 所示。它具有较大的动态范围（约 10^5g），频率范围也较宽（可达到 36kHz），而且体积小，重量轻。因此，它被广泛用于测量结构振动加速度，尤其对

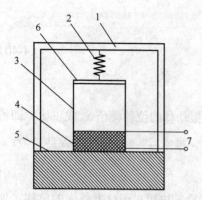

图 4-44　压电式加速度计原理

1—外壳；2—弹簧；3—质量块；4—压电晶体片；
5—基座；6—绝缘体；7—输出端

于宽带随机振动和瞬态冲击振动是一种比较理想的测振仪器。压电式拾振器是利用压电晶体材料具有的压电效应制成。压电晶体在三轴方向上的性能不同，x 轴为电轴线，y 轴为机械轴线，z 轴为光轴线。若垂直于 x 轴切取晶片且在 x 轴方向施加外力 F，当晶片受到外力而产生压缩或拉伸变形时，内部会出现极化现象，同时在两个表面上出现异号电荷，形成电场。当外力去掉后，又重新回到不带电的状态。这种将机械能转变为电能的现象，称为"正压电效应"。若晶体是在电场而非外力作用下产生变形，则称"逆压电效应"。

4.7.3　拾振器的性能与标定

代表拾振器性能的主要参数有灵敏度、频率特性、线性范围等，在仪器出厂前都要按技术要求进行检验。但使用一段时间后，必须对主要技术指标进行效核试验。用试验方法确定传感器性能的过程称为"标定"。由于各种传感器的原理和结构构造有所不同，所以标定方法也不一样。

4.8　放大器与记录仪

4.8.1　放大器

测振放大器是振动测试系统的中间环节，它的输入特性应与拾振器的输出特性匹配，而它的输出特性又必须满足记录及显示设备的要求，选用时还应注意其频率范围。常用的测振放大器有电压放大器和电荷放大器两种。电压放大器结构简单，可靠性好，但当它与压电式拾振器联用时，对导线电容的变化极为敏感。电荷放大器的输出电压与导线电容的变化无关，这给远距离测试带来很大方便。在实际测试中，压电式加速度计常与电荷放大器配合使用。

4.8.2　记录仪

测量动态信号的仪器，一般都要有记录时间与频率（或速度、加速度、振幅）关系的功能。例如，在脉动情况下测定结构物的微小振动，人们关心的不是结构物可能产生的最大振幅值，而是要记录振动随时间而变化的全过程。由于记录的目的是对振动曲线进行分析，因此振动消失后记录的曲线不能消失，并应具有再现的可能。现代的模拟磁带记录仪都具有这种良好功能。

按记录参数的表达形式不同，记录仪可分为模拟量记录仪和数字量记录仪两类。因工作原理不同，模拟量记录仪又可分为磁电式记录仪、自动平衡式函数记录仪、模拟磁带记录仪和电子示波照相记录仪等。数字打印机和数字磁带记录器等都属于数字记录仪。

就记录振动信号的表达方式而言，有可见型和非可见型之分。一般笔录信号都属可见型，不需要任何显影和定影处理，记录清晰，可长期保存，缺点是笔录系统惯性较大，记录笔与纸之间存在有摩擦力，因而不能适应高频信号记录的需要。磁电式光线示波器记录的优点在于可以同时记录多个振动测点，频带较宽，操作简便，采用紫外线记录纸带进行记录，在自然光照下经二次曝光即变为可见型记录；而模拟磁带记录仪进行的是模拟量记录，为非可见型，其优点是可以直接与频谱分析仪配合进行数据分析处理。

（一）光线示波器

光线示波器由振动子系统、光学系统、记录传动系统和时标指示系统等组成。它是将电信号转换为光信号并将光信号记录在感光纸或胶片上的一种记录仪器。它利用具有很小惯性的振子作为测量参数的转换元件。这种振子元件有较好的频率响应特性，可记录 0～5000Hz 频率的动态变化。

光线示波器的振子系统实质是一个磁电式电流计，其核心部分是一个"弹簧质量体系"。质量元件为线圈和镜片，弹簧为张线，其运动为扭摆运动。当信号通过线圈时，通电线圈在磁场作用下使整个活动部分绕张线轴转动，直到被活动部分的弹性反力矩平衡为止。这时反射镜片也转动一定角度，变化过程经过光学系统反射和放大后，将镜片的角度变化转换为光点在记录纸上移动的距离，从而反映出振动波形。

光学系统的作用是将光源发出的光聚焦成为极小的光点，经振子上的反射镜反射至记录纸上，同时进行光杠杆放大；传动系统是使记录纸按不同的速度匀速运行的机构；时标系统给出不同频率的时间信号作为时间基准。

为了分辨记录信号的量值，光线示波器的光学系统有三条独立的光路，即振动子光路、时间指标光路和分格栅光路。

磁电式记录仪的构造原理与光线示波器相同，只是没有光路系统。它只需要在振子线圈的张线上端固定一支记录笔。当电信号通过线圈时，因磁电作用使线圈绕垂直张线而转动，固定在张线上的笔就开始记录出振动波形。

在实际使用中，应注意这两种仪器的振子特性和选用问题。因为它们都用于记录动态过程，特性主要由振子系统决定。所以，振子的动态特性和阻抗匹配关系是实际操作应用中的一个关键问题。

振子在动态记录过程中的特点在于，输入给线圈的信号是随时间而变化的，而振子的活动部分又是一个具有一定质量的扭摆振动系统，所以由于惯性作用而不能完全真实反映快速变化过程。

（二）$X—Y$ 记录仪

$X—Y$ 记录仪是一种常用的模拟式记录器，它用记录笔把试验数据以 $x—y$ 平面坐标系中的曲线形式记录在纸上，得到的是两个试验变量的关系曲线或某个试验变量与时间的关系曲线。

图 4-45 所示为 $X—Y$ 记录仪的工作原理，x、y 轴各备有一套独立的以伺服放大器、电位器和伺服马达组成的系统驱动滑轮和笔滑块。用多笔记录时，将 y 轴系统相应增加，则可同时得到若干条试验曲线。试验时，将试验变量 1（如某一个位移传感器）接到 x 轴方向，将试验变量 2（如荷载传感器）接到 y 轴方向。试验变量 1 的信号使滑轴沿 x 轴方向移动，试验变量 2 的信号使笔滑块沿 y 轴方向移动，移动的大小和方向与信号一致，由此带动记录笔在坐标纸上画出试验变量 1 与试验变量 2 的关系曲线。如果在 x 轴方向输入时间信号使滑轴

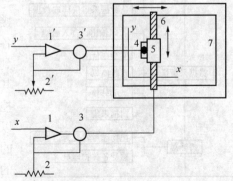

图 4-45　$X—Y$ 记录仪工作原理框图

1、1'—伺服放大器；2、2'—电位器；3、3'—伺服马达；
4—笔；5—笔滑块；6—滑轴；7—坐标纸

或使坐标纸沿 x 轴按规律匀速运动，就可以得到某一试验变量与时间的关系曲线。

对 $X—Y$ 记录仪记录的试验结果进行数据图处理，通常需要先把模拟量的试验结果数字化，用量尺直接在曲线上量取大小，根据标定值按比例换算得到代表试验结果的数值。

（三）磁带记录仪

磁带记录仪可以用于振动测量和静力试验的数据记录。它将电信号转换成磁信号并记录在磁带上，得到试验变量与时间的变化关系。

磁带记录仪主要由放大器、磁头和磁带传动机构三部分组成。

放大器包括记录放大器和重放放大器。前者将输入信号放大并变换成最适于记录的形式供给记录磁头；重放放大器将重放磁头送来的信号进行放大并变换为电信号后输出。

在记录过程中，磁头将电信号转化为磁带的磁化状态，在重放过程中用磁头把磁化状态还原成电信号。

选择记录仪应该注意可用频率范围和可记录信号的大小。由于数据处理的方法不同，对记录仪提出了不同的要求。当数据处理分析量大时，往往需要采用专用电子计算机或频谱分析仪等设备，此时要求记录方式和分析手段相匹配。例如，采用频谱分析和计算机处理信息时，都应该用磁带记录系统储存的数据信息。

4.9　数据采集系统

4.9.1　数据采集系统的组成

通常，数据采集系统的硬件由三个部分组成：传感器部分、数据采集仪部分和计算机部分，如图 4-46 所示。

传感器部分包括前面所提到各种电测传感器，它们的作用是感受各种物理变量，如力、线位移、角位移、应变和温度等，并把这些物理量转变为电信号。一般情况下，传感器输出的电信号可以直接输入数据采集仪。如果某些传感器的输出信号不能满足数据采集仪的输入要求，则还要使用放大器等仪器。

数据采集仪部分包括：①与各种传感器相对应的接线模块和多路开关，其作用是与传感器连接，并对各个传感器进行扫描采集；②A/D 转换器，对扫描得到的模拟量进行 A/D 转换，转换成数字量；③主机，其作用是按照事先设置的指令或计算机发给的指令来控制整个数据采集仪，进行数据采集；④储存器，可以存放指令、数据等；⑤其他辅助部件。数据采集仪的作用是对所有的传感器通道进行扫描，把扫描得到的电信号进行 A/D 转换，转换成数字量，再根据传感器特性对数据进行系数换算（如把电压数换算成应变或温度等等），然后将这些数据传送给计算机，或者将这些数据打印输出、存入磁盘。

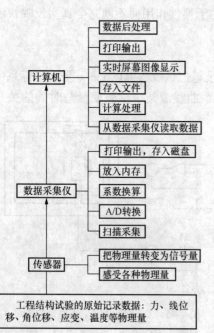

图 4-46　数据采集系统及流程框图

　　计算机部分包括：主机，显示器，存储器，打印机，绘图仪和键盘等。计算机的主要作用是作为整个数据采集系统的控制器，控制整个数据采集过程。在采集过程中，通过数据采集程序的运行，计算机对数据采集仪进行控制，采集数据还可以通过计算机进行处理，实时打印输出和图像显示及存入磁盘文件。此外，计算机还可用于试验结束后的数据处理。

　　数据采集系统可以对大量数据进行快速采集、处理、分析、判断、报警、直读、绘图、储存、试验控制和人机对话等，可进行自动化数据采集和试验控制，它的采样速度可高达每秒几万数据或更多。目前国内外数据采集系统的种类很多，按其系统组成的模式可分为以下几种：

　　（1）大型专用系统。将采集、分析和处理功能融为一体，具有专门化、多功能和高档次的特点。

　　（2）分散式系统。由智能化前端机、主控计算机或微机系统、数据通信及接口等组成，其特点是前端可靠近测点，避免了长导线引起的误差，并且稳定性好、传输距离长、通道多。

　　（3）小型专用系统。这种系统以单片机为核心，小型、便携，用途单一，操作方便，价格低，适用于现场试验的测量。

　　（4）组成式系统。这是一种以数据采集仪和微型计算机为中心，按试验要求进行配置组合成的系统，适用性广，价格便宜，是一种比较容易普及的形式。

　　如图 4-47 所示是以数据采集仪为主配置的数据采集系统，它是一种组合式系统，可满足不同的试验要求。传感器可根据试验任务选择相应的部分接入系统，与系统连接时，可以按传感器输出的形式进行分类，分别与采集仪中相应的测量模块连接；例如，应变计和应变式传感器与应变测量多路开关连接，热电偶温度计与热电偶测温多路开关连接，热敏电阻温度计和其他传感器可与相应的多路开关连接。

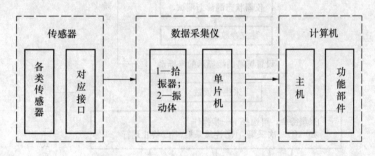

图 4-47　组合式数据采集系统的组成

　　数据采集仪的主机具有与计算机高级语言相类似的命令系统，可进行设置、测量、扫描、触发、转换计算、存储和子程序调用等操作，还具有时钟、报警、定速等功能。图 4-47 所示的数据采集仪具有各种不同的功能模块，例如积分式电压表模块用于 A/D 转换，高速电压表用于动力试验的 A/D 转换，控制模块用于控制盘驱动器、打印机和其他仪器，各种多路开关模块用于与各种传感器连成测量电路，执行扫描和传输各种电信号等；这些模块都是插件式的，可以根据数据采集任务的需要进行组装，把所需要用的模块插入主机或扩充箱的槽内。图 4-47 中配置的计算机部分，可以进行实时控制数据采集，也可以使采集仪主机独立进行数据采集。进行实时控制数据采集时，通过数据采集程序的运行，计算机向数据采集仪发出采集数据的指令；数据采集仪对指定的通道进行扫描，对电信号进行 A/D 转换和系数换算，然后把这些数据存入输出缓冲区；计算机再把数据从数据采集仪读入计算机内存，对数据进行计算处理，实施打印输出和图像显示，存入文件。

4.9.2 数据采集的过程

使用数据采集系统进行数据采集，数据的流程见图 4-48。数据采集过程的原始数据是反映试验结构或试件状态的物理量，如力、温度、线位移、角位移和应变等。这些物理量通过传感器，被转换为电信号；通过数据采集仪的扫描采集，进入数据采集仪；再通过 A/D 转换，变成数值量；通过系数换算，变成代表原始物理量的数值；然后，把这些数据打印输出、存入磁盘，或暂时存在数据采集仪的内存；通过连接采集仪和计算机的接口，将存在数据采集仪内的数据输入计算机；计算机再将这些数据进行计算处理，如把位移换算成挠度，把力换算成应力等；计算机把这些数据存入文件，打印输出，并可以选择其中部分数据显示在屏幕上，如位移与荷载的关系曲线等。

数据采集过程是由数据采集程序控制的，数据采集程序的主框图见图 4-48。数据采集程序主要由两部分组成，第一部分的作用是数据采集的准备；第二部分的作用是正式采集。程序的运行有六个步骤：第一步为启动数据采集程序；第二步为进行数据采集的准备工作；第三步为采集初读数；第四步为采集待命；第五步为执行采集（一次采集或连续采集）；第六步为终止程序运行。数据采集过程结束后，所有采集到的数据都存在磁盘文件中，数据处理时可直接从这个文件中读取数据。

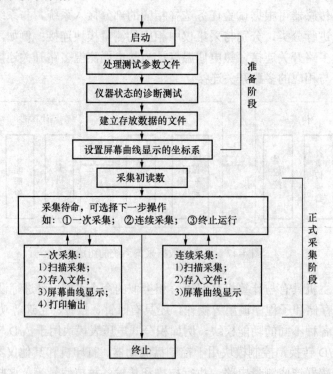

图 4-48　数据流通过程（使用数据采集系统）

各类数据采集系统的数据采集过程基本相同，一般都包括这样几个步骤：①用传感器感受各种物理量，并把它们转换成电信号；②通过 A/D 转换，模拟量的数据转变成数值量的数据；③数据的记录，打印输出或存入磁盘文件。

各种数据采集系统所用的数据采集程序有：①生产厂商为该采集系统编制的专用程序，常用于大型专用系统；②固化的采集程序，常用于小型专用系统；③利用生产厂商提供的软件工具，用户自行编制的采集程序，主要用于组合式系统。

★ 本章小结

（1）土木工程试验中的测量系统基本上由以下测试单元组成：试件→感受装置→传感器→控制装置→指示记录系统。

（2）无论测量仪器的种类有多少，其基本性能指标均主要包括以下几个方面：刻度值、量程、灵敏度、精度、滞后量、信噪比、稳定性。

（3）应变的测量方法主要包括电测和机测两种。其中，电测法是目前结构工程试验中的主要方法。它主要由电阻应变计、电阻应变仪及其测量桥路共同组成。电阻应变计的工作原理就是电阻定律；电阻应变仪是对测量信号进行控制、放大、显示或记录的装置，又可分为静态电阻应变仪和动态电阻应变仪。

（4）应对常见的位移、力、转角、曲率、裂缝等测量方法、测量装置做了介绍。

（5）工程结构动力试验测量系统通常由三部分组成：拾振器、放大器和记录仪。拾振器感受结构的振动，将机械振动信号变换为电信号，并将电信号传给信号放大器。记录仪是将被测信号以图形、数字、磁信号等形式记录下来。

（6）介绍了数据采集系统的组成及采集过程。

复习思考题

4-1 测量仪表通常由哪几部分组成？测量技术包括哪些内容？

4-2 名词解释：量程、刻度值、灵敏度、频率响应。

4-3 测量仪表为什么要率定？其目的和意义是什么？

4-4 常用的测量方法有哪几种？各有什么特点？

4-5 电阻应变计的主要技术指标有哪些？

4-6 电测为什么要有温度补偿？温度补偿的方法有哪些？

4-7 对结构上的应变测点布置有何要求？

4-8 结构的位移测点如何布置？截面的转角和曲率如何测量？

4-9 力的测定方法有哪些？

4-10 裂缝测量主要有哪些项目？

4-11 简述惯性式测振传感器的基本原理。

4-12 简述数据采集系统的组成。各有什么作用？

第5章 结构试验模型设计

5.1 概　　述

土木工程结构试验是研究和发展结构理论的重要手段，从确定结构材料的力学性能到验证梁、板、柱等单个构件的计算方法及至建立复杂结构体系的计算理论，都离不开试验研究。近年来，随着电子计算机的飞速发展，基于计算机的结构分析方法已经能够解决很多复杂的结构分析问题，但结构模型试验仍有其不可替代的地位，并广泛应用于工程实践中。特别在研究钢筋混凝土结构塑性性能、徐变性能以及钢结构的疲劳、稳定和结构动力分析方面，近年来迅速发展的试验模型分析方法占有重要地位。

除了在原结构上所进行的试验以外，一般的结构试验都是模型试验，常见的模型试验主要分为以下几类：

（1）根据试验模型与被模拟试验构件或结构体系的尺寸和边界条件的关系，土木工程结构模型试验主要可分为实际结构模型与缩尺比例结构模型试验。实际结构模型试验通常称为足尺结构模型试验：主要适用于工程结构中的某一构件或某一局部，如梁、柱、板、墙等有可能进行足尺复制的结构，这一类工程结构中的某一构件或某一局部尺寸不大，在实验室条件下可以采用与被模拟结构相同的尺寸来做试验。缩尺比例结构模型试验：主要适用于大型的工程结构构件、桥梁结构或大型复杂结构体系。这一类工程结构尺寸较大，如果采用足尺结构模型试验通常会受到设备能力和经济条件的限制，为了能顺利完成对该类工程结构的研究，实验室大多采用缩尺比例的结构模型进行试验。

（2）根据试验的目的不同可将结构模型试验分为弹性模型试验、强度模型试验和间接模型试验。弹性模型试验的目的是要从试验中获得原结构在弹性阶段的资料，研究范围仅局限于结构的弹性阶段。强度模型试验的目的是获得原结构的有关极限强度以及原结构从各级荷载，直到破坏荷载甚至极限变形时的性能。间接模型试验的目的是获得有关结构的支座反力及弯矩、剪力、轴力等内力资料，同时间接模型不要求和原结构直接相似。

（3）根据试验加载方法的不同可将结构模型试验分为静力模型试验、动力模型试验、伪静力模型试验和拟动力模型试验等。

5.2　模型设计的理论基础

模型试验适用于整体结构以及复杂结构的试验研究，设计的理论基础是相似理论，即模型设计时需与原结构保持相似（过程相似、几何相似、质量相似、荷载相似、应力与应变相似、时间相似、边界条件和初始条件相似等），才能由模型试验的数据和结果推算出原结构的数据和结果，并由模型的试验过程推算出原结构在作用效应下的内力变化和变形的过程。模型的相似需依据三个基本相似定理来判别。

5.2.1　模型设计的相似要求

结构模型试验中的"相似"是指原型结构
和模型结构的主要物理量相同或成比例。在模
型设计时主要考虑以下一些相似条件。

（一）几何相似

模型设计时要求模型尺寸和原型尺寸对应
成比例 S_l（几何相似常数）。以工程中常见的矩
形截面悬臂梁为例（图 5-1），原型结构的截面
尺寸和跨度为 $b_p \times h_p$，l_p，模型结构为 $b_m \times h_m$，
l_m，则其对应截面的尺寸比，构件跨度比，截面
面积比，截面塑性抵抗矩比和惯性矩比的关系
如下：

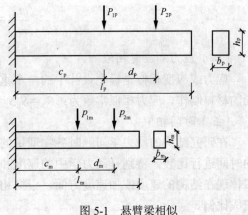

图 5-1　悬臂梁相似

截面的尺寸比

$$\frac{b_m}{b_p} = \frac{h_m}{h_p} = S_l \tag{5-1}$$

构件跨度比

$$\frac{l_m}{l_p} = S_l \tag{5-2}$$

截面面积比

$$S_A = \frac{A_m}{A_p} = \frac{b_m h_m}{b_p h_p} = S_l^2 \tag{5-3}$$

截面塑性抵抗矩比

$$S_w = \frac{W_m}{W_p} = \frac{b_m h_m^2 / 6}{b_p h_p^2 / 6} = S_l^3 \tag{5-4}$$

截面惯性矩比

$$S_I = \frac{I_m}{I_p} = \frac{b_m h_m^3 / 12}{b_p h_p^3 / 12} = S_l^4 \tag{5-5}$$

（二）荷载相似

模型设计中荷载相似要求模型结构和原型结构在其对应部位所受的荷载方向相同，大小
成比例 S_p（荷载相似常数）。如图 5-1 所示集中荷载需满足以下条件

$$\frac{c_m}{c_p} = \frac{d_m}{d_p} = S_l \tag{5-6}$$

$$\frac{p_{1m}}{p_{1p}} = \frac{p_{2m}}{p_{2p}} = S_p \tag{5-7}$$

当结构需考虑自重时，还需考虑重量分布的相似。

（三）质量相似

模型设计中质量分布相似要求模型结构与原型结构对应部位的质量成比例 S_m（质量分布
相似常数）。在研究结构动力学问题时通常要求结构的质量分布相似

$$\frac{m_{1m}}{m_{1p}}=\frac{m_{2m}}{m_{2p}}=S_m \tag{5-8}$$

（四）应力和应变相似

应力或应变相似是模型设计中的一个重要条件，试验中有时模型结构和原型结构采用不同的材料制作，应力相似常数为：$S_\sigma=S_E S_\varepsilon$（$S_E$、$S_\varepsilon$ 分别为弹性模量和应变相似常数）。

（五）时间相似

在研究结构的动力学问题时各物理量的相似除了要在对应点进行比较外，还要求在对应的时间进行比较。特别是动力学中的速度和加速度等物理量都与时间有关，所以时间相似大多体现在结构的速度或加速度方面，根据相似性要求，模型结构和原型结构的速度或加速度应成比例。

（六）边界条件和初始条件相似

边界条件对结构的受力和变形有时影响很大，在结构试验中要求模型结构在边界上受到的位移约束以及支座反力与原型结构相似。对于结构动力问题，还要求模型结构与原型结构动载试验的初始条件相似。

5.2.2 模型设计相似原理

相似原理是研究自然界相似现象的性质和鉴别相似现象的基本原理。它由三个相似定理组成。这三个相似定理从理论上阐明了相似现象有什么性质、满足什么条件才能实现现象的相似。

（一）第一相似定理

第一相似定理：彼此相似的物理现象，单值条件相同，其相似准数的数值也相同。

单值条件：是指决定于一个现象的特性并使其区别于其他现象的那些条件，在一定的试验条件下，只有唯一的试验结果。

相似准数：是联系相似系统中各物理量的一个无量纲组合。对于所有相似的物理现象，相似准数都是相同的。相似准数也称为相似判据。

第一相似定理是牛顿首先发现的，它揭示了相似现象的性质。下面以牛顿第二定律为例说明这些性质。

对于实际的质量运动系统，则有

$$F_p=m_p a_p \tag{5-9}$$

对于模拟的质量运动系统，有

$$F_m=m_m a_m \tag{5-10}$$

因为这两个运动系统相似，故它们各自对应的物理量成比例

$$F_m=S_F F_p \qquad m_m=S_m m_p \qquad a_m=S_a a_p \tag{5-11}$$

式中　S_F、S_m 和 S_a——分别为两个运动系统中对应的物理量（即力、质量、加速度）的相似常数。

将式（5-11）代入式（5-10）得

$$\frac{S_F}{S_m S_a}F_p=m_p a_p \tag{5-12}$$

比较式（5-9）和式（5-12），显然仅当

$$\frac{S_{\text{F}}}{S_{\text{m}}S_{\text{a}}}=1 \tag{5-13}$$

式（5-12）才能与式（5-9）一致。式（5-13）表明，相似现象中相似常数不都是任意选取的，它们之间存在一定的关系，这是由于物理现象中各物理量之间存在一定关系的缘故。我们称 $\dfrac{S_{\text{F}}}{S_{\text{m}}S_{\text{a}}}$ 为相似指标。

将式（5-11）代入式（5-13），可得到

$$\frac{F_{\text{p}}}{m_{\text{p}}a_{\text{p}}}=\frac{F_{\text{m}}}{m_{\text{m}}a_{\text{m}}}=\pi \tag{5-14}$$

式中　π——相似准数，也称 π 数，它是联系相似系统中各物理量的一个无量纲组合。

相似准数与相似常数的概念不同，相似常数是指在两个相似现象中，两个相对的物理量始终保持的常数，但对于与之相似的第三个相似现象，它可具有不同的常数值；相似准数则在所有相似现象中始终保持不变。

（二）第二相似定理

在一个物理现象中，共有 n 个物理量 $x_1, x_2, x_3, \cdots, x_n$，其中有 k 个独立的基本物理量，则该现象的各物理量之间的物理方程 $f(x_1, x_2, x_3, \cdots, x_n)=0$，也可以用这些物理量组合的 $(n-k)$ 个无量纲群（相似准数）的函数关系式来表示。写成相似准数方程式的形式

$$g(\pi_1, \pi_2, \pi_3, \cdots, \pi_{n-k})=0 \tag{5-15}$$

这样，利用第二相似定理，将物理方程转换为相似判据方程。同时，因为现象相似，模型和原型的相似判据都保持相同的 π 值，π 值满足的关系式也应相同

$$g(\pi_{\text{m}1}, \pi_{\text{m}2}, \cdots, \pi_{\text{m}(n-k)})=g(\pi_{\text{p}1}, \pi_{\text{p}2}, \cdots, \pi_{\text{p}(n-k)})=0 \tag{5-16}$$

其中，$\pi_{\text{m}1}=\pi_{\text{p}1}$；$\pi_{\text{m}2}=\pi_{\text{p}2}$；$\cdots$；$\pi_{\text{m}(n-k)}=\pi_{\text{p}(n-k)}$。

上述过程说明，如果将模型试验的结果整理成式（5-16）的形式，这个无量纲的 π 关系式可以推广到与其相似的原型结构。由于相似判据习惯上用 π 表示，相似第二定理也称为 π 定理。相似第二定理表明：两个系统若彼此相似，则不论采用何种方式得到相似判据，描述物理现象的基本方程均可转化为无量纲的相似判据方程。

（三）第三相似定理

第三相似定理基本内容：凡具有同一特性的物理现象，当单值条件彼此相似，且由单值条件的物理量所组成的相似判据在数值上相等，则这些现象彼此相似。按照第三相似定理，两个系统相似的充分必要条件是决定系统物理现象的单值条件相似。

第一相似定理和第二相似定理是判别相似现象的重要法则，这两个定理确定了相似现象的基本性质，但它们是在假定现象相似的基础上导出的，未给出相似现象的充分条件。而第三相似定理则确定了物理现象相似的必要条件和充分条件。

上述三个相似定理构成相似理论的基础。第一相似定理又称为相似正定理，第二相似定理称为相似 π 定理，第三相似定理又称为相似逆定理。

5.2.3　相似条件的确定方法

如果模型和真型相似，则它们的相似常数之间必须满足一定的组合关系，这个组合关系称为相似条件。在进行模型设计时，必须首先根据相似原理确定相似条件。

确定相似条件的方法有方程式分析法和量纲分析法两种。方程式分析法用于已知物理现象的规律，并可以用明确的数学物理方程表示的情况。量纲分析法则用于物理现象的规律未知，不能用明确的数学物理方程表示的情况。

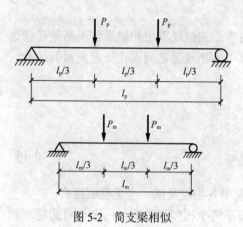

图 5-2　简支梁相似

（一）方程式分析法

我们知道，一个物理现象的规律对于一系列相似现象均成立，那么，用于表示规律的数学物理方程对于真型和模型均成立。因此，可以根据数学物理方程，利用相似转换法求得相似条件。

【例 5-1】　求如图 5-2 所示的受集中荷载作用简支梁的相似条件。

解　跨中截面上的正应力为

$$\sigma = \frac{Pl}{3W} \qquad \qquad ①$$

跨中截面处的挠度为

$$f = \frac{Pl^3}{243EI} \qquad \qquad ②$$

将步骤①两边同时除以 σ，步骤②两边同时除以 f，得到

$$\frac{Pl}{3W\sigma} = 1 \qquad \frac{Pl^3}{243EIf} = 1 \qquad \qquad ③$$

故原型与模型的两个相似准数为

$$\pi_1 = \frac{Pl}{W\sigma} \qquad \pi_2 = \frac{Pl^3}{EIf} \qquad \qquad ④$$

根据第三相似定理，模型和原型的相似准数相等，从而有

$$\pi_1 = \frac{P_p l_p}{W_p \sigma_p} = \frac{P_m l_m}{W_m \sigma_m} \qquad \qquad ⑤$$

$$\pi_2 = \frac{P_p l_p^3}{E_p I_p f_p} = \frac{P_m l_m^3}{E_m I_m f_m} \qquad \qquad ⑥$$

由步骤⑤和步骤⑥可得

$$\frac{S_p S_l}{S_W S_\sigma} = 1 \qquad \frac{S_p S_l^3}{S_E S_I S_f} = 1 \qquad \qquad ⑦$$

因为 $S_W = S_l^3$，$S_I = S_l^4$，代入步骤⑦得到相似指标

$$\frac{S_p}{S_l^2 S_\sigma} = 1 \qquad \frac{S_p}{S_E S_I S_f} = 1 \qquad \qquad ⑧$$

步骤⑧就是模型和真型相似应该满足的相似条件。这时，可以由模型试验获得的数据按相似条件推算得到真型结构的数据。即有

$$\sigma_p = \frac{\sigma_m}{S_\sigma} = \frac{S_l^2}{S_p}\sigma_m \qquad f_p = \frac{f_m}{S_f} = \frac{S_E S_l}{S_p} f_m \qquad \text{⑨}$$

（二）量纲分析法

用方程式分析法推导相似准数时，要求现象的规律必须能用明确的数学方程式表示，然而在实践应用中，许多研究问题的规律事先并不很清楚，在模型设计之前一般不能提出明确的数学方程。这时，可以用量纲分析法求得相似条件。量纲分析法不需要建立现象的方程式，而只要确定研究问题的影响因素和相应的量纲即可。

被测物理量的种类称之为量纲，它实质上是广义的量度单位，同一类型的物理量具有相同的量纲。例如，长度、距离、位移、裂缝宽度、高度等具有相同的量纲 $[L]$。

在实际工作中，常选择少数几个物理量的量纲作为基本量纲，而其他物理量的量纲可由基本量纲导出，称之为导出量纲。在量纲分析中有两个基本量纲系统：绝对系统和质量系统。绝对系统的基本量纲为长度 $[L]$、时间 $[T]$ 和力 $[F]$，而质量系统的基本量纲是长度 $[L]$、时间 $[T]$ 和质量 $[M]$。对于无量纲的量，用 $[1]$ 表示。土木工程中常用物理量的量纲见表 5-1。

表 5-1　　　　　　　　　　　　　　　　土木工程中常用物理量的量纲

物 理 量	绝 对 系 统	物 理 量	绝 对 系 统
长 度	$[L]$	刚 度	$[FL^{-1}]$
时 间	$[T]$	阻 尼	$[FL^{-1}T]$
质 量	$[FL^{-1}T^2]$	力 矩	$[FL]$
力	$[F]$	能 量	$[FL]$
位 移	$[L]$	功 率	$[FLT^{-1}]$
速 度	$[LT^{-1}]$	惯性矩	$[L^4]$
加速度	$[LT^{-2}]$	相对密度	$[FL^{-3}]$
角 度	$[1]$	密 度	$[FL^{-4}T^2]$
角速度	$[T^{-1}]$	应 变	$[1]$
角加速度	$[T^{-2}]$	弹性模量	$[FL^{-2}]$
应力、压强	$[FL^{-2}]$	剪切模量	$[FL^{-2}]$
强 度	$[FL^{-2}]$	泊松比	$[1]$

仍以图 5-2 所示简支梁为例来说明如何用量纲分析法求相似条件。

【例 5-2】　用量纲分析法，确定 [例 5-1] 的相似条件。

解　（1）确定影响因素及量纲系统：根据材料力学知识，受横向荷载作用的梁的正应力 σ 和跨中挠度 f 是截面抗弯模量 W、荷载 P、梁跨度 l、弹性模量 E 和截面惯性矩 I 的函数。用函数形式表示

$$F(\sigma,\ f,\ P,\ l,\ E,\ W,\ I)=0 \qquad \text{①}$$

物理量个数 $n=7$，基本量纲个数 $k=2$，故独立的 π 数有（$n-k$）$=5$。

（2）根据 π 定理式（5-15）可改写为 π 函数方程

$$g(\pi_1,\ \pi_2,\ \pi_3,\ \pi_4,\ \pi_5)=0 \qquad \text{②}$$

$$\pi = \sigma^{a_1} f^{a_2} P^{a_3} l^{a_4} E^{a_5} W^{a_6} I^{a_7} \qquad \text{③}$$

（3）确定量纲矩阵：

	σ	f	P	l	E	W	I
$[L]$	-2	1	0	1	-2	3	4
$[F]$	1	0	1	0	1	0	0

（4）根据量纲和谐，确定 π 数。根据量纲矩阵，可得基本量纲指数关系的联立方程。

对量纲 $[L]$

$$-2a_1+a_2+a_4-2a_5+3a_6+4a_7=0 \tag{④}$$

对量纲 $[F]$

$$a_1+a_3+a_5=0 \tag{⑤}$$

上述方程组共有 7 个未知量，只有 2 个方程，需假定 5 个变量的值，其他 2 个未知量（一般取基本量纲的指数，本例中取 P、l）由下面两式确定。

$$a_4=2a_1-a_2+2a_5-3a_6-4a_7 \tag{⑥}$$

$$a_3=-a_1-a_5 \tag{⑦}$$

上述方程组的解，可用 π 矩阵来表示（矩阵中的每一行组成一个无量纲组合）：

	σ	f	E	W	I	P	l
π_1	1	0	0	0	0	-1	2
π_2	0	1	0	0	0	0	-1
π_3	0	0	1	0	0	-1	2
π_4	0	0	0	1	0	0	-3
π_5	0	0	0	0	1	0	-4

由上述矩阵可得 5 个 π 数

$$\pi_1=\frac{\sigma l^2}{P}, \quad \pi_2=\frac{f}{l}, \quad \pi_3=\frac{El^2}{P}, \quad \pi_4=\frac{W}{l^3}, \quad \pi_5=\frac{I}{l^4} \tag{⑧}$$

（5）由第三相似定理，确定相似条件

$$\frac{S_\sigma S_l^2}{S_P}=1, \quad \frac{S_f}{S_l}=1, \quad \frac{S_E S_l^2}{S_P}=1, \quad \frac{S_W}{S_l^3}=1, \quad \frac{S_I}{S_l^4}=1 \tag{⑨}$$

至此，可将量纲分析法归纳为：列出与所研究的物理过程有关的物理参数，根据 π 定律和量纲和谐的概念找出 π 数，并使模型和原型的 π 数相等，从而得出模型设计的相似条件。

需要注意的是 π 数的取法有一定的任意性，而且当参与物理过程的物理量较多时，可组成的 π 数很多。若要全部满足与这些 π 数相应的相似条件，条件将十分苛刻，有些是不可能达到也不必要达到的。若在列物理参数时遗漏了那些对问题有主要影响的物理参数，就会使试验研究得出错误结论或得不到解答。因此，需要恰当地选择有关的物理参数。量纲分析法本身不能解决物理参数选择是否正确的问题。物理参数的正确选择取决于模型试验者的专业知识以及对所研究的问题初步分析的正确程度。甚至可以认为，如果不能正确选择有关的参数，量纲分析法就无助于模型设计。因此在进行模型试验时，研究人员掌握结构知识十分重要。

5.3 结构模型设计

5.3.1 结构模型设计的程序

模型设计是结构试验前的关键环节，模型设计不合理会直接影响到试验的结果进而影响到对原型结构的评判。一般情况下，结构模型设计按下列步骤进行：

（1）明确试验的目的和要求，选择模型基本类型。

（2）对研究对象进行理论分析，用分析方程法或量纲分析法确定相似条件。对于复杂结构，试验之前通常很难得到有关正确描述结构系统的方程式，故大多采用量纲分析法确定相似条件。

（3）确定模型结构的几何尺寸。选择模型材料。

（4）根据相似条件确定各相似常数。

（5）根据相似条件，检查结构模型与原结构模型的相似情况，重点分析边界条件、初始条件和过程的相似情况。根据相似误差，对模型进行必要的调整。

（6）形成模型设计技术文件，包括绘制结构模型施工图，测点布置图，加载装置图等。

在设计结构模型过程中，模型尺寸的设计是影响试验结果的关键因素之一，表 5-2 给出几种常用结构模型的缩尺比例。

表 5-2   结构模型的缩尺比例

结构类型	壳体结构	高层建筑	大跨桥梁	砌体结构
弹性模型	1:50～1:200	1:20～1:60	1:10～1:50	1:4～1:8
强度模型	1:10～1:30	1:5～1:10	1:4～1:10	1:2～1:4

根据模型受力的性质可分为静力结构模型设计和动力结构模型设计，下面介绍几种常见结构模型的设计。

5.3.2 静力结构模型设计

（一）线弹性模型设计

在模型设计中，当结构的应力水平较低时，结构的性能可以用线弹性理论描述，即结构所受荷载与结构产生的变形以及应力之间均为线性关系。对于使用同一种材料的结构，影响应力大小的因素主要有荷载 F、结构几何尺寸 L 和材料的泊松比 ν，其应力表达式可写为 $\sigma = f(F, L, \nu)$，通过量纲分析得出

$$L^2 \sigma / F = \varphi(\nu)$$

根据上述分析可知：线弹性结构的相似条件为几何相似、荷载相似、边界条件相似，求泊松比相似 $S_\nu = 1$，即设计线弹性相似模型时，要求 $S_\sigma = S_L^2 / S_F$。

（二）非线性结构模型设计

工程结构中通常可能出现材料非线性和几何非线性两类非线性关系。两种非线性结构的荷载与结构变形之间均为非线性关系。对于几何非线性结构，结构的应力和应变之间可以保持线性关系。对于这种情况，影响应力大小的主要因素有荷载 F、结构几何尺寸 L、材料的弹性模量 E 和泊松比 ν，其应力表达式可写为 $\sigma = f(F, E, L, \nu)$，通过量纲分析得出

$L^2\sigma/F=\varphi(EL^2/F,\nu)$，为了求得原型结构的应力，模型与原型应满足

$$(EL^2/F)_m=(EL^2/F)_p，\quad \nu_m=\nu_p$$

由以上分析可知，采用与原型相同材料制作的模型，可以模拟原型结构线弹性阶段和几何非线性弹性阶段的受力性能。

（三）钢筋混凝土强度模型设计

对于钢筋混凝土类构件，影响其力学性能的主要因素包括混凝土的力学性能、钢筋的力学性能以及钢筋和混凝土的黏结性能。完全相似模型要求模型结构在各个受力阶段的性能与原型结构各个阶段的受力性能相似，钢筋混凝土结构的强度模型要求正确反映原型结构的弹塑性性质，包括给出原型和结构相似的破坏形态，极限变形能力以及极限承载能力。但在模型设计过程中，由于钢筋混凝土结构力学性能十分复杂，很难满足全部阶段的相似要求，特别是裂缝开展阶段的相似要求。钢筋混凝土结构的裂缝宽度与钢筋直径、钢筋表面形状、配筋率、混凝土保护层厚度等因素有关，当几何相似要求确定后，模型结构的各部位尺寸也相应确定，而这些影响因素及相关变量通常不能全部根据几何相似要求缩小。因此，钢筋混凝土结构强度模型的相似误差是不可避免的。但是，精心设计的钢筋混凝土结构强度模型，仍可以正确反映原型结构承载能力性能的一些重要特征。

对于钢筋混凝土强度模型，理想的模型混凝土和模型钢筋应与原型结构的混凝土和钢筋之间满足：混凝土受拉和受压的应力—应变曲线几何相似；在承载能力极限状态，有基本相近的变形能力；在多轴应力状态下，有相同的破坏准则；钢筋和混凝土之间有相同的黏结—滑移性能和有相同的泊松比等。表 5-3 列出了钢筋混凝土结构强度模型的相似要求。

表 5-3　　　　　　　　　　　　钢筋混凝土结构强度模型的相似常数

类　型	物　理　量	量　纲	理　想　模　型	实际应用模型
材料性能	混凝土应力	$[FL^2]$	S_σ	1
	混凝土应变	—	1	1
	混凝土弹性模量	$[FL^{-2}]$	S_σ	1
	混凝土泊松比	—	1	1
	混凝土密度	$[FL^{-4}T^2]$	S_σ/S_l	$1/S_l$
	钢筋应力	$[FL^{-2}]$	S_σ	1
	钢筋应变	—	1	1
	钢筋弹性模量	$[FL^{-2}]$	S_σ	1
	粘结应力	$[FL^{-2}]$	S_σ	1
几何特征	线尺寸	$[L]$	S_l	S_l
	线位移	$[L]$	S_l	S_l
	角位移	—	1	1
	钢筋面积	$[L^2]$	S_l^2	S_l^2
荷载	集中荷载	$[F]$	$S_\sigma S_l^2$	S_l^2
	线荷载	$[FL^{-1}]$	$S_\sigma S_l$	S_l
	分布荷载	$[FL^{-2}]$	S_σ	1
	弯矩或扭矩	$[FL]$	$S_\sigma S_l^3$	S_l^3

5.3.3 动力结构模型设计

在动力学问题中，惯性力常常是作用在结构上的主要荷载，同时是影响结构材料动力性能差别的主要因素，因此在动力结构模型设计中，除考虑长度和力这两个基本物理量相似外，还需考虑时间这一基本物理量的相似，模型结构与原形结构的质量密度相似（表 5-4 列出了结构动力模型的相似要求）。

表 5-4   结构动力模型的相似常数

类 型	物 理 量	量 纲	理 想 模 型	忽略重力模型
材料性能	应力	$[FL^{-2}]$	S_E	S_E
	应变	—	1	1
	弹性模量	$[FL^{-2}]$	S_E	S_E
	泊松比	—	1	1
	密度	$[FL^{-4}T^2]$	S_E/S_l	S_ρ
	能量	$[FL]$	$S_E S_l^3$	$S_E S_l^2$
几何特征	线尺寸	$[L]$	S_l	S_l
	线位移	$[L]$	S_l	S_l
荷载	集中荷载	$[F]$	$S_E S_l^2$	$S_E S_l^2$
	压力	$[FL^{-2}]$	S_E	S_E
动力特性	质量	$[FL^{-1}T^2]$	$S_\rho S_l^3$	—
	刚度	$[FL^{-1}]$	$S_E S_l$	—
	阻尼	$[FL^{-1}T]$	S_m/S_l	—
	频率	$[T^{-1}]$	$S_l^{-1/2}$	$S_l^{-1}(S_E/S_\rho)^{1/2}$
	加速度	$[LT^{-2}]$	1	$S_l^{-1}(S_E/S_\rho)^{1/2}$
	重力加速度	$[LT^{-2}]$	1	忽略
	速度	$[LT^{-1}]$	$S_l^{1/2}$	$(S_E/S_\rho)^{1/2}$
	时间、周期	$[T]$	$S_l^{1/2}$	$S_l(S_E/S_\rho)^{-1/2}$

在材料力学性能方面的相似还需考虑变速率对材料性质的影响。动力模型的相似条件同样可用量纲分析法得出。动力结构模型设计中一般需要模拟惯性力、恢复力和重力等，此时对模型材料的弹性模量和比重的要求很严格，为 $S_E/S_g S_\rho = S_l$。通常 $S_g = 1$，则模型材料的弹性模量应比原来的小或比原型的大。对于由两种材料组成的钢筋混凝土结构模型，以上条件很难满足，因为材料本身的密度不能随几何相似常数而变化。解决这个问题有两个办法：

（1）利用一种称为离心机的大型试验设备，产生数值很大的均匀加速度来调节对材料相似的要求。

（2）在模型结构上附加质量，但附加的质量不影响结构的强度和刚度特性。也就是说，通过附加质量，使材料的名义密度增加。模型结构振动时，附加质量随之振动，附加质量产生的惯性力作用在模型结构上，其大小满足相似要求。在地震模拟振动台试验中，大多采用附加质量的方法来近似满足结构模型的材料密度相似要求。

在有些情况下，重力效应引起的应力比动力效应产生的应力小得多。对于这类结构模型试验，可以忽略重力的影响，则在选择模型材料及相似材料时的限制就放松得多，表 5-4 中给出了忽略重力后的相似常数要求。

5.4　模型材料与选用

5.4.1　模型材料的选择

适用于制作模型的材料很多，但没有绝对理想的材料。因此，正确地了解材料的性质及其对实验结果的影响，对于顺利完成模型试验往往有决定性的意义。在结构模型试验中合理地选用模型材料至关重要，通常模型材料的选择应考虑以下几方面的要求：

（1）模型结构材料应满足相似要求，主要包括模型材料的性能指标，例如材料弹性模量、泊松比、容重以及应力—应变曲线等。

（2）根据模型试验的目的选择模型材料。试验前需分析试验的目的，需获取哪方面或什么阶段的试验数据及受力和变形特性。优先选用与材料性能相同或相近的材料。

（3）模型材料性能稳定且便于加工和制造。

（4）模型材料须保证测量精度。

（5）模型材料的选择还需满足徐变性能的要求。

5.4.2　常用模型材料

（一）金属

常用金属材料有钢铁、铝、铜等。此类金属材料通常适用于原型结构为金属的结构。其力学性能符合弹性理论的基本假定。在钢结构工程的模型试验中多采用钢材或铝合金制作相似模型。但金属结构模型加工困难，构件连接部位不易满足相似要求。

（二）无机高分子材料

常用的材料有有机玻璃、环氧树脂、聚酯树脂、聚氯乙烯等。无机高分子材料又称为塑料，在结构模型试验中，该类材料的主要优点是在一定应力范围内具有良好的线弹性性能，弹性模量低，容易加工。其主要缺点是导热性能差，徐变大，弹性模量随温度变化。有机玻璃是最常用的结构模型材料之一，具有均匀、各向同性材料的基本性能，属热塑性高分子材料。为尽量减少试验中产生徐变，一般控制最大应力不超过 10MPa。无机高分子材料主要用于进行力学性能试验的结构模型和制作光弹性模型，环氧树脂类是最常用的光弹模型材料之一。

（三）石膏

石膏的泊松比和混凝土接近，主要优点是性能稳定、成型方便、易于加工，适用于制作线弹性模型。主要缺点是抗拉强度低，要获得均匀和准确的弹性特性比较困难。纯石膏弹性模量较高，而且很脆，制作时凝结很快；采用石膏制作结构模型时，常掺入外加料来改善材料的力学性能，如硅藻土粉末、岩粉、水泥或粉煤灰等粉末材料，也可以在石膏中加入颗粒类材料，如砂、浮石等。

（四）水泥砂浆

水泥砂浆与混凝土的性能比较接近，常用来制作钢筋混凝土板和薄壳等结构模型。水泥砂浆类的模型材料是以水泥为基本胶凝材料，按适当的比例加入粒状或粉状的外加材料配制而成。水泥浮石、水泥炉渣混合料以及水泥砂浆均属于这类材料。

（五）微粒混凝土

微粒混凝土又称为细石混凝土，由细石骨料、水泥和水组成，混凝土中的骨料粒径比普通混凝土的小。当粗骨料粒径很小时，微粒混凝土的性能几乎与水泥砂浆相似。在模型试验中试配微粒混凝土主要考虑水灰比、骨料体积含量和骨料级配等因素，可使其与原型混凝土有相似的力学性能。

（六）模型用钢筋

对于缩尺比例很大的钢筋混凝土强度模型，除仔细考虑微粒混凝土的性能外，应仔细选择模型用钢筋。模型钢筋的特性在一定程度上对结构非弹性性能的模拟起决定性的作用。在选择模型用钢筋时应充分注意模型钢筋力学性能的相似要求，主要包括弹性模量、屈服强度和极限强度的相似。必要时，可制作简单的机械装置在模型钢筋表面形成压痕，以改善钢筋和混凝土的黏结性能。

5.4.3 结构模型试验应注意的问题

模型试验和一般结构试验的方法原则上相同，但模型试验也有自己的特点，下面针对这些特点提出在试验中应注意的问题。

（1）模型尺寸。在模型试验中对模型尺寸的精度要求比一般结构试验对构件尺寸的要求严格得多，所以在模型制作中控制尺寸的误差是极为重要的。由于结构模型均为缩尺比例模型，尺寸的误差直接影响试验的测试结果，为此，在模型制作时，一方面要求对模板的尺寸精确控制，另一方面还要注意选择体积稳定，不易随湿度、温度变化而有明显变化的材料作为模板。对于缩尺比例不大的结构强度模型材料应尽量选择与原结构同类的材料，若选用其他材料如塑料，则材料本身不稳定或制作时不可避免的加工工艺误差都将对试验结果产生影响。因此，在模型试验前，须对所设应变测点和重要部分的断面尺寸进行仔细量测，以此尺寸作为分析试验结果的依据。

（2）试件材料性能的测定。模型材料的各种性能，如应力—应变曲线、泊松比、极限强度等，都必须在模型试验之前就准确地测定。通常测定塑料的性能可用抗拉及抗弯试件；测定石膏、砂浆、细石混凝土和微粒混凝土的性能可用各种小试件，形状可参照混凝土试件（如立方体、棱柱体、抗拉试件等）。考虑到尺寸效应的影响，模型的测定用小试件尺寸应和模型的最小截面或临界截面的大小基本相应。试验时要注意这些材料也有龄期的影响；对石膏试件应注意含水量对强度的影响；对于塑料应测定徐变的影响范围和程度。

（3）试验环境。模型对周围环境的要求比一般结构试验严格。对于塑料模型试验的环境温度，一般要求温度变化不超过±1℃。对温度影响比较敏感的石膏模型，最好能够在有空调的室内进行试验。一般的模型试验，为了减小温度变化对模型试验的影响，应选择在温度较稳定的时间（如夜间）里进行。

（4）荷载选择。模型试验的荷载必须在试验进行之前先仔细校正。重物加载如砝码、铁块都应事先经过检验，如用杠杆和千斤顶施加集中荷载，则加载设备都要经过设计并准确制造，使用前还要进行标定。此外若试验时完全模拟实际的荷载有困难时，可改用明确的集中荷载，这样比勉强模拟实际荷载效果好，在整理和推算试验结果时不会引入较大的误差。

（5）变形量测。一般模型的尺寸都很小，所以通常应变量测多采用电阻应变计。对于复杂应力状态下的模型，可先用脆性漆法求得主应力的方向，然后再粘贴电阻应变计。对于塑料模型，因塑料的导热性很差，应采取措施减少电阻应变计受热后升温而带来的误差。若采用箔式应变计，应设立单独的温度补偿计，并降低电阻应变仪的桥路电压。

模型实验的位移量测仪表的安装位置应特别准确，否则将模型试验结果换算到原型结构上会引起较大误差。如果模型的刚度很小，则应注意量测仪表的重量和约束等的影响。

总之，模型试验比一般结构试验要求更严格，因为在模型试验结果中较小的误差推算到原型结构则会形成不可忽略的较大的误差。因此，模型试验工作必须考虑周全，决不能有半点马虎。

本 章 小 结

（1）相似模型必须满足相似条件，其试验结果可根据相似条件推演到原型结构中。它与足尺模型相比，具有经济性好、试验数据准确和针对性强等特点。

（2）相似条件是指原型和模型之间相对应的各物理量的比例保持常数（相似常数），并且这些常数之间也保持一定的组合关系（相似条件）。确定相似条件的方法有方程式法和量纲分析法。前者适用于已知研究问题的规律并可以用明确的方程式表示；后者适用于研究问题的规律未知的情况。

（3）模型设计时，首先确定模型材料的相似条件，然后综合考虑各种因素，如模型的类型、模型材料、试验条件以及模型制作条件等，一般首先确定模型材料和几何尺寸，然后再确定其他相似常数。

复 习 思 考 题

5-1　何谓结构模型试验？其基本概念是什么？

5-2　模型的相似是指哪些方面的相似？相似常数的含义是什么？请举例。

5-3　模型结构的相似条件是指什么？为什么模型设计时首先要确定相似条件？采用何种方法确定相似条件？

5-4　量纲分析法的基本概念是什么？何谓π定理？

5-5　模型设计的设计程序和步骤应注意些什么？对钢筋混凝土结构、砖石结构、结构的静力试验和动力试验等各有何不同要求？

5-6　对不同的模型材料有何要求？请举例。

5-7　针对模型的特点，在模型试验中应注意哪些问题？

第6章 结构荷载试验

6.1 结构静力试验

6.1.1 概述

静力试验是指对结构施加静力荷载并考察结构在静力荷载下的力学性能的试验。所谓"静力"是指试验过程中结构本身运动的加速度效应即惯性力效应可以忽略不计。

建筑结构的静力试验是结构试验中最基本最大量的一种试验，主要用于模拟和研究结构或构件在静荷载作用下的强度、刚度、抗裂性等基本性能及破坏机制。通过分析结构及构件在各种静力荷载作用下，构件各截面的应力应变与所施加静力荷载的关系，为研究和判断构件在某种荷载作用下的工作性能提供可靠的数据支持。

结构静力试验涉及的内容非常多，本节着重讨论关于静力试验的准备工作和工程中常见的结构构件静力试验。

6.1.2 试验前的准备

（一）调查研究、收集资料

准备工作首先要把握信息，以便在规划试验时做到心中有数，这需要进行调查研究，收集资料，充分了解本项试验的任务和要求，明确试验目的，从而确定试验的性质、规模、形式、数量和种类，以便正确地进行试验设计。

（1）检验性试验。调查研究主要是针对有关设计、施工和使用单位或人员来进行。收集资料在设计方面包括设计图纸、计算书和设计所依据的原始资料（如地基土壤资料、气象资料和生产工艺资料等）；在施工方面包括施工日志、材料性能实验报告、施工记录和隐蔽工程验收记录等；在使用方面主要是使用过程、环境、超载情况或事故经过等。

（2）科学研究性试验。调查研究主要是针对有关科研单位和情报部门以及必要的设计和施工单位来进行。收集与本试验有关的历史（如前人有无做过类似的试验，采用的方法及其结果等）、现状（如已有哪些理论、假设和设计、施工技术水平及材料、技术状况等）和将来发展的要求（如生产、生活和科学技术发展的趋势与要求等）。

（二）编写试验大纲

试验大纲是在取得了调查研究成果的基础上，为使试验有条不紊地进行并取得预期效果而订制的纲领性文件，内容一般包括：

（1）概述。简要介绍调查研究的情况，提出试验的依据及试验的目的、意义与要求等。必要时，还应有理论分析和计算。

（2）试件的设计及制作要求。包括设计依据及理论分析和计算，试件的规格和数量，制作施工图及对原材料、施工工艺的要求等。对于检验性试验，也应阐明原设计要求、施工或使用情况等。试验数量依据结构或材质的变异性与研究项目间的相关条件，按正交试验设计和数理统计规律求得，宜少不宜多。一般鉴定性实验，为了避免尺寸效应，应根据加载设备能力和试验经费情况使试件尽量接近实体。

（3）试验结构构件的安装就位和试验装置。包括就位的形式（正位、卧位或反位）、支承装置、边界条件模拟、保证侧向稳定的措施和安装就位的方法及机具等，同时应对试验构件进行抽样检验，确保试验装置的安全可靠性。

（4）加载方法与设备。包括荷载种类及数量，加载设备装置，荷载图式及加载制度等。

（5）测量方法和内容。本项也称为观测设计，主要说明观测项目、测点布置和测量仪表的选择、标定、安装方法及编号图、测量顺序规定和补偿仪表的设置等。

（6）辅助试验。结构试验往往要做一些辅助试验，如材料性质试验和某些探索性小试件或小模型、节点试验等。本项应列出试验内容，阐明试验目的、要求、试验种类、试验个数、试件尺寸、制作要求和试验方法等。

（7）安全与防护措施。制定和设置必要的安全与防护措施，包括人身和设备、仪表等方面的安全防护措施。

（8）试验进度计划。应根据试验场地、试验设备与试验人员等各试验要素的实际情况，制定周密、翔实的试验进度计划，以确保试验过程的连续性和试验数据的科学性。

（9）试验组织管理。试验的进行，特别是大型试验，参加试验人数多，牵涉面广，必须严密组织，加强管理。包括技术档案资料、原始记录管理、人员组织和分工、任务落实、工作检查、指挥调度以及必要的交底和培训工作。

（10）附录。包括所需器材、仪表、设备及经费清单，观测记录表格，加载设备、测量仪表的率定结果报告和其他必要文件、规定等。记录表格设计应使记录内容全面，方便使用，其内容除了记录观测数据外，还应有测点编号、仪表编号、试验时间、记录人签名等栏目。

总之，整个试验的准备必须充分，规划必须细致、全面。每项工作及每个步骤必须明确。防止盲目追求试验次数多、仪表数量多、观测内容多和不切实际地提高测量精度等，而给试验带来不利影响和造成浪费，甚至使试验失败或发生安全事故。

（三）试件准备

试验的对象并不一定就是研究任务中的具体结构或构件。根据试验的目的要求，它可能是经过简化，可能是模型，也可能是某个局部（例如节点或杆件），但无论如何均应根据试验目的与有关理论，按大纲规定进行设计与制作。

在设计制作时应考虑到试件安装和加载测量的需要，在试件上作必要的构造处理，如在钢筋混凝土试件支撑点预埋钢垫板，局部截面加强加设分布筋等；平面结构侧向稳定支撑点的配件安装，倾斜面加载处增设凸肩以及吊环等，都不要疏漏。

试件制作工艺，必须严格按照相应的施工规范进行，并做详细记录。按要求留足材料力学性能试验试件，并及时编号。

试件在试验之前，应对试验对象进行仔细的考察和检查，其内容宜包括下列内容：

（1）收集试验对象的原始设计资料、设计图纸和计算书；施工与试件制作记录；原材料的物理力学性能试验报告等文件资料。对预应力混凝土构件，应有施工阶段预应力张拉的全部详细数据与资料；

（2）对已经生产或使用中的结构构件，应调查收集生产和使用条件下试验对象的实际工作情况；

（3）对结构构件的跨度、截面、钢筋的位置、保护层厚度等实际尺寸及初始挠曲、变形、原始裂缝等应作详细测量，作出书面记录，绘制详图。必要时应采用摄影或录像记录。对钢筋的位置、实际规格、尺寸和保护层厚度也可在试验结束后进行测量。

检查试件后，进行表面清理，如去除或修补一些有碍试验观测的缺陷，钢筋混凝土表面刷白，分区画格。刷白的目的是便于观测裂缝；分区画格是为了荷载与测点准确定位，记录裂缝的发生和发展过程以及描述试件的破坏形态。观测裂缝的区格尺寸一般取 5～20cm，必要时可缩小或局部缩小。

（四）材料物理力学性能测定

材料的物理力学性能指标，对结构性能有直接的影响，是结构计算的重要依据。试验中的荷载分级、试验结构的承载能力和工作状况的判断与估计、试验后数据处理与分析等都需要在正式试验进行之前，对结构材料的实际物理力学性能进行测定。

测定项目，通常有强度、变形性能、弹性模量、泊松比、应力—应变关系等。

测定的方法有直接测定法和间接测定法两种。直接测定法就是将制作试件时留下的小试件，按有关标准方法在材料试验机上测定。这里仅就混凝土的应力—应变全曲线的测定方法做简单介绍。

混凝土是一种弹塑性材料，应力—应变关系比较复杂，标准棱柱体抗压的应力—应变全过程曲线对混凝土结构的某些方面研究，如长期强度、延性和疲劳强度试验等都具有十分重要的意义。

测定全曲线的必要条件是：试验机具有足够的强度，使试验机加载时所释放的弹性应变与试件的峰点 C 的应变之和不大于试件破坏时的总应变值。否则，试验机释放的弹性应变能产生的动力效应，会把试件击碎，曲线只能测至 C 点，在普通试验机上测定就是这样。目前，最有效的方法是采用电液伺服试验机，以等应变控制方法加载。

间接测定法，通常采用非破损试验法，即用专门仪器对结构或试件进行试验，测定与材料有关的物理量推算出材料性质参数，而不破坏结构、构件。

（五）试验设备与试验场地的准备

试验所用的加载设备和测量仪表，试验之前应进行检查、修整和必要的率定，以保证达到试验的精度要求。率定必须有报告，以供资料整理或使用过程中修正。

结构构件应在气温较稳定的环境下进行试验，不宜在 0℃ 以下温度进行试验。对于在 0℃ 以下温度存放的结构构件，试验前应先移入室内，待试件与室温相同后再进行试验。试验场地应在试件进场之前加以清理和安排，包括水、电、交通和清除不必要的杂物，集中安排好试验使用的物品。必要时应作场地平面设计，架设或准备好试验中的防风、防雨和防晒措施，避免对试验结构构件、试验设备、荷载和测量造成影响。现场试验的支承点下的地耐力经局部验算和处理，下沉量不宜太大，保证结构作用力的正确传递和试验工作顺利进行。

（六）试件安装就位

按照试验大纲的规定和试件设计要求，在各项准备工作就绪后即可将试件安装就位。保证试件在试验全过程都能按规定模拟条件工作，避免因安装错误而产生附加应力或出现安全事故，是安装就位中的关键问题。

简支结构的两支点应在同一水平面上，高差不宜超过试验跨度的 1/50。试件、支座、支墩和台座之间应密合稳固，可采用砂浆坐浆处理。

超静定结构，包括四边支承和四角支承板的各支座应保持均匀接触，最好采用可调支座。若带支座反力测力计，应调节至该支座所承受的试件重力为止。也可采用砂浆坐浆或湿砂调节。

扭转试件安装应注意扭转中心与支座转动中心的一致，可用钢垫板等加垫调节。

嵌固支承，应上紧夹具，不得有任何松动或滑移可能。

卧位试验，试件应平放在水平滚轴或平车上，以减轻试验时试件水平位移的摩擦阻力，同时也可防止试件侧向下挠。

试件吊装时，平面结构应防止平面外弯曲、扭曲等变形发生，细长杆件的吊点应适当加密，避免弯曲过大；钢筋混凝土结构在吊装就位过程中，应保证不出裂缝，尤其是抗裂试验结构，必要时应附加夹具，提高试件刚度。

（七）加载设备和测量仪表安装

加载设备的安装，应根据加载设备的特点按照大纲设计的要求进行。有的与试件就位同时进行，如支承结构；有的则在加载阶段安装施工加载设备。大多数设备是在试件就位后安装，要求安装固定牢靠，保证荷载模拟正确和试验安全。

仪表安装位置按观测设计确定。安装后应及时把仪表号、测点号、位置和连接仪器上的通道号一并记入记录表中。调试过程中如有变更，记录亦应及时做相应的改动，以防混淆。接触式仪表还应有保护措施，例如加带悬挂，以防振动掉落损坏。结构试验用的各类测量仪表的量程应满足结构构件最大测值的要求，最大测值不宜大于选用仪表最大量程的80%。

（八）试验控制特征值的计算

根据材性试验数据和设计计算图式，计算出各个荷载阶段的荷载值和各特征部位的内力、变形值等，作为试验时控制与比较。这是避免试验盲目性的一项重要工作，对试验与分析都具有重要意义。

6.1.3　受弯构件的试验

（一）试件安装和加载方法

单向板和梁是典型的受弯构件，同时也是建筑中的基本承重构件。预制板和梁等受弯构件一般都是简支的，在试验安装时都采用正位试验，即一端采用铰支承，另一端采用滚动支承。为了保证构件与支承面的紧密接触，在支墩与钢板，钢板与构件之间应采用水泥砂浆找平。

构件试验时的加载方式应符合设计规定和实际受载情况。当试验加载方式由于加载条件的限制与实际受力情况不能完全吻合时，试验加载可以采用等效的原则进行换算，即：使试验构件的内力图形与设计或实际的内力图形相等或接近，并使两者最大受力截面的内力值相等。

板一般承受均布荷载，试验加载时应将荷载均匀施加。当用重力直接加载时，应在板面上划分区格，标出荷载安装位置，并将重力荷载堆放成垛，每垛之间应留有间隙，避免因构件受载弯曲后由于荷载间相互作用产生起拱作用，使得荷载传递不够明确，以致改变试件受载后的工作状态。

梁所承受的荷载较大，当施加集中荷载时可以用杠杆重力加载。试验中较为常用的方法是利用液压加载器通过分配梁予以分散，或用液压加载系统控制多台加载器直接加载。

（二）试验项目和测试位置

科学研究性试验除了测试强度、抗裂度、挠度和裂缝观测外，还应测量构件某些部位的应力，以分析构件中该部位的应力大小和分布规律。

（1）挠度的测量。梁的挠度值是量测数据中最能反映其总的工作性能的一项指标，因为梁的任何部位的异常变形或局部破坏（开裂）都将通过挠度或在挠度曲线中反映出来。在受弯构件中，主要是测定跨中最大挠度值 f_{max} 及弹性挠度曲线。

为了求得梁的真正挠度 f_{max}，试验者必须注意支座沉陷的影响。对于如图 6-1（a）所示的梁，在试验时由于堆载作用，其两个端点处支座常常会有沉陷，以致梁产生刚性位移。因此，如果跨中的挠度是相对地面进行测定的话，则必须同时测定梁两端支承面相对同一地面的沉陷值，所以最少要布置三个测点，且安装仪器的表架应离开支座一定的距离。

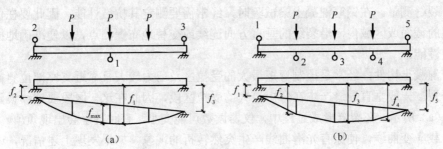

图 6-1　梁的挠度测点布置

对于挠度较大的梁，为了保证测量结果的可靠性，并求得梁在变形后的弹性挠度曲线，则相应的要增加至 5～7 个测点并沿梁的跨间对称布置，必要时应考虑在截面的两侧布置测点，此时各截面的挠度应取两侧仪器读数的平均值。

对于宽度较大的单向板，一般均需在板宽的两侧布点。当在设置纵肋的情况下，挠度测点可按测量梁挠度的原则布置于肋下。

（2）应变测量。梁是受弯构件，试验时要测量由于弯曲产生的应变，一般在梁承受正负弯矩最大的截面或弯矩有突变的截面上布置测点。对于变截面的梁，则应在抗弯控制截面上布置测点（即在截面较弱而弯矩值较大的截面上），有时，也需在截面突然变化的位置上设置测点。

如果只要求测量弯矩引起的最大应力，则只需在该截面上下边缘纤维处安装应变计即可。为了减少误差，上下纤维处的仪表应设在梁截面的对称轴上或是在对称轴的两侧各设一个应变片，以求取平均应变量，如图 6-2（a）所示。

对于钢筋混凝土梁，由于材料的非弹性性质，梁截面上的应力分布往往是不规则的。为了求得截面上应力分布的规律和确定中性轴的位置，就需要增加一定数量的应变测点，一般情况下沿截面高度至少需要布置五个测点，如果梁的截面高度较大时，还可沿截面高度增加测点数量。测点愈多，中和轴位置就能确定得更准确。应变测点沿截面高度的布置可以是等距离的，也可以是外密里疏的，以便比较准确地测得截面上较大的应变，如图 6-2（b）所示。

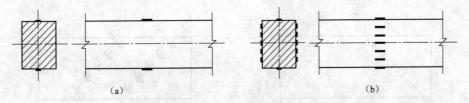

图 6-2　测量梁截面上应变分布的测点布置

（a）测量截面上的最大纤维应变；（b）测量中性轴的位置与应变分布规律

（3）应力测量。一般结构静力试验的主要目的之一是研究结构或构件关键截面的应力分布情况。在试验过程中，截面应力测量主要通过对该截面的应变测试来求得。根据试验测试的需要，受弯构件试验中应力测量主要包括单向应力测量、平面应力测量、梁腹筋应力测量、翼缘与孔边应力测量等。截面应力的测量主要是通过应变片的读数来换算。

为了验证试验测试结果的可靠性，需在试件上布置校核测点，以检测试验过程是否正常，也可用于对试验结果的误差修正。

（4）裂缝测量。在钢筋混凝土梁试验时，经常需要测定其抗裂性能，因此要在估计裂缝可能出现的截面或区域内，沿裂缝的垂直方向连续或交替地布置测点，以便准确地控制测定梁的抗裂性能。

对于混凝土构件，经常是控制弯矩最大的受拉区及剪力较大且靠近支座部位斜截面的位置首先开裂。一般垂直裂缝产生在弯矩最大的受拉区段，因此在这一区段要连续设置测点，如图6-3（a）所示。在裂缝形成过程中，仪器读数可能变小，有时甚至会出现负值。如图6-3所示的荷载应变曲线，使原有光滑曲线产生突然转折的现象。如果发现上述情况，即可判断试件已开裂，则可根据裂缝出现前后两级荷载所产生的仪器读数差值来表示。

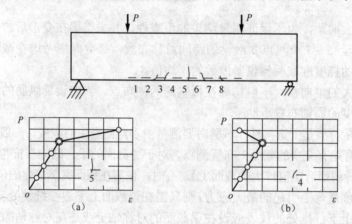

图6-3　由荷载—应变曲线控制混凝土的开裂

（a）应变仪标距跨越裂缝的应变骤增；（b）裂缝在应变仪标距外的应变骤减

当裂缝用肉眼可见时，则其宽度可用最小刻度为0.01mm及0.005mm的读数放大镜测量。

斜截面上的主拉应力裂缝，经常是出现在剪力较大的区段内。对于箱型截面或工字型截面的梁，由于腹板很薄，则在腹板的中和轴或腹板与翼缘相交接的位置上常是主拉应力较大的部位。因此，在这些部分可以设置抗裂的测点，如图6-4所示。由于混凝土的斜裂缝与水平轴成45°左右的角度，则仪器的标距方向应与裂缝方向垂直。

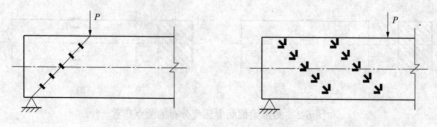

图6-4　钢筋混凝土梁斜截面抗裂测点布置

每一构件中测定裂缝宽度的裂缝数目一般不少于三条，包括第一条出现的裂缝以及开裂最大的裂缝，取其中最大值为最大裂缝宽度值，凡选用测量裂缝宽度的部位应在试件上标明并编号，各级荷载下的裂缝宽度数据则记在相应的记录表格上。每级荷载下出现的裂缝均须在试件上标明，即在裂缝的尾端注出荷载级别或荷载数量。以后每加一级荷载裂缝长度扩展，须在裂缝新的尾端注明相应的荷载，由于卸载后裂缝可能闭合，所以应紧靠裂缝的边缘1~3mm处平行画出裂缝的位置和走向。

试验完毕后，根据上述在试件上的标注绘出裂缝展开图。

6.1.4 压杆和柱的试验

柱是建筑物中的基本承重构件，在实际工程中钢筋混凝土柱大多数是偏心受压构件。

（一）试件安装和加载方法

对于柱和压杆试验可以采用正位或卧位试验的安装和加载方案。若有大型结构试验机条件，试件可在试验机上进行试验，也可以利用静力试验台座上的大型荷载支承设备和液压加载系统配合进行试验。当必须采用卧位试验方案时，在试验中要考虑卧位时结构自重所产生的影响。

在求取柱与压杆纵向弯曲系数的试验中，构件两端均应采用比较灵活的可动铰支座形式。一般采用构造简单效果较好的刀口支座，如图6-5（a）所示，对试验在两个方向有可能产生屈曲时，应采用双刀口铰支座如图6-5（b）所示。圆球形铰支座由于制作困难又不精确，往往不能起完全铰的作用。

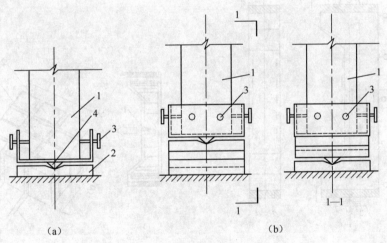

（a）   （b）

图 6-5 柱和墙板压屈试验的铰支座

（a）单向支座；（b）双向支座

1—试件；2—铰支座；3—调整螺丝；4—刀口

中心受压柱安装时一般先将构件进行几何对中，即将构件的轴线对准作用线的中心线。构件在几何对中后再进行物理对中；即加载达20%~40%的试验荷载时，测量构件中央截面两侧或四个面的应变，并调整作用力的轴线，以达到各点应变均匀。在构件物理对中后即进行加载试验。对于偏压试件，也应在物理对中后，沿加力中线标出偏心距离，再把加载点移至偏心距离的位置上进行试验。对钢筋混凝土结构，由于材质的不均匀性，物理对中一般比较难以满足，因此实际试验中仅需保证几何对中即可。

（二）试件项目和测点布置

压杆与柱的试验一般需观测其破坏荷载、各级荷载下的侧向挠度值及变形曲线、控制截面或区域的应力变化规律以及裂缝开展情况。如图 6-6 所示为偏心受压短柱试验时的测点布置。

试件的挠度由布置在受拉边的百分表或挠度计进行测量，与受弯构件类似，除了测量中点最大的挠度值外，可用侧向五点布置法测量挠度曲线。对于正在试验的长柱侧向变形可用经纬仪观测。

受压区边缘布置应变测点，可以单排布点于试件侧面的对称轴线上或在受压区截面的边缘两排对称布点。为验证构件平截面变形的性质，可沿压杆截面高度布置 5～7 个应变测点。受压区钢筋应变同样可以用内部电测方法进行。

为了研究偏心受压构件的实际压区应力图形，可以利用环氧水泥—铝板测力块组成的测力板进行直接测定，见图 6-7。测力板是用环氧水泥块模拟有规律的"石子"所组成。它由四个测力块用 1:1 水泥砂浆嵌缝制成，尺寸为 100mm×100mm×20mm。测力块是由厚度为 1mm 的 Π 型铝板浇注在掺有石英砂的环氧水泥中制成，尺寸为 22mm×25mm×30mm，事先在 Π 型铝板的两侧粘贴 2mm×6mm 规格的应变计两片，相距 13mm，焊好引出线。填充块的尺寸、材料与制作方法与测力块相同。

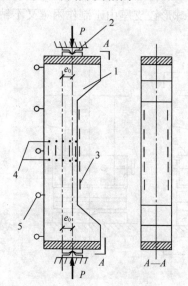

图 6-6 偏压短柱试验测点
1—试件；2—铰支座；3—应变计；
4—应变仪测点；5—挠度计

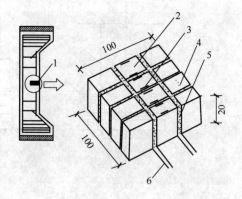

图 6-7 测量区压应力图形的测力板
1—测力板；2—测力块；3—贴有应变计的铝板；
4—填充块；5—水泥砂浆；6—应变计引出线

测力板先在 100mm×100mm×300mm 的轴心受压棱柱体中进行加载标定，得出每个测力块的应力—应变关系，然后从标定试件中取出，将其重新浇注在偏压试件内部，测量中部截面压区应力分布图形。

对于双肢柱试验，除了测量肢体各截面的应变外，尚须测量腹杆的应变，以确定各杆件的受力情况。其中应变测点在各截面上均成对布置，以便分析各截面上可能产生的弯矩。

6.1.5　钢筋混凝土平面楼盖试验

在工业与民用建筑中，楼盖可能是现浇的整体结构，也可能是装配整体结构。为此楼盖试验中试验活荷载的布置和测试工作就必须考虑结构的连续与整体性的特点。

（一）试验荷载布置

（1）板的试验。如果板是简支的单向受弯板，则荷载可按图 6-8 所示布置，对于横向没有联系的装配式板，应同时在被试验的两侧相邻板上施加荷载，取并排的三块板作为受载面积。对于横向连成整体的板，则至少取 $3l$ 的宽度进行加载。

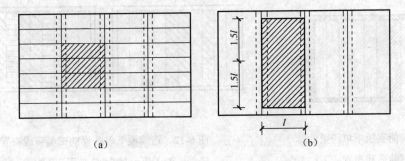

(a)　　　　　　　　　　　　　　(b)

图 6-8　静定简支单向受弯板的荷载布置

（a）横向无联系的装配式板；（b）横向是整体的板

通过以上的荷载布置，才能保证中间板条跨中截面的弯矩和单独的简支板一样，可以不考虑其余板条对它的影响。

对于多跨连续板，为了使被试验的板跨中出现最不利正弯矩，必须在相互间隔的三个板跨上同时施加活荷载，板宽度则仍取 $3l$，如图 6-9（a）所示。如果试验的是边跨板，则可减少一跨加载 [图 6-9（b）]。如果试验目的是求得多跨连续板在支座处的负弯矩，则荷载应按图 6-10 所示布置。

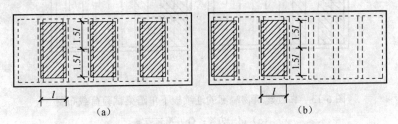

(a)　　　　　　　　　　　　　　(b)

图 6-9　多跨连续板试验跨中最大正弯矩时的荷载布置

（a）试验中间板跨时；（b）试验边跨板时

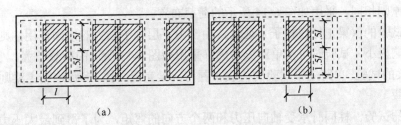

(a)　　　　　　　　　　　　　　(b)

图 6-10　多跨连续板试验支座最大负弯矩时的荷载布置

（a）试验中间跨支座时；（b）试验边跨支座时

（2）次梁的试验。确定次梁试验的荷载面积，除了要考虑次梁本身的连续性外，还要考虑板的情况。简支板下的单跨梁，试验时按图 6-11 所示的面积施加荷载。

连续板下的单跨梁，则需要考虑两种方案：第一种方案适用于板刚度小、梁刚度大的情况。这时板的工作近似于不动铰支座上的连续板，梁 AB 承受最大荷载［图 6-12（a）］。第二种方案适用于板刚度大、梁刚度小的情况。这时梁的挠度较大，连续板在各支座处有一定转角。在第一方案的空挡跨上加荷，结果是梁 AB 承受更大的垂直荷载［图 6-12（b）］。

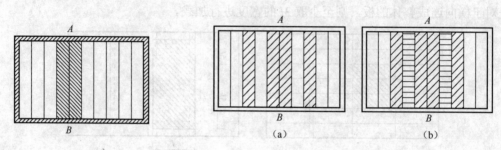

图 6-11　简支板下单跨梁的
　　　　　试验荷载布置

图 6-12　连续板下单跨梁的试验荷载布置
（a）第一方案；（b）第二方案

上述两个加载方案哪一个对梁的工作更为不利，事前往往很难预计。所以在具体试验时，可先按第一方案加载进行观测，然后再在空挡中补加荷载，变为第二方案，再进行观测。比较两个阶段试验结果，取其中较不利的作为分析依据。

如果试验的梁靠近建筑物端部，则可按图 6-13 所示同样分两个阶段进行试验。

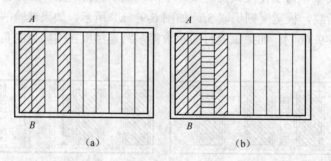

（a）　　　　　　　　（b）

图 6-13　靠近建筑物端部的连续板下单跨梁试验荷载布置
（a）第一方案；（b）第二方案

对于多跨连续的次梁，如果支承次梁的是主梁，则必须考虑次梁本身的连续性。考虑方法和连续板原则相同，采用如图 6-14 所示的荷载布置。

如果被试验的次梁正好在柱子上通过，由于上下层柱子强大的嵌固作用，则其余各跨对试验跨的影响极小，试验时可按单跨梁考虑，采用如图 6-15 所示的荷载布置。

（3）主梁的试验。单跨主梁试验的荷载布置与次梁完全一样。多跨连续主梁则可按图 6-16 布置试验荷载。

（4）柱的试验。柱同时承受轴向压力和两个方向的弯矩，为了得到最大压力，试验荷载应按图 6-17 布置。为了得到最大弯矩，荷载布置应如图 6-16 所示，另一个方向的最大弯矩，也可按同样的布置原则进行。

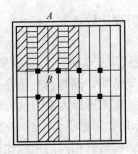

图 6-14　支承在主梁上的多跨连续次梁的荷载布置

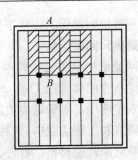

图 6-15　支承在柱上多跨连续次梁的荷载布置

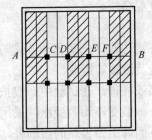

图 6-16　多跨连续主梁的试验荷载布置

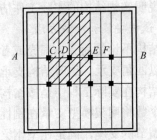

图 6-17　柱子试验荷载布置

在平面楼盖试验时，通常采用重力荷载，试验中常使用水作为重力荷载。

（二）试验观测

钢筋混凝土平面楼盖整体试验通常是非破坏性的。在观测中主要是以结构的刚度及抗裂性为主要鉴定依据，以测定结构梁板的挠曲变形作为衡量结构刚度的主要指标。挠度测点的布置可按一般梁板结构的布置原则来考虑，试验梁板的挠度可在下一层楼内进行布点观测。为考虑支座沉陷影响，可以将仪表架安装在次梁上。

对于已建建筑或受灾结构，为了观测结构受载后混凝土的开裂情况，也必须在加载试验的同时观测结构各部分的开裂和裂缝开展情况，以便更好地说明结构的实际工作状况。

（1）混凝土应力测定。对于混凝土结构原始应力测量，常用结构表面刻槽法来解决。在预定测量区域内画出直径为 d 的范围，在其中贴上 4 个电阻应变计，在距离 1~1.5m 处贴一温度补偿片。记下测量工作片的初始读数后，就在结构表面围绕此区域凿成槽状，如图 6-18所示，此时中央测量部分应力卸为零，然后测读电阻应变计应变数值的变化，根据电阻应变计的数值可计算出主应力的数值及方向。当然也可使用其他类型的应变计进行测量。采用这种方法，在计算应力时需估计材料的弹性模量及泊松比，而且只适用体积较大的构件。

（2）混凝土梁板中钢筋应变测定。在要求测定的梁板上，可先敲去混凝土保护层，选取一两根钢筋，贴上电阻应变计，调整电阻应变仪，使读数为"零"，然后截断钢筋，测定电阻应变计读数改变值即可求得钢筋应力，由于楼板中钢筋数量较多，这

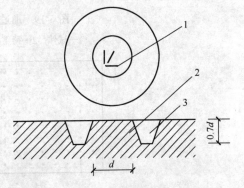

图 6-18　混凝土应力测定表面刻槽法
1—电阻应变计；2—混凝土；3—刻槽

种做法一般不致影响楼板的正常工作。对于梁中钢筋选择时要比较慎重。

6.1.6　薄壳和网架结构

薄壳和网架结构是扩大构件中比较特殊的结构，一般适用于大跨度公共建筑，如近 20 年来我国各地新建的体育馆工程，多数采用大跨度的钢网架结构，同时也开始在工业厂房车间的屋盖体系中使用。对于这类大跨度新结构的发展，一般都需进行大量的试验研究工作。

在科学研究和工程实践中，这种试验一般按照结构实际尺寸用缩小为 1/5～1/20 的大比例模型作为试验对象，但材料、杆件、节点基本上应与实际结构具有相同的相似比例，将这种缩小若干倍的实物结构直接进行计算，并将模型试验值和理论值直接比较，试验出的结果基本上可以说明实物结构的实际工作情况，分析结果非常直观简便。

（一）试件安装和加载方法

薄壳结构不论是筒壳、扁壳或者扭壳之类，一般均有侧边构件，其支承方式与双向平板类似，可以四角支承，这时结构支承可由固定铰、活动铰及滚轴等组成。

网架结构在实际工程中是按结构布置直接支承在框架或柱顶，在试验中一般按实际结构支承点的个数将网架模型支承在刚性较大的型钢圈梁上，一般支座均为受压，采用螺栓做成的高低可调节的支座，固定在型钢梁上，网架支座节点下面焊上带尖端的短圆杆，支承在螺栓支座的顶面，在圆杆上贴有应变计，可测得支座反力。薄壳结构是空间受力体系，在一定的曲面形式下，壳体弯矩很小，荷载主要靠轴向力来承受。壳体结构由于具有较大的平面尺寸，所以单位面积上荷载量不会太大，一般情况下可以用重力直接加载，将荷载分垛铺设于壳体表面；也可以通过壳面预留的洞孔直接悬吊荷载（图 6-19），并可在壳面上用分配梁系统施加多点集中荷载（图 6-20）。在双曲扁壳或扭壳试验中可用控制的三角加载架代替分配梁系统，在三脚架的形心位置上通过壳面预留孔用钢丝悬吊荷重，三脚架的三个支点可用螺栓调节高度。

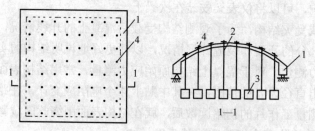

图 6-19　通过壳面预留孔洞施加悬吊荷载

1—试件；2—荷重吊杆；3—荷重；4—壳面预留洞孔

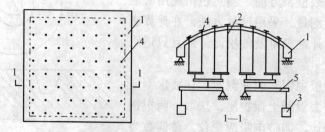

图 6-20　用分配梁杠杆加载系统对壳体结构施加荷载

1—试件；2—荷重吊杆；3—荷重；4—壳面
预留洞孔；5—分配梁杠杆系统

　　在很多试验中都采用水压加载来模拟竖向荷载，为了使网架承受比较均匀的节点荷载，一般在网架上弦的节点上焊以小托盘，其上放置传递水压的小木板，木板按网架的网格形状及节点布置形状而定，要求木板间互不联系，以保证荷载传递作用明确，挠曲变形自由。对于变高度网架或网架上弦有坡度时，尚可通过连接托盘的竖杆调节高度，使荷载作用点在同一水平，便于水压加载。在网架四周用薄钢板、铁皮或木板按网架平面体型组成外框，用专门支柱支承外框的自重，然后在网架上弦的木板上和四周外框内衬以特制的开口大型塑料袋，这样，当试验加载时，水的重量在竖向通过塑料袋、木板直接经上弦节点传至网架杆件，而水的侧向压力由四周的外框承受。由于外框不直接支撑于网架，所以施加荷载的数量直接可由水面的高度来计算，当水面的高度为 30cm 时，即相当于网架承受的竖向荷载为 3kN/m²，图 6-21 所示为网壳结构用水加载时的装置。

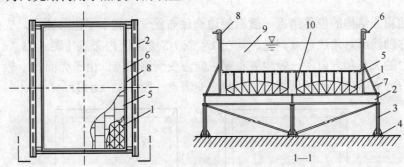

图 6-21　钢网壳试验用水加载试验装置图
1—试件；2—刚性梁；3—立柱；4—试验台座；5—分块式小木板；6—钢板外框；
7—支撑；8—塑料薄膜水袋；9—水；10—节点荷载传递短柱

（二）试验项目和测点布置

　　薄壳结构与平面结构不同，它既是空间结构又具有复杂的表面外形，如筒壳、球壳，双曲抛物面壳和扭壳等，由于受力上的特点，因此它的测量要比一般的平面结构复杂得多。

　　壳体结构通常要观测的内容主要是位移和应变两大类。一般测点按平面坐标系统布置，所以测点的数量较多，如在平面结构中测量挠度曲线按五点分布法，则在薄壳结构中为了量测壳面的变形，即受载后的挠曲面，就需要 5²＝25 个测点。为此通常可以利用结构对称和荷载对称的特点，在结构的 1/2、1/4 或 1/8 的区域内布置主要测点作为分析结构受力特点的依据，而在其他对称的区域内布置适量的测点，进行校对。这样既可减少测点数量，又不影响了解结构受力的实际工作情况。薄壳结构都有侧边构件，为了校核壳体的边界支承条件，需要在侧边构件上布置挠度计来测量它的水平及垂直位移。

　　对于薄壳结构的挠度与应变测量，要根据结构形状和受力特性分别加以研究确定。

　　圆柱形壳体受载后的内力相对比较简单，一般在跨中和 1/4 跨度的横截面上布置位移和应变测点，测量该截面的径向变形和应变分布。如图 6-22 所示的圆柱形金属薄壳在集中荷载作用下的测点布置图。利用挠度计测量壳体与侧边构件受力后的垂直和水平变位，其中以壳体跨中 L/2 截面上五个点为代表，即侧边构件边缘的水平位移，壳体中间顶部垂直位置以及壳体表面上 2 及 2′处的法向位移，并在壳体两端部截面布置测点。利用应变仪测量纵向应力，只要在跨中、L/4 处与两端部截面上布置测点即可，其中两个 L/4 截面和两个端部截面中的一个为主要测量截面，另一个对称截面为校核截面。

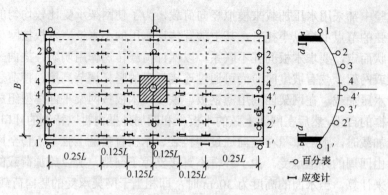

图 6-22　圆柱形金属薄壳在集中荷载作用下的测点布置

对于双曲扁壳结构的位移测点一般沿侧边构件布置垂直和水平位移测点，壳面的挠曲则可沿壳面对称轴线或对角线布点测量，并在 1/4 或 1/8 壳面区内布点〔图 6-23（a）〕。为了测量壳面主应力的大小和方向，一般均需布置三向应变网络测点。由于壳面对 y 轴上剪应力等于零，主应力方向明确，所以只需布置二向应变测点〔图 6-23（b）〕。

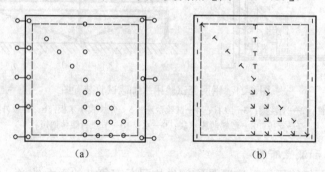

（a）　　　　　　　　　　　（b）

图 6-23　双曲扁壳的测点布置

（a）位移测点布置；（b）应变测点布置

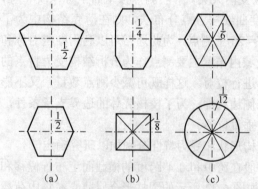

（a）　　　（b）　　　（c）

图 6-24　按网架平面体型特点分区布置测点

网架的挠度测点可沿各向桁架布置在下弦节点。应变测点布置在网架的上下弦杆、腹杆、竖杆及支座竖杆上。由于网架平面体型不一，同样可以利用荷载和结构对称性的特点：对于只有一个对称轴平面的结构，可在 1/2 区域内布点；对于有两个对称轴的平面，则可在 1/4 或 1/8 区域内布点；对于三向正交网架，则可在 1/6 或 1/12 区域内布点。与壳体结构一样，主要测点应尽量集中在某一区域内，其他区域仅布置少量校核测点（图 6-24）。

6.1.7　单层工业厂房整体结构空间工作试验

单层工业厂房是一个由排架、屋盖系统、山墙和柱间支撑系统等组成的空间结构。由于屋面板结构、屋面支撑体系、柱间支撑体系和山墙等的空间作用，在设计中按平面排架进行内力分析与设计显然与结构的实际工作性能不相吻合。

单层厂房整体工作试验的目的在于分析排架受力后厂房整体空间作用的影响程度，以及力沿纵向传播的范围等，以便更加合理地进行结构设计。

（一）试验荷载布置

在实测试验中，经常采用机械加载的方法，通过钢丝绳、滑轮组卷扬机（绞车）及拉力表等在排架柱顶或吊车梁轨顶位置上施加荷载。

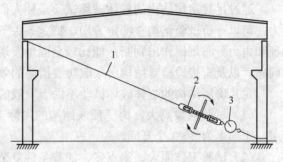

在实际试验中也可以用图 6-25 所示的方法，在排架内采用花篮螺丝通过钢丝绳直接加载于吊车轨顶或柱顶，钢丝绳与地面斜交，荷载数值由拉力表来确定。分析时取其水平分力作用在轨顶或柱顶的荷载。试验荷载的大小可参考厂房吊车横向制动力的数值适当加大，使柱顶或轨顶的位移稍大一些，以便提高测量精度。

图 6-25　单层工业厂房整体工作排架试验加载布置
1—钢索；2—花篮螺丝；3—拉力表

（二）试验观测

仕试验荷载作用下要测定加载柱列（A 列）各柱柱顶的横向水平位移，对于非受载柱列（B 列），一般仅对加载排架的非受载柱柱顶位移进行测量，以便与受载柱的位移进行比较，得到结构的空间效应（图 6-26）。位移测量可以采用百分表和挠度计进行，当位移较大时，测点可以采用经纬仪观测或采用激光位移测试技术进行自动记录。

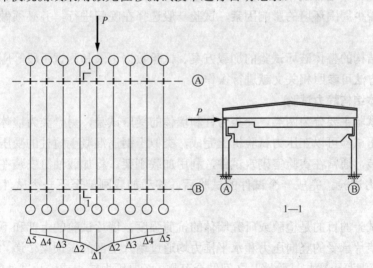

图 6-26　单层工业厂房整体工作各排架位移的测点布置

由于研究工作的需要，可以根据选择的实测试验对象和模型，随着施工进程进行单柱、单榀排架、屋面板安装焊接以及屋面灌缝后的几个阶段的试验研究，以求得排架的单柱刚度、单榀排架刚度等，为结构整体试验分析提供相关的数据。

6.1.8　足尺房屋结构的整体试验

足尺房屋结构的整体试验是近一二十年来国内外结构试验领域中逐渐发展起来的试验方法。任何一个建筑物的整体结构，实际上都是一个空间体系，它的基本空间性能和抗震性能与单个结构构件是有联系但又有区别。为了研究结构的整体工作，就有必要进行足尺房屋的专题试验。

足尺试验研究的主要研究对象为房屋的主体结构，其研究目的是研究结构在某种荷载作用下的整体反应和结构抵御外部荷载的性能，通常用于结构的抗震性能研究。

通过足尺房屋结构的整体破坏试验，使人们能够直接检验房屋结构的承载能力和变形能力；可以评价试验结构在特定方向、特定条件下的抗震能力，能比较直观地对结构的变形特征和内力分布规律作出判断；能比较全面地发现结构构造中的薄弱环节和构造措施上存在的问题，以及直接检验对结构所采取防震措施的效果。

足尺房屋结构的整体破坏试验不同于一般的小构件试验，具有下列特点：

（1）试验对象高大。为了反映结构的实际工作，所确定的试验对象高度大多都是 3～5 层，平面上为 2～3 个开间。

（2）试验工作面大、测点多，加载条件复杂。在试验准备阶段，应详细认真地做好试验前的准备工作，包括试验设备、加载方案、加载时间、试验过程的安全防护和试验人员工作分工等。

（3）试验工作周期长。因此试验受环境温度变化等因素的影响亦大。由于整个试验的准备工作量大，从试验准备、测点布置、仪器调试、荷载准备到正式试验，要涉及多方面的人力、物力和条件。试验周期一般至少需要两三个月，甚至更长，即使是单项试验往往也需要有必要的保护措施。对于受环境影响比较敏感的电阻应变测量，必须做好防潮和温度补偿处理，注意导线分布电容及电磁干扰。对于重要的测点，需要布置不同的观测手段，以便相互校核。为了减少周围环境的影响因素，试验一般选择在晚间进行，并必须做好环境情况的记录。

足尺房屋结构的整体破坏试验的加载方案、试验数据记录和测试手段等应根据试验需要确定，具体的方法可参照相关文献进行操作。

6.1.9 砌体结构静力试验

砌体结构试验主要分为两类，一类为柱和墙体的受压试验，另一类为墙体的受剪试验。砌体短柱的受压试验可以在压力试验机上完成，类似于钢筋混凝土短柱的受压试验。但砌体长柱不便于吊装，通常在实验室砌筑试件，利用加载刚架，将加载油缸安装在刚架横梁上进行砌体长柱静力试验。完成一个试件的试验后，移动加载刚架至下一个试件的位置再进行试验。

砌体墙片试验的目的是检验或研究墙体的抗剪强度。墙片试验的上部和下部均应设置钢筋混凝土梁。墙片承受的竖向压力和水平推力均通过墙片上部的压顶梁传递。制作墙片试件时，应确保钢筋混凝土梁与试验墙片之间结合可靠。竖向压力较小或墙片试件的高宽较大时，应避免钢筋混凝土梁与墙片的结合面上发生剪切破坏。

砌体试件的制作质量宜以《砌体结构工程施工质量验收规范》（GB 50203—2011）的技术要求为基本条件，如砌体的组砌方式，错峰搭接，水平灰缝和竖向灰缝的饱满程度等。过于饱满的灰缝与实际砌体工程不符，会使实验室的试验结果偏高。试验结束后，可对灰缝饱满程度进行检查，并将检查结果写入试验报告。在制作砌体试件时，应同时制作砌体抗压强度和抗剪强度试件，并留置块体和砂浆试件，在进行砌体试验前完成材料性能试验。

砌体试验的测试项目主要为砌体的水平位移和应变。砌体柱试件的水平位移测试方法可参照钢筋混凝土柱静载试验的位移测试方法。砌体试件的应变一般通过测量位移来间接得到。

由砌体本身的特点所决定,受压砌体的应变分布沿砌体高度是不均匀的。试验中,只能在一定高度范围内测量砌体的平均应变。

6.2 结 构 动 力 试 验

6.2.1 概述

在工程结构所受的荷载中,除了静荷载外,往往还会受到动荷载的作用。所谓动荷载,通俗地讲,即是随时间而变化的荷载。如冲击荷载、随机荷载(如风荷载、地震荷载)等均属于动荷载的范畴。从动态的角度来讲,静荷载只是动荷载的一种特殊形式而已。

研究结构在动荷载作用下的变形和内力是个十分复杂的问题,它不仅与动力荷载的性质、数量、大小、作用方式、变化规律以及结构本身的动力特性有关,还与结构的组成形式、材料性质以及细部构造等密切相关。结构动力问题的精确计算相当麻烦,且与实际结果出入较大,因此借助试验实测来确定结构动力特性及动力反应是不可缺少的手段。

对结构进行动力试验的目的即是保证结构在整个使用期间,在可能发生的动荷载作用下能够正常工作,并确保一定的可靠度。结构动力试验主要研究内容包括结构的自振频率、阻尼系数和振型等一些基本参数。结构动力试验包括结构动力特性基本参数(自振频率、阻尼系数、振型等)和结构动力反应的测定,结构疲劳试验,结构抗震试验等。

本节主要讲解动力特性测试试验和疲劳试验。

6.2.2 动力特性测试试验

建筑结构动力特性是反映结构本身所固有的动力性能。它的主要内容包括结构的自振频率、阻尼系数和振型等一些基本参数,也称动力特性参数或振动模态参数,这些参数决定于结构的组成形式、刚度、质量分布、材料性质、构造连接等,与外荷载无关。自振频率及相应的振型虽然可由结构动力学原理计算得到,但由于实际结构的组成、连接和材料性质等因素,经过简化计算得出的理论数值往往存在一定误差。至于阻尼则一般只能通过试验来测定。因此,采用试验手段研究结构的动力特性具有重要的实际意义。

结构动力特性试验是以研究结构自振特性为主,由于它可以在小振幅试验下完成,不会使结构出现过大的振动和损坏,因此经常可以在现场进行结构的实物试验。当然随着对结构动力反应研究的需要,目前较多的结构动力试验,特别是研究地震和风振反应的抗震动力试验,也可以通过实验室内的模型试验来测量它的动力特性。

本节介绍一些常用的结构动力特性试验方法。

（一）振动荷载法

振动荷载法是借助按一定规律振动的荷载,迫使结构产生一个恒定的强迫简谱运动,通过对结构受迫振动的测定,求得结构动力特性的基本参数。

用单质点激振法测量结构自振频率及阻尼比的原理如图 6-27 所示。在结构上选择一个激振点安置激振器,激振器的频率信号由信号发生器产生,经过功率放大器放大后推动激振器激励结构振动。当激励信号的频率与结构自振频率相等时,结构发生共振,这时信号发生器的频率就是试验结构的自振频率,信号发生器的频率由频率计来监测。只要激振器的位置不落在各振型的节点位置上，随着频率的增高即可测得一阶、二阶、三阶及更高阶的自振频率，由于受检测仪表灵敏度的限制，一般仅能测到有限阶的自振频率。另外，对结构影响较大的是前几阶，而高阶的影响较小。

拾振器的布置数目和仪器位置由研究的目的和要求决定。测量前，对各通道进行相对校准，使其对试件的振动检测具有相同的灵敏度。当结构发生共振时，用拾振器同时测量结构各部位的振动图，通过比较各测点的振幅和相位，即可绘出对应于该频率的振型图。若测量参数为速度、加速度或位移，则所得振型图相应地为速度振型、加速度振型、位移振型。但单点激振法仅能用在多个模态，自振频率相距很远的结构。

当采用偏心式激振器时，改变其频率则激振力也将随之改变，因此一般在分析数据时，应首先将激振力换算成恒定的力然后再绘制曲线。换算方法为：由于激振力与激振器频率 ω 的平方成正比，因而可将振幅换算为在相同激振力作用下的振幅，即 A/ω^2，以 A/ω^2 为纵坐标，ω 为横坐标绘制共振曲线如图 6-28 所示，曲线上峰值对应的频率值称之为结构的固有频率，见图 6-28 中 $y_{max}=A/\omega_0^2$。

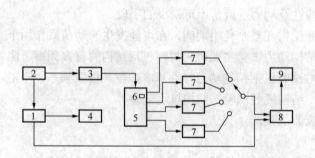

图 6-27　振动荷载法测量原理

1—信号发生器；2—功率放大器；3—激振器；4—频率仪；
5—试件；6—拾振器；7—放大器；8—相位计；9—记录仪

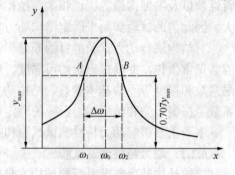

图 6-28　共振曲线

由于作简谐振动结构的整个频率反应曲线受到阻尼值的控制，因而可以从振幅—频率曲线的特性求阻尼系数。求阻尼的最简便方法是带宽法或称半功率法。具体作法是：在纵坐标最大值 y_{max} 的 $\sqrt{2}/2$ 处作一条平行于 x 轴的水平线与共振曲线相交于 A、B 两点，其对应的横坐标即为 ω_1 和 ω_2，则衰减系数 η 和阻尼比 ζ 分别为

$$\eta=(\omega_1-\omega_2)/2=\Delta\omega/2 \tag{6-1}$$

$$\zeta=\eta/\omega \tag{6-2}$$

随着现代电子控制技术的发展，激振器控制系统不断得到改进，稳速和同步性能不断得到提高，这不仅可以比较准确地测得多阶平稳振型系数，而且可以进行扭转和空间振型的测定。近年来我国一些研究单位采用此方法对一系列的高层建筑、水工结构、桥梁、海港、码头、海洋平台、大型储油罐等多项工程进行过动力试验，取得了理想效果。

（二）撞击荷载法

用试验手段施加撞击荷载，常用的方法是对结构预加初位移。试验时，突然释放预加的初位移，使结构产生自由振动。也可用反冲激振器对结构施加冲击荷载；具有吊车的工业厂房，可以利用小车突然刹车制动，使厂房产生横向自由振动。在桥梁上则可借用载重汽车突

然制动或越障碍物产生冲击荷载。在模型试验时可以采用锤击法激励模型产生自由振动。测量有阻尼自由振动时间历程曲线的测量系统如图6-29所示。

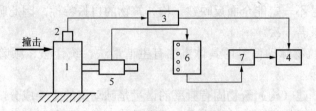

图6-29 自由振动衰减系数测量系统

1—结构物；2—拾振器；3—放大器；4—光线示波记录仪；5—应变式
位移传感器；6—应变仪桥盒；7—动态电阻应变仪

由结构力学可知，有阻尼自由振动的运动方程为

$$x(t) = x_m e^{-\eta t}(\sin \omega t + \varphi) \tag{6-3}$$

图6-30中振幅 α_n 对应的时间为 t_n；α_{n+1} 对应 $t_{n+1}(t_{n+1}=t_n+T, T=2\pi/\omega)$，分别带到式(6-3)，并取对数得

$$\eta = \frac{\ln(\alpha_n/\alpha_{n+1})}{T} \tag{6-4}$$

$$\zeta = \frac{\eta}{\omega} = \frac{\ln(\alpha_n/\alpha_{n+1})}{2\pi} \tag{6-5}$$

式中 η——衰减系数；

ζ——阻尼比。

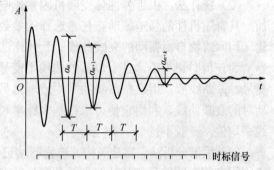

图6-30 自由振动时间历程曲线

为了消除撞击荷载冲击的影响，最初的一、二个波可不作为依据。同时为了提高测量精度，可以取若干周期之和除以周期数得出的均值作为基本周期，振幅取 α_n/α_{n+1}，这时式（6-4）应写作 $1/k \cdot \ln(\alpha_n/\alpha_{n+k}) = \eta T$。

（三）脉动法

利用环境随机激振测定结构动力特性的方法称为脉动法。该方法不用专门的激振设备，而是通过测量建筑物由于外界不规则的干扰而产生的微小振动即"脉动"来确定建筑物的特性。

由随机振动理论可知，当外界脉动的卓越周期接近建（构）筑物的第一自振周期时，在建（构）筑物的脉动图里第一振型的分量必然起主导作用，因而可以从记录图中找出比较光滑的曲线部分直接量出第一自振周期和振型，再经过进一步分析便可求得阻尼特性。如果外界脉动的卓越周期与建（构）筑物的第二周期或第三周期接近时，在脉动记录图中第二或第三振型分量将起突出作用，从而可直接量得第二或第三自振周期和振型。

此外，根据脉动分析原理，脉动记录中不应存在有规则的干扰信号，或仪器本身带来的杂音，因此进行测量时，仪器应避开机器或其他有规则的振动影响，以保持脉动记录信号的"纯洁"性。

脉动测量的测点布置，应将建（构）筑物视作空间体系，沿高度和水平方向同时布置仪器。如仪器数量不足可作多次测量，但应留一台仪器保持位置不变，以便作为各次测量的比较标准。

为获得能全面反映地面不规则运动的脉动记录，要求记录仪具有足够宽的频带。因为每一次记录的脉动信号不一定能全面反映建（构）筑物的自振特性，因此脉动记录应持续足够长的时间并反复记录若干次。

分析建（构）筑物脉动信号的具体方法有主谐量法、统计法、频谱分析法和功率谱分析法。

（1）主谐量法。建（构）筑物固有频率的谐量是脉动里的主要成分，在脉动记录图上可以直接测量出来。凡是振幅大、波形光滑（即有酷似"拍"现象）处的频率总是多次重复出现。如果建（构）筑物各部位在同一频率处的相位和振幅符合振型规律，那么就可以确定此频率就是建（构）筑物的固有频率。通常基频出现的机会最多，比较容易确定。对一些较高的建（构）筑物，有时第二、第三频率也可能出现。若记录时间能放长些，分析结果的可能性就会大一些。若欲画出振型图，应将某一瞬时各测点实测的振幅变换为实际振幅绝对值（或相对值），然后画出振型曲线。

（2）统计法。由于弹性体受随机因素影响而产生的振动必定是自由振动和强迫振动的叠加，具有随机性的强迫振动在任意选择的多数时刻的平均值为零，因而利用统计法即可得到建（构）筑物自由振动的衰减曲线。具体作法是：在脉动记录曲线上任意取 y_1，y_2，…，y_n，当 y_i 为正值时记为正，且 y_i 以后的曲线不变号；当 y_i 为负值时变为正，且 y_i 以后的曲线全部变号。y_i 曲线后，用这些曲线的平均值画出另一条曲线，这条曲线便是建（构）筑物自由振动时的衰减曲线。利用它便可求得基本频率和阻尼。用统计法求阻尼时，必须有足够多的曲线平均值，一般不得少于 40 条。

（3）频谱分析法。将建（构）筑物脉动记录图看成是各种频率的谐量合成。由于建（构）筑物固有频率的谐量和脉动源卓越频率处的谐量为其主要组成部分，因此用傅里叶级数将脉动图分解并作出其频谱图，则在频谱图上建（构）筑物固有频率处和脉动源卓越频率处必然出现突出的峰点。一般在基频处是非常突出的，而二频、三频有时也很明显。

（4）功率分析法。假设建（构）筑物的脉动是一种平稳的各态历经的随机过程，且结构各阶阻尼比很小，各阶固有频率相隔较远。则可以利用脉动振幅谱（均方根谱）的峰值确定建（构）筑物的固有频率和振型，并用各峰值处的半功率带宽确定阻尼比。具体作法是：将建（构）筑物各个测点处实测所得到的脉动信号输入到信号分析仪进行功率谱分析，以得到各个测点的脉动振幅谱（均方根谱）$\sqrt{G_g(f)}$ 曲线（图 6-31）。然后即可通过对振幅谱曲线图的峰值点对应的频率进行综合分析，以确定各阶固有频率 f_i，并根据振幅谱图上各峰值处的半功率带宽 Δf_i 确定系统的阻尼比 ζ_i

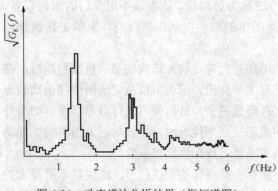

图 6-31　功率谱法分析结果（振幅谱图）

$$\zeta_i = \Delta f_i / 2 f_i (i = 1, 2, 3, \cdots) \tag{6-6}$$

由振幅谱曲线图的峰值可以确定固有振型幅值的相对大小，但还不能确定振型幅值的正负号。为此可以将某一测点，如将建（构）筑物顶层的信号作为标准，将各测点信号分别与标准信号作互谱分析,求出各个互谱密度函数的相频特性$\theta_{kg}(f)$。若$\theta_{kg}(f)=0$,则两点同相;若$\theta_{kg}(f)=\pm\pi$,则两点反相。这样便可根据各测点振幅的相对大小和正负号绘出结构的各阶段振型图。功率谱分析的具体方法可参考专门文献。

6.2.3 疲劳试验

结构或材料受重复荷载作用后其物理力学性能将发生变化,其强度极限将低于相同静荷载作用下的极限值,这种现象称为结构或材料的疲劳,因此也可以分为结构疲劳试验和材料疲劳试验,结构疲劳试验可采用液压脉动疲劳试验机进行(见图 6-32),材料疲劳试验可用微机伺服疲劳试验机完成(见图 6-33)。从材料学的观点来看,疲劳破坏是材料损伤累积而导致的一种破坏形态。金属材料的疲劳有以下特征:

(1)交变荷载作用下,在构件的交变应力远低于材料静力强度的条件下有可能发生的疲劳破坏;

(2)在单调静载实验中表现为脆性或塑性的材料,发生疲劳破坏时,宏观上均表现为脆性断裂,疲劳破坏的预兆不明显;

(3)疲劳破坏具有显著的局部特征,疲劳裂纹扩展和破坏过程发生在局部区域;

(4)疲劳破坏是一个累积损伤的过程,要经历足够多次导致损伤的交变应力才会发生疲劳破坏。

图 6-32　液压脉动疲劳试验机　　　　　图 6-33　微机伺服疲劳试验机

对结构而言,它既有材料的疲劳问题又有结构本身的疲劳问题。例如在钢筋混凝土结构中有钢筋的疲劳、混凝土的疲劳以及这两种材料组成的构件的疲劳等。结构的疲劳试验按其受力状况不同,可分为压力疲劳、弯曲疲劳和扭转疲劳试验;按试验机产生的脉冲信号的大小,可分为等幅疲劳和变幅疲劳试验;此外还有环境疲劳试验,如在腐蚀性环境下的疲劳试验、高温或低温下的疲劳试验、加压或真空等条件下的疲劳试验。不同条件下的疲劳试验有不同的疲劳效应,试验结果也各有特点。

常规疲劳试验的典型特点是试验结构受到交替变化但幅值保持不变的荷载的多次反复作用。这种受力条件显然不同于结构静力试验。常规疲劳试验也不同于结构低周反复荷载试验。在常规疲劳试验中,反复荷载的次数以百万次计,且荷载的幅值明显小于结构的破坏荷载,但随着循环次数的增加,结构会出现挠度增加及刚度损失增大等,如图 6-34 所示。有时,将常规疲劳荷载试验称为高周疲劳试验以区别于为其他目的而进行的低周疲劳试验。

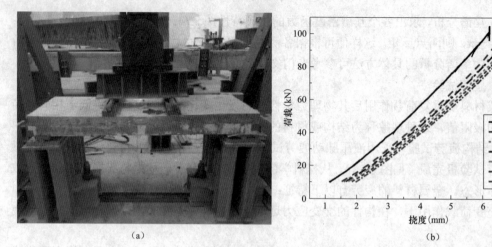

（a）　　　　　　　　　　　　　　　　　（b）

图 6-34　组合板疲劳加载试验

（a）加载装置；（b）荷载-挠度曲线

（一）结构疲劳试验的目的

结构疲劳试验的直接目的是确定结构的疲劳极限，为了获得结构疲劳极限值，必须对结构施加重复荷载，并测定结构达到疲劳破坏时荷载的重复次数。

结构所能承受的荷载重复次数及应力达到的最大值均与应力的变化幅度有关。研究表明，在一定应力变化幅度下，应力与重复荷载作用次数的增加不再会引起结构的疲劳破坏。该疲劳应力值称疲劳极限应力，结构设计时必须严格按照疲劳极限应力进行设计。

结构疲劳试验按试验目的的不同也可分为研究性试验和检验性试验两类。

（二）结构疲劳试验的方法

结构疲劳试验一般均在专门的疲劳试验机上进行，进行疲劳试验的主要设备为疲劳试验机，有时也采用电液伺服作动器或偏心轮式起振机对结构构件施加疲劳荷载。两种加载设备都有各自的优点和适用范围，但一般认为前者能耗太大、设备昂贵，后者又过于简单，可控制性较差。在结构实验室中，大多还是采用疲劳试验机—脉冲千斤顶对结构构件进行疲劳试验，亦可以模拟结构构件在使用阶段不断重复加载和卸载的受力状态。

（1）疲劳试验荷载。疲劳荷载的描述由三个参量构成，即最大荷载 Q_{max}、最小荷载 Q_{min} 和平均荷载 Q_m。在钢筋混凝土构件的鉴定性试验中，根据短期荷载标准组合产生的最不利内力确定疲劳试验的最大荷载 Q_{max}，最小荷载 Q_{min} 根据疲劳试验机的要求而定，如 AMSLER 脉冲试验机取用的最小荷载不得小于脉冲千斤顶最大动负荷的 3%。对于钢结构构件和某些钢纤维混凝土构件，疲劳试验多采用应力控制，相应的试验控制参量为最大应力 σ_{max}、最小应力 σ_{min} 和平均应力 σ_m。其中，与结构或构件性能密切相关的控制参量为应力幅值 $\sigma_a = (\sigma_{max} - \sigma_{min})/2$，应力幅度 $\Delta\sigma = 2\sigma_a$，应力比 $\rho = \sigma_{min}/\sigma_{max}$ 和应力水平 $S = \sigma_{max}/f$ 等（f 为构件材料的静力强度），相关参数的关系如图 6-35 所示。对这类构件进行疲劳试验时，常根据应力水平、应力比等控制参量计算疲劳试验的最大荷载和最小荷载。

（2）疲劳荷载的频率选择。疲劳试验荷载在单位时间内重复作用的次数即称荷载的频率。荷载的频率将影响材料的塑性变形和徐变。此外，疲劳荷载的频率过高将对疲劳试验附属设施带来不良影响。目前对频率要求尚无统一规定，主要依据疲劳试验机的性能而定。但为了保证构件在疲劳试验荷载下不致发生共振，构件的稳定振动范围应远离共振区，疲劳试验的加载频率一般为 200～400 次/min。有人认为，当应力水平在 0.7～0.75 以下时，加载频率在 1～10Hz 之间对混凝土或钢的疲劳试验结果影响很小。疲劳试验的时间较长，以 400 次/min 的加载频率计算，完成 200 万次疲劳试验所需的时间为 83.5h，如果降低加载频率，试验时间更长。考虑到试验成本，应在疲劳试验机容许的加载频率范围内选用较快的加载频率。

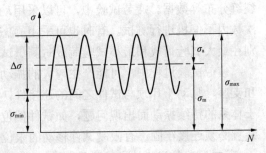

图 6-35　循环应力各量之间的关系

（3）疲劳试验加载程序。疲劳试验的加载程序可归纳为两种。一种是对构件从头到尾施加重复荷载；另一种是静荷载和疲劳荷载交替施加。对检验性疲劳试验，可根据"混凝土构件质量检验与评定标准"推荐的等幅度疲劳加载程序进行。等幅疲劳试验加载程序包括静荷载试验、重复加载疲劳试验和静荷载破坏试验三个阶段。

1）静荷载试验阶段。在静荷载试验前先预加载，加载值为 20%Q_{max}，以消除支座等连接件之间的不良接触，并检查测试仪表是否已进入正常工作状态以及其他准备工作是否就绪等。

静荷载试验的加载程序与一般静力试验基本相同，荷载等级按 20%Q_{max} 分级，分五级加至 Q_{max}，然后按同样等级卸载至零荷载，在加载或卸载过程中，经过荷载最小值 Q_{min} 时均应增设一个级次。

2）疲劳试验阶段。疲劳试验期间应保持荷载上、下限值的稳定，其误差不宜超过最大荷载的±3%。在试验过程中还应有计划地停机进行静态测点读数，停机宜在重复加载到 1 万次、10 万次、50 万次、100 万次 200 万次和 400 万次时进行。

3）破坏试验阶段。在达到要求的疲劳次数后，有时需要进一步将试件加荷载至破坏为止。这时的加载有两种情况，一是继续施加疲劳荷载直至破坏，得出承受疲劳荷载的极限次数；二是继续做静荷载破坏试验，得出其极限承载力。静荷载试验的方法同前，但荷载级距可以适当加大。

对于鉴定试验，一般在完成规定次数的疲劳荷载后，检查构件的各性能指标是否满足要求，疲劳试验即告结束。而研究型疲劳试验在完成预定次数的疲劳加载后，往往会再进行静力试验。

（三）疲劳试验测试内容

疲劳试验中的观测内容与静载试验中的观测内容基本相同，主要包括构件的变形、应变分布以及裂缝的变化。与常规静载试验不同之处疲劳试验所获取的数据一般都是以荷载相同为前提条件，测试数据随循环次数的变化反映出结构或构件的变化，也就是结构或构件的疲劳性能。由于疲劳试验循环次数多，时间长，为避免测试传感器因疲劳而发生故障，多采用非接触式的位移传感器测试试件的变形，如采用差动变压器式的位移传感器。应变测量一般采用电阻应变片，但电阻应变片的安装比常规静载试验要求更高，电阻应变片的生产厂家可以提供专门用于疲劳试验的电阻应变片和专用胶水。

在 200 万次的疲劳试验中，一般每 10 万次采集一次数据，记录最大变形、最大应变以及裂缝分布等数据。疲劳试验中，可以采用动态测试仪器和仪表测量试验数据，在规定的循环次数内不停机进行测试。有时也可采用静态测试仪器仪表，测量时，采用静力加载方式，分别在最大试验荷载和最小试验荷载时测量试验数据。

疲劳试验过程中，可能产生较大的振动。安装脉动千斤顶的加载刚架，安装试件的支架和支座、脉动千斤顶与试件之间的连接件，甚至连接脉动千斤顶和疲劳试验机油管都可能由于体系的持续振动而出现问题，如试件偏位，支座移位或连接部位松动等。因此，整个试验装置必须连接牢固，有限制试件移动的限位装置，因此试件安装时应仔细对中。

（四）疲劳试验的安装装置

承受疲劳荷载的试件，所受重复荷载的次数至少都在 200 万次以上，连续进行试验的时间很长，试验过程所受振动也很大，因此试件的安装就位、试验装置和安全防护措施均须认真对待，以防发生安全事故。在具体工作中应做到：

（1）严格要求对中。荷载架上的分配梁、脉冲千斤顶、试验构件、支座以及中间垫板都要对中，特别是千斤顶轴心一定要同构件截面纵轴在一条直线上。

（2）保持平稳。疲劳试验的支座最好是可调的，即使构件不够平直也能调正安装位置，使之保持水平。千斤顶与试件之间，支座与支墩之间，构件与支座之间都要严格找平。用砂浆作找平层时不宜过厚，因为厚砂浆层易压酥。

（3）安全防护措施。疲劳破坏通常是脆性断裂，事先没有明显预兆。为防止发生安全事故，必须设置安全支架、支墩等防护措施。

6.3　结构抗震试验

6.3.1　概述

建筑抗震动力试验的主要目的是通过试验手段获取结构在地震作用试验环境下的结构性能，主要包括结构的自振周期、振型、能量耗散、阻尼比、滞回性能和破坏特征等。

根据我国住房和城乡建设部颁布的《建筑抗震试验规程》（JGJ/T 101—2015）的规定，结构抗震试验方法可分为四类：结构拟静力试验、结构拟动力试验、模拟地震振动台试验和原型结构动力试验。其中，拟静力试验包括混凝土结构、钢结构、砌体结构、组合结构的构件及节点抗震基本性能试验以及结构模型或原型在低周反复荷载作用下的抗震性能试验；结构拟动力试验是指试验机和计算机联机以静力试验加载速度模拟实施结构地震反应动力试验；模拟地震振动台试验是用专用的地震模拟振动台模拟地震时结构在地面加速度运动激励下的动力试验；对于原型动力试验，《规程》建议采用环境脉动激振、小火箭激振、人工爆破激振或偏心式机械激振器激振等方法，侧重于结构动力特征试验。

6.3.2　拟静力试验

拟静力试验方法是目前研究结构或构件抗震性能应用最广泛的试验方法，它是采用一定的荷载控制或变形控制对试件进行低周反复加载，使试件从弹性阶段直至破坏的一种试验方法。拟静力试验又称为低周反复加载试验或伪静力试验，一般给试验对象施加低周反复作用的力或位移，来模拟地震对结构的作用，并评定结构的抗震性能和能力。由于拟静力试验实质上是用静力加载方式模拟地震对结构物的作用，因而在试验过程中可以随时停下来观测试件的开裂和破坏状态，并可根据试验需要改变加载历程。但是试验的加载历程是研究者事先主观确定的，与实际地震作用历程无关，不能反映实际地震作用时应变速率的影响，存在局限性，但利用静载试验的结果可以在一定程度上推断结构的抗震性能，且试验设备相对简单，试验费用相对较小，因而在工程中应用非常广泛。

（一）目的

结构在遭遇强烈地震时，结构已经进入明显的非弹性工作阶段。结构的非弹性性能体现在多方面，包括材料的屈服、塑性铰的形成、结构内力重分布和局部破坏等。而工程结构的抗震设计与这些非弹性性能，特别是结构的延性和耗能性有十分密切的关系。目前，已有的结构理论体系还不能完全预测结构在遭遇地震时的非弹性行为，因此，通过结构试验掌握结构性能，就成为完善结构理论的一个重要环节。

低周反复荷载试验得到的典型试验结果为荷载—位移曲线，与单调静力荷载下的位移曲线不同，在反复荷载作用下，曲线形成滞回环，又称为滞回曲线。试验研究的目的是通过这些滞回曲线对结构或构件做出抗震性能评价，或通过这些曲线掌握它们在地震作用下的力学规律，进而总结归纳形成结构或构件的抗震设计方法。

（二）试验对象的选取

任何建筑物的抗震性能都取决于主要承重结构和构件的抗震性能，因而在拟静力试验中，其试验对象通常选择各种结构的主要承重结构、构件和连接节点。对于钢筋混凝土或钢框架，梁、柱即为最基本的单元，而对整体结构安全具有决定性作用的则是柱，因此，常常选取柱为试验对象。对于钢筋混凝土柱，试验研究中，考虑混凝土强度等级，纵向钢筋和箍筋，截面形式，剪跨比等因素的影响。对于砌体结构，主要承重单元为墙体。在砌体结构的抗震试验中，常选墙体为试验对象。钢结构有不同的连接方式和节点构造，节点是钢结构抗震试验的主要对象之一。有时，也进行单层或多层框架结构以及剪力墙结构的低周反复荷载试验。

（三）试验装置及加载装置

试验装置是使被试验结构或构件处在预期受力状态的各种装置的总称。其中，加载装置的作用是将加载设备施加的荷载分配到试验结构；支座装置准确地模拟被试验结构或构件的实际受力条件或边界条件；观测装置包括用于安装各种传感器的仪表架和观测平台；安全装置用来防止试件破坏时发生安全事故或损坏设备。与常规结构静力试验不同的是，在低周反复荷载试验中，要求试验荷载能够反复连续变化，能够容许被试验结构产生较大的变形。此外，低周反复荷载试验以掌握结构抗震性能为主要目的，被试验结构的受力条件一般不同于静力试验中的结构受力条件。下面简要介绍几种常用的试验装置。

如图 6-36 所示的墙体结构试验装置，常用来进行钢筋混凝土剪力墙或砌体剪力墙的低周反复荷载试验。而图 6-37 所示是一种梁式构件试验装置，注意到往复作动器施加反复荷载，试验梁的支座也要承受反复荷载。

图 6-38 所示为框架结构中的梁柱节点试验装置，在这个试验装置中，柱的上下两端不能够产生水平位移，但能够自由转动，模拟框架柱反弯点的受力状态。柱下端的千斤顶施加荷载，使柱产生轴向压力。安装在梁两端的两个往复作动器同步施加反复荷载，模拟地震作用下的框架节点受力状态。图 6-39 所示的是另一种节点的试验装置，在这种试验装置中，框架柱的上端可以产生水平位移，当柱上端产生水平位移时，安装在柱上端的千斤顶施加的竖向力对柱产生附加弯矩，这种附加弯矩在结构设计和分析中称为 P—Δ 效应。

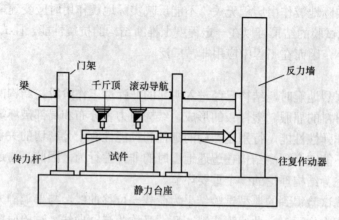

图 6-36　墙体结构试验装置

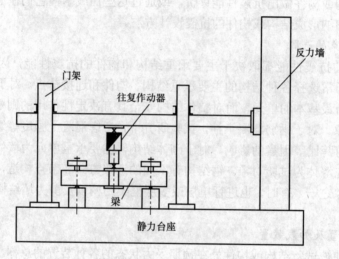

图 6-37　梁式构件试验装置

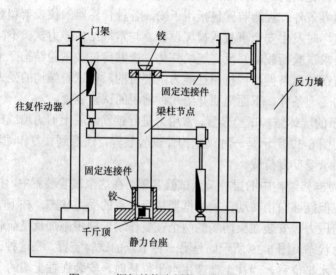

图 6-38　框架结构中梁柱节点试验装置

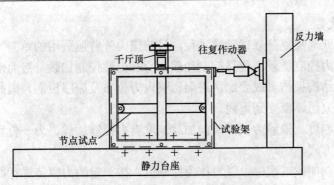

图 6-39　另一种框架节点试验装置

　　图 6-40 所示为一种柱式构件试验装置，由水平往复作动器施加水平荷载，竖向荷载由两个竖向作动器施加。由于柱的上端没有转动约束，柱的上端弯矩为零，被认为是柱的反弯点。图 6-41 所示为另一种框架柱试验装置，这种试验装置通过一个四连杆装置使水平加载横梁始终保持水平状态，框架柱的上端不发生转动，反弯点位于框架柱的中点。这种试验装置常用来进行考虑剪切效应的框架柱反复荷载试验。

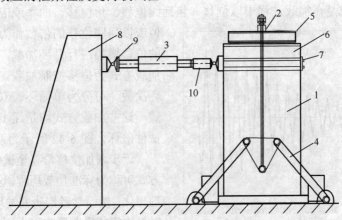

图 6-40　悬臂式墙柱试验装置

1—试件；2—竖向荷载千斤顶；3—推拉千斤顶；4—仿重力荷载架；5—分配梁；
6—卧架；7—螺栓；8—反力墙；9—铰；10—测力计

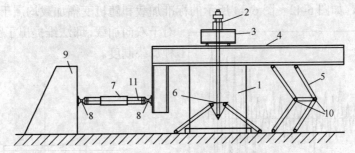

图 6-41　约束上部转动的墙柱试验装置

1—试件；2—竖向荷载千斤顶；3—分配梁；4—L 型杠杆；5—平行连杆机构；6—仿重力荷载架；
7—推拉千斤顶；8—铰；9—反力墙；10—联结铰；11—测力计

（四）加载制度

加载制度决定低周反复荷载试验的进程，目前国内外普遍采用的单向（一维）反复加载制度主要有三种：力控制加载，位移控制加载，力—位移控制加载。然而地震具有多维性，不同方向的地震使结构损伤形成叠加，进而影响内力分布及屈服机制，因此近些年对于结构多维地震反应的研究已逐步受到重视。

（1）单向加载制度。拟静力试验单向加载制度有力控制加载、力—位移控制加载、位移控制加载三种加载方式。

力控制加载是在加载过程中，以力作为控制值，按一定的力幅值进行循环加载。因为试件屈服后难以控制加载力，所以这种加载制度较少单独使用。

力—位移混合控制加载是先以力控制进行加载，当试件达到屈服状态时改用位移控制，直至试件破坏。《建筑抗震试验规程》（JGJ/T 101—2015）规定：试件屈服前，应采用荷载控制并分级加载，接近开裂和屈服荷载前宜减少级差加载；试件屈服后应采用变形控制，变形值应取屈服时试件的最大位移值，并以该位移的倍数为级差进行控制加载；施加反复荷载的次数应根据试验目的确定，屈服前每级荷载可反复一次，屈服以后宜反复三次。

位移控制加载是在加载过程中以位移（包括线位移、角位移、曲率或应变等）作为控制值或以屈服位移的倍数作为控制值，按一定的位移增幅进行循环加载，目前国内外主流加载方式为位移控制加载。根据每级荷载循环次数，可分为单循环、双循环及三循环加载，这些加载方式均是逐步增加位移量直至试件破坏，图 6-42 所示为双循环加载。

逐步增加位移量直至试件破坏，这种加载方式可称为标准加载历程，这种加载方式较为理想化，然而学者们研究发现，随机变幅加载对结构损伤机制影响较大，且更符合实际地震工况，图 6-43 所示为随机变幅加载制度。

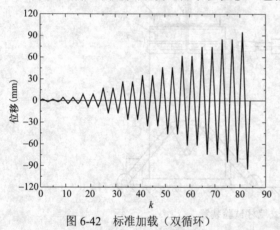

图 6-42　标准加载（双循环）

（2）双向加载制度。一维加载制度的特点是只需要作动器或千斤顶沿着一个方向施加水平荷载即可完成，如图 6-42～图 6-44 所示的标准加载和随机变幅加载均属于一维加载制度。

对于双向加载，邱法维提出了图 6-45 所示的 6 种加载制度。

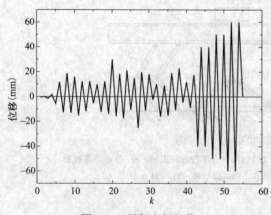

图 6-43　随机变幅加载

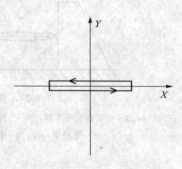

图 6-44　一维加载（单向加载）

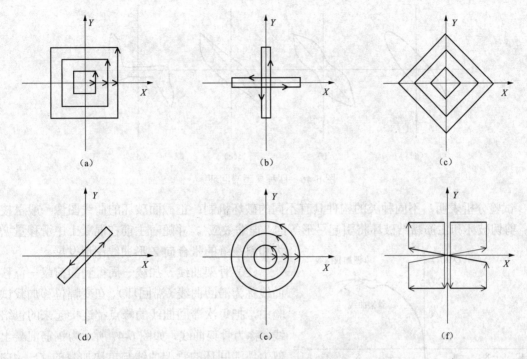

图 6-45 二维加载（双向加载）

（a）回形加载；（b）十字形加载；（c）菱形加载；（d）斜向加载；（e）圆形加载；（f）蝶形加载

（五）测点布设与数据采集

在低周反复荷载试验中，结构受到反复荷载作用，测点的数据也交替反复变化，测点的布设必须考虑这一特点。测试数据要求能够反映被试验结构在每一个荷载循环中的力学性能，数据采集量大，对数据采集速度有较高的要求。在试验中，测点的应力状态交替变化，各方向加载过程中的受压区在另一个加载（反向加载）过程变成受拉区，受拉开裂可能使电阻应变计失效。因此在低周反复荷载试验中，如果采用连续加载方式，应保证传感器，放大器和记录设备都能够连续工作。

反复荷载试验中采集的数据通常经过转换后存入计算机。在试验过程中，由控制加载系统的计算机向控制数据采集的计算机发出同步信号，指挥数据采集系统与加载系统同步工作。

（六）滞回曲线和骨架曲线的主要特征

（1）曲线图形。根据构件恢复力特性研究结果，构件的滞回曲线可归纳为如图 6-46 所示的四种基本形态。其中图 6-46（a）所示为梭形，包括受弯、偏压以及不发生剪切破坏的弯剪构件等；图 6-46（b）所示为弓形，它反映了一定的滑移影响，有明显的"捏缩"效应，例如剪跨比较大，剪力较小并配有一定箍筋的受弯构件和偏压剪构件等均属于此类；图 6-46（c）所示为反 S 形，它反映了更多的滑移影响，包括一般框架和有剪刀撑的框架、梁柱节点和剪力墙等；图 6-46（d）所示为 Z 形，它反映了大量的滑移影响，包括小剪跨且斜裂缝又可以充分发展的构件以及锚固钢筋有较大滑移的构件等。

在许多构件中，往往曲线图形开始是梭形，然后发展到弓形、反 S 形或 Z 形。因此，有人把后三种都算作反 S 形。

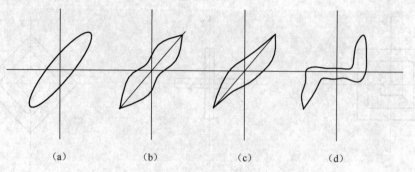

图 6-46　四种典型滞回环

　　试验分析表明，不同种类的构件具有不同的破坏机制：正截面破坏的曲线图像一般呈梭形；剪切破坏和主筋黏结破坏将引起弓形等的"捏缩效应"，并随着主筋在混凝土中滑移量增大和斜裂缝的张合向 Z 形曲线图形发展。

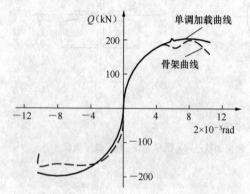

图 6-47　骨架曲线与单次加载曲线

　　（2）骨架曲线。加载一周得到的荷载—位移曲线称为滞回曲线（滞回环）。在变幅位移加载试验中，把每次滞回曲线的峰点都连接起来的包络线，称为骨架曲线，如图 6-47 所示为钢筋混凝土剪力墙滞回环的骨架曲线与单次加载的 Q—Δ 曲线对比图。可以看出，骨架曲线的形状基本与单次加载曲线相似、但极限荷载则略低一点。

　　在研究非线性地震反应时，骨架曲线是很重要的。它是每次循环加载达到的水平力最大峰值的轨迹，反映了构件受力与变形的各个不同阶段及特性（强度、刚度、延性、耗能及抗倒塌能力等），是确定恢复力模型中特征点的依据。

　　（3）强度。由骨架曲线可以看出，构件在开裂前，荷载与位移呈线性，此时构件处于弹性阶段；构件开裂后，由于刚度降低，Q—Δ 曲线出现了第一个转折点，此时构件处于弹塑性阶段；构件屈服后，刚度进一步降低，Q—Δ 曲线出现第二个转折点，此时构件已处于塑性阶段。

　　对于有明显屈服点的构件，在试验过程中，当试验荷载达到屈服荷载后，构件的刚度将出现明显的变化，即构件的荷载—变形曲线上出现明显拐点。此时，相应于该点的试验荷载为屈服荷载变形称为屈服变形。

　　构件加载至极限荷载后，曲线出现较大变形，并开始进入下降段。通常取极限荷载下降至 85% 时所对应的荷载值作为破坏荷载，变形为极限变形。

　　（4）刚度。从 Q—Δ 曲线可以看出，刚度与应力水平和反复次数有关，在加载过程中刚度为变值，为了地震反应分析需要，常用割线刚度代替切线刚度。在非线性恢复力特性试验中，由于有加、卸载和正、反向加载等情况，再加上有刚度退化现象，因此刚度问题要比一次加载复杂得多。在进行刚度分析时，可取每一循环峰点的荷载及相应的位移与屈服荷载及屈服位移之比，即将其无量纲化后再绘出骨架曲线，经统计可得弹性刚度、弹塑性刚度以及塑性刚度。关于卸载刚度及反向加载刚度均可由构件的恢复力模型直接确定。

　　（5）延性。延性系数是表示结构构件塑性变形能力的指标，在结构塑性分析中经常采用

延性系数来表示结构构件抗震性能的好坏，即

$$\mu = \Delta u / \Delta y \qquad (6\text{-}7)$$

确定截面的塑性转动比较复杂，需要了解塑性区段长度、弯矩变化以及弯矩—曲率关系。在实际工作中，采用挠度（或位移）和曲率延性系数表达结构构件的抗震性能比较方便。

（6）耗能。目前对构件的耗能能力没有统一的评定标准，常用等效黏滞阻尼系数与功比指数来表示。

等效黏滞阻尼系数（图 6-48）

$$h_e = \frac{1}{2\pi} \cdot \frac{ABC\text{图形面积}}{OBD\text{三角形面积}} \qquad (6\text{-}8)$$

功比指数

$$I_w^s = \frac{\sum Q_i \Delta_i}{Q_y \Delta y} \qquad (6\text{-}9)$$

当构件没有达到要求的延性指标时，等位移多次加载可导致低周疲劳破坏。试验表明，即使一次地震引起的最大位移小于规范允许的最大位移值，但在多次地震后，由于能量不断耗散引起的损伤积累效应仍会导致构件破坏。

（七）恢复力特性的模型化

恢复力模型的建立是结构构件非线性地震反应分析的基础。双线型和三线型均是表达稳态的菱形滞回曲线的模型，区别在于后者考虑了开裂对构件刚度的影响，从而与试验曲线更符合一些。但它们都不能反映钢筋混凝土（或砌体）构件的一个重要特点：刚度退化现象。退化现象是导致构件低周疲劳破坏的一个主要因素。

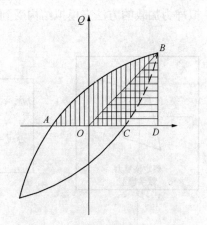

图 6-48　等效黏滞阻尼系数计算

Clough 模型是表达刚度退化效应的一种双线型模型，而 D-TRI 模型则是考虑退化效应的一种三线型模型。因此，对于具有菱形刚度退化的滞回曲线，这两种模型都能较好地反映这一特点。而上述四种模型均不能反映钢筋混凝土构件的另一特点：滞回曲线的滑移性质。日本学者谷资信通过对有剪刀撑框架的恢复力特性试验，发现在极限荷载的 60%～70% 以内，同一位移幅值在 2～3 次循环加载下，出现的滞回曲线（环）比较稳定。若把这些滞回环用无量纲形式表示，即把力和位移坐标改成 Q/Q_0 及 Δ/Δ_0 加以标准化后，在上述荷载范围内滞回环将趋近于标准特征环（NCL）。

综上所述，拟静力试验方法的优点是：设备简单，可做大比例模型试验，便于试验全过程观测，也可随时修正加载制度或检查仪器工作情况。它的缺点是不能与地震记录发生联系，加载程序都是事先主观确定的，也不能反映出变速率对结构材料强度的影响。由于加荷速度越慢，引起结构或构件材料的应变速率越低，则试件强度和弹性模量亦相应降低，故拟静力试验结果偏于保守。

6.3.3　拟动力试验

拟动力试验又称计算机—加载器联机试验，是将计算机的计算和控制与结构试验有机

地结合在一起的试验方法。它与采用数值积分方法进行的结构非线性动力分析过程十分相似，与数值分析方法不同的是结构的恢复力特性不再来自数学模型，而是直接从被试验结构上实时测取。拟动力试验的加载过程是拟静力的，但它与拟静力试验方法存在本质的区别。拟静力试验每一步的加载目标（位移或力）是已知的，而拟动力试验每一步的加载目标是由上一步的测量结果和计算结果通过递推公式得到的，而这种递推公式是基于试验结构的离散动力方程，因此试验结果代表了结构的真实地震反应，这也是拟动力试验优于拟静力试验之处。

对于一个具体的结构或某一种具体的结构形式，发生地震时，结构受到的惯性力与结构本身的特征有关，地震模拟实验就是要模拟结构受到的这种惯性力。如前所述，地震模拟振动台试验可以模拟结构遭遇的地震作用。但是，受台面尺寸和设备能力所限，地震模拟振动台试验中，结构模型的尺寸往往很小，结构构件的局部性能往往很难模拟。要解决这一问题，只有加大结构模型的尺寸，用其他方式模拟结构受到的惯性力。结构拟动力试验方法就是用拟静力加载的方法来模拟结构受到地震作用的一种试验方法。

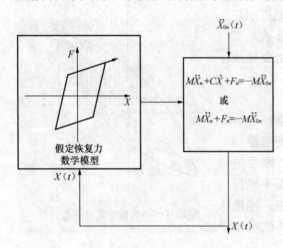

图 6-49　计算机数值分析控制实验加载

拟动力试验的方法是由计算机进行数值分析并控制加载，即由给定地震加速度记录通过计算机进行非线性结构动力分析，将计算得到的位移反应作为输入数据，并控制加载器对试验结构进行试验。这种方法需要在试验前假定结构的恢复力特性模型，其工作框图如图 6-49 所示。

从图 6-49 可以看出，拟动力试验除需进行地震反应计算外，完全可利用拟静力试验的设备。因此，在试验方法上除加载制度不同外，其他与拟静力试验相同。但假定的恢复力模型是否符合结构实际情况，有待于用试验结果来证实。人们通常将这种试验方法称为计算机—加载器联机加载试验。

工程结构在遭遇地震时，往往只有结构的一部分进入非弹性反应阶段。利用结构拟动力试验的特点，可以只对结构非弹性反应部分进行试验，而另一部分结构的弹性反应可以通过计算机求解。具体有关拟动力试验的计算分析原理参见相关资料表述。

（一）结构拟动力试验的步骤

拟动力试验（即计算机—加载器联机加载试验）的一般试验步骤可归纳为（以单自由度为例）：

（1）给计算机输入某一确定性的地震地面运动加速度。

（2）计算机输入第 n 步的地面运动加速度 $\ddot{X}_{0n}$、恢复力 F_n、位移 X_n 及第 $n-1$ 步的位移 X_{n-1}，由运动微分方程 $M\ddot{X}_n+C\dot{X}+F_n=-M\ddot{X}_{0n}$ 或 $M\ddot{X}_n+F_n=-M\ddot{X}_{0n}$ 求得第 $n+1$ 步的指令位移 X_{n+1}。

（3）加载器按指令位移 X_{n+1} 对结构施加荷载。

（4）在施加荷载的同时，加载器上的荷载传感器和位移传感器分别量测结构的恢复力

F_{n+1} 和加载器活塞行程的位移反应值 X_{n+1}。

（5）重复上述步骤，按输入第 $n+1$ 步的地面运动加速度 $\ddot{X}_{0n+1}$、恢复力 F_{n+1}、位移 X_{n+1} 及第 n 步的位移 X_n，求得第 $n+2$ 步的位移 X_{n+2} 和恢复力 F_{n+2}，并继续进行加载试验，直至输入地震加速度时程所指定的时刻。

图 6-50 所示为联机试验计算机加载流程框图。整个试验加载连续循环进行，全部由计算机程控操作进行。

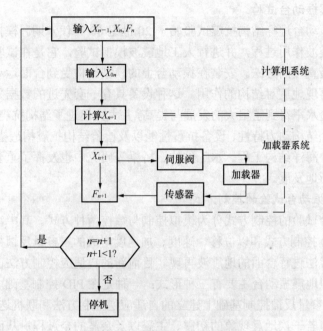

图 6-50　联机实验计算机加载流程框图

（二）结构拟动力试验方法的误差分析

拟动力试验的误差可分为系统误差和随机误差。系统误差是导致试验结果出现系统偏差的误差来源，主要包括计算模型误差、逐步积分方法误差和计算机接受信息与试验实际反映之间的误差等。典型的随机误差是仪器仪表和控制系统的电子噪声引起的测试误差，这类误差受试验环境影响，与系统元器件的精度等因素有关。因此，减小随机误差的主要途径是提高系统元件的精度、可靠性和抗干扰能力。

（三）结构拟动力试验方法的前景展望

拟动力试验的优点是：可以比较缓慢地再现地震时结构的反应，以便观察到结构破坏的全过程；可以获得比较详细的试验数据；可做大比例模型试验。其缺点是：

（1）不能实时再现真实的地震反应，不能反映出应变速率对结构材料强度的影响。

（2）实际反映所产生的惯性力是用加载器来代替。因此，只适用于离散质量分布的结构。

（3）在联机试验中，除控制运动方程的数值积分外，还必须正确控制试验机，正确测定变位和力。即要求采用与计算机相同精度水准的加载系统，这对有些试验是很困难的。为了使联机试验成功，必须将数值计算方法、试验机控制方法、变位和力的量测方法与试验模型的性状相协调，切实选定其组合关系。

拟动力试验分析方法是一种综合性试验技术，虽然它的试验设备庞大，分析系统复杂。

但它是一种很有前途的试验方法。目前，我国已有许多单位开展了拟动力试验方法的研究与应用，包括中国建筑科学研究院、清华大学、哈尔滨建筑大学、湖南大学、西安建筑科技大学和重庆建筑大学等单位。研究的对象从构件、子结构体系到整体结构等；加载方式有单自由度、等效单自由度和多自由度；采用的数值方法有线性加速度法、中央差分法和隐式无条件稳定的方法等；在加载控制软件的编制和试验误差抑制方面都达到了很高的水平。

6.3.4　模拟地震振动台试验

利用模拟地震振动台进行结构抗震试验始于 20 世纪 60 年代末期。模拟地震振动台可以实时地再现各种地震波作用过程，并进行人工地震波模拟试验，它是在试验室中研究结构地震反应和破坏机理最直接的方法。安装在振动台上的模型结构受到台面运动的加速度作用，产生惯性力，从而再现地震对结构的作用。这种设备具有一套先进的数据采集与处理系统，从而使结构动力试验水平得到了很大的发展与提高，并大大促进了结构抗震研究工作的开展。它还可以应用于研究结构动力特性、设备抗震性能以及检验结构抗震构造措施等方面。另外，它在原子能反应堆、海洋结构工程、水工结构、桥梁等研究中也发挥了重要的作用，而且其应用的领域仍在不断地发展。

（一）模拟地震振动台试验的控制方式

模拟地震振动台试验的控制方式分为模拟控制与数控两种方式。其中，前者又分为以位移控制为基础的 PID 控制方式和以位移、速度、加速度组成的三参量反馈控制方式。数控方式主要采用开环迭代法进行台面的地震波再现。目前新的自适应控制方法已经在电液伺服控制中有所应用。模拟地震振动台主要有三种形式：一种是在 PID 控制基础上进行的连续校正PID；另两种是在三参量反馈控制基础上建立的自适应逆控制方法和联机迭代法。

振动台可以模拟若干次地震现象的初震、主震以及余震的全过程，从而表现试验结构在相应各个阶段的力学性能及破坏特征，它可以按照人们的要求，借助于人工地震波的输入，模拟在任何场地上的地面运动特性，便于进行结构的随机振动分析。

进行抗震性能研究时，应选用强震记录波形，如爱尔—逊特罗波、塔飞特波、海西纳斯波，或国内的天津波、唐山波等。一般试验时都是选用与场地土卓越周期相近的波作为输入波，也可根据需要或参照相近的地震记录作出人工地震波输入。有时为了检验设计是否正确，也可按规范的谱值仿造人工地震波。

（二）模拟地震振动台试验加载程序

加载程序可分为一次加载和多次加载，加载程序选择由试验目的来确定。

一次性加载过程：一般是先进行自由振动试验，测量结构的动力特性。然后输入一个适当的地震记录；连续记录位移、速度、加速度、应变等动力反应，并观察裂缝的形成和发展过程，以研究结构在弹性、弹塑性和破坏阶段的各种性能，如强度、刚度变化、能量吸收能力等。这种加载过程的主要特点是可以连续模拟结构在一次强地震中的整个表现与反应，但是对试验过程中的量测和观察要求较高（要求高速摄影或电视摄像），破坏阶段的观测又比较危险，因此在没有足够经验的情况下很少采用这种加载方法。

多次加载：主要是将荷载按结构初裂、中等开裂和破坏分成等级，然后荷载由小到大逐级加载和观察，多级加载对结构将产生变形积累的影响。

由于模拟地震振动台可以实时地再现地震作用过程，因此可以很好地反映变速率对结构材料强度的影响。它的缺点是：设备昂贵，不能做大比例模型试验，不便于试验全过程观测。

（三）模拟地震振动台试验的实施与数据采集

模拟地震振动台试验是一种高速动态试验，试验中采集的数据主要包括模型结构各测点的加速度、位移和应变。其中，最重要的测试数据是各楼层的加速度数据。因为通过实测的加速度，可以推断各楼层所受的惯性力作用。加速度传感器为绝对传感器，可将其直接安装在模型结构的各个楼层位置。为了准确测量模型结构基底的加速度，除在振动台台面安装加速度传感器外，在模型结构基底也应安装加速度传感器。

位移传感器为相对传感器，在振动台试验中，要设置位移传感器安装支架，安装支架应有足够的刚度且不受振动台运动的影响。将位移传感器固定在安装支架上，测量模型结构与安装支架之间的相对位移。

此外，由于试验速度快，模型结构的损伤和破坏过程的观测和记录应由图像采集系统自动完成。

模拟地震振动台试验为破坏性试验，可以得到模型结构倒塌破坏时的有关数据，例如，倒塌前各楼层的惯性力分布。因此，实验时要采取可靠的安全措施，一方面防止人员受到伤害，另一方面，还要保护测量仪表，避免不必要的损失。

6.3.5 人工地震模拟结构动力试验

在结构抗震研究中，可利用各种静力和动力试验加载设备对结构进行加载试验，尽管能够满足部分模拟试验的要求，但是都有一定的局限性。对于各种大型结构、管道、桥梁、坝体以至核反应堆工程等进行大比例或足尺模型试验，都会受到一定的限制，甚至根本无法进行。为此，解决原场地真型结构动力抗震试验的激振手段是迫切而必要的。

人们试图采用环境脉动激振、小火箭激振、人工爆破激振或偏心式机械激振器激振等方法产生动力效应来模拟某一烈度或某一确定性天然地震对结构的影响，对大比例模型或足尺结构进行动力试验，并已在实际工程试验中得到实践。

（一）人工地震模拟结构动力试验的动力反应问题

从实际试验中人们发现，人工地震与天然地震之间尚存在着一定的差异：

（1）人工地震（炸药爆破）加速度的幅值高、衰减快、破坏范围小；

（2）频谱特性分析，人工地震的主频率高于天然地震；

（3）人工地震的主震持续时间一般在几十毫秒至几百毫秒，比天然地震的持续时间短得很多。

从实际地震反应比较，当天然地震烈度 7 度时，地面加速度最大值平均为 0.1g，一般房屋就已造成相当程度的破坏，但是人工爆破地面加速度达到 1.0g 时才能引起房屋的轻微破坏。显然这是由于天然地震的主振频率比爆破地震的主频率更接近于一般建筑结构的自振频率，而且天然地震振动作用的持续时间长，衰减慢，所以能造成大范围的宏观破坏。

为了消除对建筑结构所引起的不同动力反应和破坏机理的这种差异，达到用爆破地震模拟天然地震并得到满意的结果，对于解决频率的差异可以采取下列措施：

（1）缩小试验对象的尺寸，可以提高被试验对象的自振频率，一般只要将试验对象比真型缩小 2~3 倍，由于缩小比例不大，可以保留试验对象在结构构造和材料性能上的特点，保持结构的真实性。

（2）将试验对象建造在覆盖层较厚的土层上，可以利用松软土层的滤波作用，消耗地震波中的高频分量，相对提高低频分量的幅值。

（3）增加爆心与试验对象的距离，使地震波的高频分量在传播过程中有较大的损耗，相对提高低频分量的影响。

结构进行抗震试验时，要求能获得较大的振幅和较长的持续时间，若采用人工爆破激振法，由于炸药的能量有限，不可能像天然地震那样有很大的振幅和较长的持续时间。如果震源中心与试验对象距离远，这时地震波的持续时间延长，但振幅会衰减下降。在人工地震模拟动力加载的荷载设计时，提出用地面质点运动的最大速度的幅值作为衡量标准。

从国内外试验资料和爆破试验数据分析来看，利用炸药爆破所产生的地震波进行建筑结构的抗震研究是可以取得满意的试验结果的。

（二）人工地震模拟结构动力试验的测量技术问题

人工地震模拟结构动力试验与一般结构动力试验在测试技术上有许多相似之处，但也有其比较特殊的部分（以人工爆破模拟结构动力试验为例）：

（1）试验中主要是测量地面与建筑物的动态参数，而不是直接测量爆炸源的一些参数，所以要求测量仪器的频率上限选在结构动态参数的上限，一般在一百赫兹至几百赫兹，就可以满足动态测量的频响要求。

（2）爆破试验中干扰影响严重，特别是爆炸过程中所产生的电磁场干扰，这对于高频响应较好，灵敏度较高的传感器和记录设备尤为严重。为此可以采用低阻抗的传感器，并尽可能地缩短传感器至放大器之间连接导线的距离，进行屏蔽和接地。

（3）爆破地震波作用下的结构试验，整个试验的爆炸时间较短。有时记录下的波形不到一秒钟，所以动应变量测中可以用线绕电阻代替温度补偿片，这样既节省电阻应变计和贴片工作量，又提高了测试工作的可靠性。

（4）结构和地面质点运动参数的动态信号测量，由于爆炸波作用时间很短，在试验中采用同步控制进行记录，对于输入振子示波器的信号，只能用同步控制，在起爆前 2～3s 开始触发走纸。对于磁带记录仪由于其工作时间可达几个小时，可以事先使仪器一直处于开机记录状态，等待信号输入。

在爆破地震波作用下的结构试验，具有不可重复性的特点，因此试验计划与方案必须周密考虑，试验量测技术必须安全可靠，必要时可以采用多种方法同时测量，才能获得试验成功并得到预期效果。

6.3.6　天然地震结构动力试验

在频繁出现地震的地区或是在地震预报短期内可能出现较大地震的地区，有目的地建造一些试验性的房屋，或在已建的房屋上安装强震仪或测震仪器，一旦发生地震时可以得到房屋的反应，这都属于天然地震的结构动力试验。

（1）在地震频繁地区或高烈度地震区，有目的地采取多种方案的房屋结构加固措施，当发生地震时，可以根据震害分析了解不同加固方案的效果。这时，虽然在结构上不设置任何仪表，但由于量大面广，所以也是很有意义的。此外，也可结合新建工程，有意图地采取多种抗震措施和构造，以便发生地震时进行震害分析。应该指出，作为天然地震结构动力试验的房屋尚需具备必要的技术资料：

1）场地土的土层钻探资料；

2）试验结构的原始资料：竣工图纸，材料强度，施工质量记录；

3）房屋结构历年检查及加固改建的全部资料，包括结构是否开裂，裂缝发展情况等；

4）本地区的地震记录。

自从唐山地震以来，我国一些研究机构已在若干地震高烈度区有目的地建造了一些房屋，作为天然地震结构动力试验的对象。

（2）一次破坏性的地震也是一次大规模的真型结构动力试验，最重要的是应该做好地震前的准备工作和地震后的研究工作，以便取得尽可能多的资料。

地震发生时，以仪器（强震仪）为测试手段，观测地面运动的过程和建筑物的动力反应，以获得第一手资料的工作，称为强震观测。强震观测的任务如下：

1）取得地震时地面运动过程的记录——地震波，为研究地震影响场和烈度分布规律提供科学资料；

2）取得建筑物在强地震作用下振动过程的记录，为结构抗震的理论分析与试验研究以及设计方法提供客观的工程数据。

天然地震结构试验的最好布置是在结构的地下室或地基上安置一台强震仪来测量输入的地面运动，同时在结构上部安置一些仪器以测量结构的反应。

强震观测工作自 1932 年美国制成世界上第一台强震仪以来，引起地震工程界的很大重视。许多地震工程和抗震理论的重大突破都与强震观测的成果密不可分，它对地震工程的科研工作起到了有效的推动作用。显然，现有抗震理论的进一步发展也有待于强震观测工作取得新的成果。

我国在 1966 年邢台地震以来，强震工作已有了较大的发展。目前已应用我国自己生产的多通道强震加速度仪，在全国范围内布设了百余台的强震仪。多年来，我国已取得了一些较有价值的地震记录。例如 1976 年的唐山地震，京津地区记录到一些较高烈度的主震记录，然后，以唐山为中心布设的流动观测网，又取得了一批较高烈度的余震记录。

我国自 1966 年邢台地震以来，强震工作已有了较大的发展。目前已应用我国自己生产的多通道强震加速度仪，在全国范围内布设了百余台的强震仪。多年来，我国已取得了一些较有价值的地震记录。例如 1976 年的唐山地震，京津地区记录到一些较高烈度的主震记录，然后，以唐山为中心布设的流动观测网，又取得了一批较高烈度的余震记录。2008 年的汶川大地震及余震过程中，我国数字强震动台网获得了大量且高质的地震动记录，这些数据为往后的规范修订及抗震研究均提供了重要参考，如《建筑抗震设计规范》的修订、长周期地震动特征衰减的研究以及远场地震动特性研究等。

（3）天然地震试验场是为了观测结构受地震作用的反应而建造的专门试验场地，在场地上建造试验房屋，这样运用一切现代化的手段取得结构在天然地震中的各种反应。

本 章 小 结

本章系统介绍了结构静力试验、结构动力试验和结构抗震试验的试验目的、试验加载方案和试验测试项目。其中结构静力试验重点介绍了试验前的准备工作和几种常见的静力试验；结构动力试验重点介绍了结构动力特性的测试和结构疲劳试验；结构抗震试验重点介绍了结构拟静力试验和拟动力试验以及振动台试验的基本原理和方法。

复习思考题

6-1　试简述结构静力试验在试验前的主要准备工作。

6-2　在静力试验过程中，常用的加载方法有哪些？

6-3　在受弯构件和轴心受压构件的静力试验中，其测试的重点有何不同？

6-4　在结构动力试验过程中，如何测试结构的基本动力参数？

6-5　在什么情况下，必须进行结构的疲劳试验测试？

6-6　常用的结构抗震试验方法有哪些？

6-7　在进行结构拟静力试验中，常用的加载方法有哪些？

6-8　结构拟动力试验的基本试验步骤是什么？

第7章 结构耐久性试验

7.1 概　　述

结构混凝土抵抗环境介质作用并长期保持其良好的使用性能和外观完整性，从而维持混凝土结构的安全、正常使用的能力称为耐久性。混凝土耐久性的主要表征有抗渗性、抗冻性、抗侵蚀性、碳化、碱骨料反应。

自混凝土产生以来，就以其原材料来源广泛、强度高、可塑性好、成本低等优点被普遍应用在房建工程、桥梁工程、水利及其他工程中，随着社会的发展和科学技术的进步，环境污染也成为人类面临的一大重要问题，在空气和水中都产生了大量的腐蚀性物质，对混凝土结构的使用寿命造成了很大影响。

近几十年以来，国内外屡次发生因混凝土结构耐久性不足而造成的结构功能提前失效甚至破坏崩塌的事故，造成了巨大的经济损失，危及人类的生命和财产安全。

结构耐久性试验涉及的内容非常多，本章着重讨论氯盐侵蚀试验、冻融试验、碳化试验、抗渗试验、碱-骨料反应试验的相关内容和试验操作。

7.2 氯盐侵蚀试验

钢筋混凝土结合了混凝土和钢筋的优点，造价较低、性能良好，是土木工程设计的首选材料。然而，钢筋混凝土往往因为钢筋锈蚀而开裂从而提前失效，未能达到预计的服役寿命。氯盐侵蚀是导致钢筋锈蚀的主要原因。当混凝土中钢筋表面的 Cl^- 含量达到某一极限值以后，钢筋表面的钝化膜破坏，露出铁基体，形成腐蚀电池，金属铁变成铁锈，体积膨胀至原钢筋体积的 2～10 倍，混凝土保护层发生开裂破坏，结构承载能力降低，并逐步劣化破坏。

在氯离子侵蚀或大气环境下，混凝土内部钢筋易发生锈蚀，从而降低结构的服役性能、影响结构安全，最终导致结构的使用寿命不能满足设计要求，因此氯离子扩散规律是混凝土结构耐久性研究中极为重要的内容之一。

7.2.1 氯离子扩散模型

氯离子通过混凝土内部的微裂缝、孔隙从周围环境向混凝土内部传递。氯离子侵入混凝土的方式主要有：

毛细管作用：氯离子随水一起通过连通毛细孔向内部迁移；

渗透作用：由于水压力的存在，氯离子从压力较高的地方向压力较低处移动；

扩散作用：由于浓度差的存在，氯离子从浓度高的地方向浓度低的地方移动；

对流作用：由于干湿交替，在湿度梯度的作用下，氯离子发生对流；

电化学迁移：由于电位差的存在，氯离子从电位低的地方向电位高的地方移动。

在上述 5 种方式中，氯盐侵蚀混凝土的最主要方式是通过溶于混凝土孔溶液内的氯离子扩散，因此大多数研究都是基于 Fick 第二定律展开的。Fick 第二定律较简洁，且和实测结果之间吻合度较高，现在已经成为预测氯离子在混凝土中扩散的经典方法。

假定混凝土中的孔隙分布是均匀的，氯离子在混凝土中扩散是一维扩散行为，浓度梯度仅沿着暴露表面到钢筋表面方向变化，Fick 第二定律可以表示为

$$\frac{\partial C_{Cl}}{\partial t} = \frac{\partial}{\partial \chi}\left(D_{Cl}\frac{\partial C_{Cl}}{\partial \chi}\right) \tag{7-1}$$

式中 C_{Cl} ——氯离子浓度，%，一般以氯离子占水泥或混凝土重量百分比表示；

t ——时间，年；

χ ——位置，cm；

D_{Cl} ——扩散系数，$mm^2/年$。

7.2.2　氯离子对钢筋的腐蚀机理

（1）局部酸化、破坏钝化膜。水泥中含有可溶性的钙、钠、钾等碱金属氧化物，这些氧化物在水泥水化时，会与水反应生成碱性很强的氢氧化物，从而为钢筋提供了一个对其非常有利的碱性环境（pH 值为 12～13）。在这样的环境下，钢筋表面就会生成一层致密的"钝化膜"，分子和离子很难穿过。

碱性环境下，钢筋表面形成钝化膜是一个电化学的反应过程。

首先，OH^- 发生氧化反应，失去电子，生成水和活性氧原子，即

$$2OH^- \rightarrow [O] + H_2O + 2e^-$$

随后，反应生成的[O]吸附于金属表面，由于金属的电子流动性较强，[O]夺取电子形成氧离子，从而在金属表面产生高压电和双电层，即

$$[O] + 2e^-（金属中）\rightarrow O^{2-}$$

在双层电力场的作用下，氧离子有可能挤入金属离子晶格之中，也有可能会把金属离子拉出金属表面，与其形成金属氧化物。

阳极区的电化学综合反应式为

$$2OH^- + Fe \cdot FeO + H_2O + 2e^- \rightarrow 2OH^- + Fe \cdot Fe(OH)_2 + 2e^-$$

通过上述反应，钢筋的表面会形成一层致密的金属氧化膜，即钝化膜。钝化膜在高碱性条件下非常稳定，能够对钢筋锈蚀起到很好的保护作用。然而，一旦 pH 值降低，钝化膜就会开始破坏。当 pH<10 时，生成钝化膜已经十分困难。而氯离子的存在能够迅速降低 pH 值，使钝化膜剥落进而导致钢筋的锈蚀。

（2）形成腐蚀电池。当氯离子浓度较高且在混凝土表面大面积存在时，可能引起均匀腐蚀，但是在不均匀的混凝土中，局部腐蚀更为常见。氯离子半径较小，活性较强，可以通过钝化膜的缺陷处渗透，从而将其击穿，露出铁基体，和未受破坏的钝化膜形成电位差，构成腐蚀电池，即铁基体作为阳极，钝化膜作为阴极。这种腐蚀电池形成了小孔腐蚀，且发展十分迅速。

（3）去极化作用。Cl^- 不仅可以形成腐蚀电池，还可以促进电池的作用。阳极反应产生的 Fe^{2+} 会和 Cl^- 结合生成 $FeCl_2$（即绿锈），绿锈可溶，可以及时地被搬走，从而露出铁基体作为阳极，形成腐蚀电池，继续进行腐蚀。

阳极产生的 $FeCl_2$ 可溶，向外扩散时会和 OH^- 结合生成 $Fe(OH)_2$ 沉淀（褐锈），再经过氧

化成铁的氧化物,就是常见的铁锈。在整个过程中,Cl⁻起到了搬运作用,本身不会被消耗,而被循环利用。

(4)降低混凝土电阻。离子通道是形成腐蚀电池的必要条件之一。混凝土孔溶液中本身存在的 Na^+、Ca^{2+} 参与了离子导电,而氯离子的侵入加速了电化学反应过程,提高了腐蚀电池的效率。同时,氯离子提高了混凝土吸收湿气的效应,也降低了腐蚀电池的电阻。

7.2.3 快速氯离子迁移系数法

快速氯离子迁移系数法(RCM法)是一种检测水泥基材料中氯离子扩散性能的实验方法,原理是利用外加电场的作用使试件外部的氯离子向试件内部迁移。经过一段时间后,将该试件沿轴向劈裂,在新劈开的断面上喷洒硝酸银溶液,根据生成的白色氯化银沉淀测量氯离子渗透的深度,以此计算出混凝土氯离子扩散系数。

(一)试件及处理

(1)试件尺寸为 ϕ100mm×50mm,试样制备时,应标明混凝土成形面的方向;

(2)骨料最大粒径不宜大于25mm,试件成型后应立即用塑料薄膜覆盖并移至标准养护室,(24±2)h 内拆模并浸没于标准养护室的水池中;

(3)试验前,将靠近浇筑面的试件端面作为暴露于氯离子溶液中的试验面;

(4)本试验采用 3 个试件为一组。

(二)试验步骤

(1)试验室温度应控制在 20~25℃。

(2)将试件从养护池中取出来,擦干试件表面多余的水。用游标卡尺测量试件的直径和高度,精确至 0.1mm。将试件在饱和面干状态下置于真空容器中进行真空处理。在 5min 内将真空容器中的绝对压强减少至 1~5kPa,保持 3h,在真空泵仍然运转的情况下,将用蒸馏水或去离子水配制的饱和氢氧化钙溶液注入容器,并将试件浸没。在试件浸没 1h 后恢复常压,继续浸泡(18±2)h。

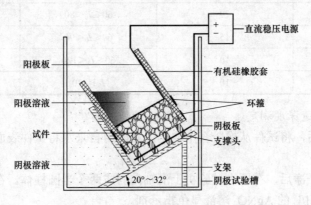

图 7-1 RCM 装置示意图

(3)试件安装在 RCM 试验装置(图 7-1)之前,应采用电吹风冷风挡将试件吹干,表面应该干净,无油污、灰砂和水珠。RCM 试验装置的试验槽在试验前应用室温饮用水冲洗干净。

(4)试件和 RCM 试验装置准备好以后,应将试件装入橡胶套底部,应在与试件齐高的橡胶套外侧安装两个不锈钢环箍,每个箍高出液位 20mm,应拧紧环箍上的螺栓至扭矩(30±2)N·m,使试件的圆柱侧面处于密封状态。

（5）把装有试件的橡胶套安装到试验槽中，安装好阳极板。在橡胶筒中注入约300mL浓度为0.3mol/L的NaOH溶液，使阳极板和试件表面均浸没于溶液中。在阴极试验槽中注入12L质量浓度为10%的NaCl溶液，直至其液面与橡胶筒中的NaOH溶液的液面齐平。试件安装完毕后，将电源的阳极（正极）用红色导线连至橡胶筒中阳极板，阴极（负极）用蓝色或黑色的导线连至试验槽电解液中的阴极板。

（6）打开电源，将电压调整到（30±0.2）V，记录通过每个试件的初始电流。

（7）后续试验应施加的电压根据施加30V电压时测量得到的初始电流值所处的范围决定。应根据实际施加的电压，记录新的初始电流。按照新的初始电流值所处的范围，确定试验应持续的时间，见表7-1。

（8）按照温度计或者电热偶的显示读数，记录每一个试件阳极溶液的初始温度。

（9）试验结束时，应测定阳极溶液的最终温度和最终电流。

表7-1　　　　　　　　　　　初始电流、电压与试验时间的关系

初始电流 I_{30v}（用30V电压）（mA）	施加的电压 U（调整后）（V）	可能的新初始电流 I_0（mA）	试验持续时间 t（h）
$I_0<5$	60	$I_0<10$	96
$5\leqslant I_0<10$	60	$10\leqslant I_0<20$	48
$10\leqslant I_0<15$	60	$20\leqslant I_0<30$	24
$15\leqslant I_0<20$	50	$25\leqslant I_0<35$	24
$20\leqslant I_0<30$	40	$25\leqslant I_0<40$	24
$30\leqslant I_0<40$	35	$35\leqslant I_0<50$	24
$40\leqslant I_0<60$	30	$40\leqslant I_0<60$	24
$60\leqslant I_0<90$	25	$50\leqslant I_0<75$	24
$90\leqslant I_0<120$	20	$60\leqslant I_0<80$	24
$120\leqslant I_0<180$	15	$60\leqslant I_0<90$	24
$180\leqslant I_0<360$	10	$60\leqslant I_0<120$	24
$I_0\geqslant360$	10	$I_0\geqslant120$	6

（三）氯离子渗透深度测定

（1）断开电源后，将试件从橡胶套中取出，立即用自来水将试件表面冲洗干净，擦去试件表面多余水分。

（2）试件冲洗干净后，在压力试验机上沿轴向劈成两个半圆柱体。在劈开的试件端面立即喷涂浓度为0.1mol/L的$AgNO_3$溶液显色指示剂。

（3）指示剂喷洒15min后，沿试件直径端面将其分成10等份，并用防水笔描出渗透轮廓线。

（4）根据观察到的明显的颜色变化，测量显色分界线离试件底面的距离，精确到0.1mm。

（四）试验结果计算及处理

（1）混凝土的非稳态氯离子迁移系数按式（7-2）计算

$$D_{\text{RCM}} = \frac{0.0239(273+T)L}{(U-2)t}\left[X_d - 0.0238\sqrt{\frac{(273+T)LX_d}{U-2}}\right] \qquad (7\text{-}2)$$

式中　D_{RCM} ——非稳态迁移系数，m^2/s；

　　　T ——阳极溶液的初始温度和结束温度的平均值，K；

　　　L ——试件厚度，m；

　　　X_d ——氯离子渗透深度的平均值，m；

　　　U ——所用电压的绝对值，V；

　　　t ——试验时间，s。

（2）每组应以 3 个试样的氯离子迁移系数的算术平均值作为该组试件的氯离子迁移系数测定值。当最大值或最小值与中间值之差超过中间值的 15% 时，应剔除此值，再取其余两值的平均值作为测定值；当最大值和最小值均超过中间值的 15% 时，应取中间值作为测定值。

7.2.4　电通量法

电通量法是用通过混凝土试件的电通量为指标来确定混凝土抗氯离子渗透性能的试验方法，试验装置见图 7-2。本方法不适用于掺有亚硝酸盐和钢纤维等优良导电材料的混凝土抗氯离子渗透试验。

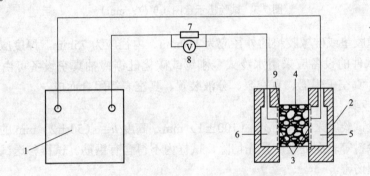

图 7-2　电通量试验装置示意图

1—直流稳压电源；2—试验槽；3—铜电极；4—混凝土试件；5—3.0%NaCl 溶液；

6—0.3mol/L NaOH 溶液；7—标准电阻；8—直流数字式电压表；

9—试件垫圈（硫化橡胶垫或硅橡胶垫）

（一）试验准备

（1）直流稳压电源的电压范围应为 0~80V，电流范围应为 0~10A，并应能稳定输出 60V 直流电压，精度应为 ±0.1V。

（2）耐热塑料或耐热有机玻璃试验槽（见图 7-3）的边长总厚度不应小于 51mm。试验槽中心的两个槽的直径应分别为 89mm 和 112mm。两个槽的深度应分别为 41mm 和 6mm。在试验槽的一边应开有直径为 10mm 的注液孔。

（3）紫铜垫板宽度应为（12±2）mm，厚度应为（0.50±0.05）mm。铜网孔径应为 0.95mm（64 孔/cm^2）或者 20 目。

（4）标准电阻精度应为 ±0.1%；直流数字电流表量程应为 0~20A，精度应为 ±0.1%。

（5）真空容器的内径不应小于 250mm，并应能至少容纳 3 个试件。

（6）阴极溶液应用化学纯试剂配制的质量浓度为 3.0% 的 NaCl 溶液，阳极溶液应用化学纯试剂配制的摩尔浓度为 0.3mol/L 的 NaOH 溶液，密封材料应采用硅胶或树脂等密封材料。

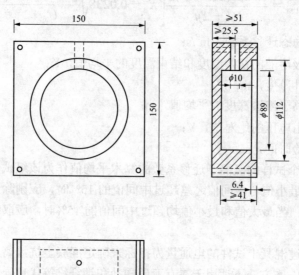

图 7-3　试验槽示意图（单位：mm）

（7）硫化橡胶垫或硅橡胶垫的外径应为 100mm、内径应为 75mm、厚度应为 6mm。

（8）切割试件的设备应采用水冷式金刚锯或碳化硅锯；抽真空设备可由烧杯（体积在 1000mL 以上）、真空干燥器、真空泵、分液装置、真空表等组合而成。

（二）试验步骤

（1）电通量试验应采用直径 $\phi = (100 \pm 1)$ mm，高度 $h = (50 \pm 2)$ mm 的圆柱体试件。如试件表面有涂料等表面处理应预先切除，试样内不得含有钢筋。试样移送试验室前要避免冻伤或其他物理伤害。

（2）先将养护到规定龄期的试件暴露于空气中至表面干燥，以硅胶或树脂密封材料涂刷试件圆柱表面或侧面，必要时填补涂层中的孔洞以保证试件圆柱面或侧面完全密封。

（3）测试前应进行真空饱水。将试件放入真空干燥器中，启动真空泵，使真空干燥器中的负压保持在 1～5kPa，并维持这一真空 3h 后注入足够的蒸馏水或者去离子水，直至淹没试件，试件浸没 1h 后恢复常压，再继续浸泡（18±2）h。

（4）从水中取出试件，抹掉多余水分（保持试件所处环境的相对湿度在 95% 以上），将试件安装于试验槽内，采用螺杆将两试验槽和端面装有硫化橡胶垫的试件夹紧。试验应在 20～25℃恒温室内进行。

（5）将质量浓度为 3.0% 的 NaCl 溶液和物质的量浓度为 0.3mol/L 的 NaOH 溶液分别注入试件两侧的试验槽中，注入 NaCl 溶液的试验槽内的铜网连接电源负极，注入 NaOH 溶液的试验槽中的铜网连接电源正极。

（6）接通电源（保持试验槽中充满溶液），对上述两铜网施加（60±0.1）V 直流恒电压并记录电流初始读数 I_0。开始时每隔 5min 记录一次电流值，当电流值变化不大时，每隔 10min 记录一次电流值；当电流变化很小时，每隔 30min 记录一次电流值，直至通电 6h。采用自动采集数据的测试装置时，记录电流的时间间隔可设定为 5～10min，自动采集电流装置时应具备自动计算电通量的功能。电流测量值精确至±0.5mA。

（7）试验结束后，应及时排除试验溶液，用饮用水和洗涤剂仔细冲洗试验槽 60s，再用蒸馏水洗净并用电吹风（用冷风挡）吹干。

（三）试验结果计算及处理

绘制电流与时间的关系图。将各点数据以光滑曲线连接起来，对曲线作面积积分或按梯形法进行面积积分，即可得试验 6h 通过的电通量（C）。也可采用下列简化公式计算每个试件的总库仑电通量，即

$$Q = 900\,(I_0 + 2I_{30} + 2I_{60} + \cdots + 2I_{300} + 2I_{330} + 2I_{360}) \tag{7-3}$$

式中　Q——通过的电通量，C；

　　　I_0——初始电流，A；

　　　I_t——在 t（min）时间的电流，A。

如果试件直径不是 95mm，计算的通过总电通量必须调整。通过给计算的总电通量乘以一个标准试件和实际试件横截面积的比值，即

$$Q_s = Q_x(95/X)^2 \tag{7-4}$$

式中　Q_s——通过直径为 95mm 的试件的电通量，C；

　　　Q_x——通过直径为 x（mm）的试件的电通量，C；

　　　X——非标准试件的直径，mm。

取同组三个试件通过电通量的平均值作为该组试件的电通量值。如果某一个测值与中值的差值超过中值的 15%，则取其余两个测值的平均值作为该组的试验结果。如有两个测值与中值的差值都超过中值的 15%，则取中值作为该组的试验结果。

作为相互比较的混凝土电通量值以标准养护 28d 的试件测得的电通量值为准。

7.3 冻融试验

我国北方冬季气候寒冷，混凝土结构长期暴露在自然环境中，使得混凝土遭受较为严重的冻融循环破坏，冻融循环引起的耐久性损伤问题已经不容忽视，试验将研究冻融作用下混凝土性能的变化规律。冻融试验是为测试混凝土抗冻性能而设计的试验，通常用于测量混凝土在水中反复周期的冰冻和融化而导致破坏的承受能力。冻融试验是为测试混凝土抗冻性能而设计的试验，通常用于测量混凝土在水中反复周期的冰冻和融化而导致破坏的承受能力。进行混凝土的抗冻性试验分为"慢冻法"和"快冻法"两种，均以试件所能承受的冻融交替次数表示。

7.3.1　试验目的

探讨在相同配合比不同冻融循环次数条件下混凝土性能的变化情况；探讨在相同冻融循环次数不同配合比条件下混凝土性能的变化情况。

7.3.2　慢冻法

（一）试验准备

（1）慢冻法混凝土抗冻性能试验应采用 100mm×100mm×100mm 立方体试件。

（2）慢冻法试验所需要的试件组数应符合表 7-2 的规定，每组试件为 3 块。

表 7-2 试 件 组 数 设 计

设计抗冻标号	D25	D50	D100	D150	D200	D250	D300	D300 以上
检查强度时的冻融循环次数	25	50	50 及 100	100 及 150	150 及 200	200 及 250	250 及 300	300 及设计次数
鉴定 28d 强度所需试件组数	1	1	1	1	1	1	1	1
冻融试件组数	1	1	2	2	2	2	2	2
对比试件组数	1	1	2	2	2	2	2	2
总计试件组数	3	3	5	5	5	5	5	5

注　D 为抗冻标号。

（3）慢冻法混凝土抗冻性能试验所用设备应符合下列规定：

1）冻融试验箱应能使试件静止不动，并应通过气冻水融进行冻融循环。在满载运转的条件下，冷冻期间冻融试验箱内空气温度保持在 $-20\sim-18℃$ 的范围以内。融化期间冻融试验箱内浸泡混凝土试件的水温保持在 $18\sim20℃$ 的范围以内，满载时冻融试验箱内各点温度极差不应超过 $2℃$。试件架应采用不锈钢或者其他耐腐蚀的材料制作，其尺寸应与冻融试验箱和所装试件相适应。

2）称量设备的最大量程应为 20kg，感量不应超过 5g。

3）压力试验机精度至少为 $±1\%$，其量程应能使试件的预期破坏荷载值不小于全量程的 20%，也不大于全量程的 80%。试验机上下压板及试件之间可各垫以钢垫板，两承压面均应机械加工，与试件接触的压板或垫板的尺寸应大于试件承压面，其不平度应为每 100mm 不超过 0.02mm。

4）温度传感器的温度检测范围不应小于 $-20\sim20℃$，测量精度应为 $±0.5℃$。

（二）试验步骤

（1）制备试件：根据相关标准制备混凝土试件，通常为立方体形状。

（2）养护：将试件在室温（约 20℃）下进行养护，保持试件表面潮湿，养护时间应满足相关标准的要求。

（3）冷却：将试件放置在低温环境中，开始进行冷却。

（4）测量：每次降温后，将试件取出，测量试件尺寸，并记录温度和时间。

（5）考察：根据试验结果，评估混凝土的耐冻性能。

（三）冻融循环过程相关要求

（1）在标准养护室内或同条件养护的冻融试验的试件，应在养护龄期为 24d 时提前将试件从养护地点取出，随后应将试件放在（20±2）℃的水中浸泡，浸泡时水面应高出试件顶面 $20\sim30mm$，在水中浸泡时间应为 4d，试件应在 28d 龄期时开始进行冻融试验。始终在水中养护的冻融试验的试件，当试件养护龄期达到 28d 时，可直接进行后续试验，对此种情况，应在试验报告中予以说明。

（2）当试件养护龄期达到 28d 时应及时取出冻融试验的试件，用湿布擦除表面水分后应对外观尺寸进行测量，试件的外观尺寸应满足 100mm×100mm×100mm 立方体试件的要求，应分别编号、称重，然后按编号置入试件架内，且试件架与试件的接触面积不宜超过试件底面的 1/5；试件与箱体内壁之间应至少留有 20mm 的空隙。试件架中各试件之间应至少保持 30min 的空隙。

（3）冷冻时间应在冻融箱内温度降至 −18℃ 时开始计算。每次从装完试件到温度降至 −18℃ 所需的时间应在 1.5～2.0h 内，冻融箱内温度在冷冻时应保持 −20～−18℃。

（4）每次冻融循环中试件的冷冻时间不应小于 4h。

（5）冻结结束后，应立即加入温度为 18～20℃ 的水，使试件转入融化状态，加水时间不应超过 10min。控制系统应确保在 30min 内，水温不低于 10℃，且在 30min 后水温能保持在 18～20℃。冻融箱内的水面应至少高出试件表面 20mm，融化时间不应小于 4h，融化完毕视为该次冻融循环结束，可进入下次冻融循环。

（6）每 25 次循环宜对冻融试件进行一次外观检查。当出现严重破坏时，应立即进行称重。当一组试件的平均质量损失率超过 5%，可停止其冻融循环试验。

（7）试件在达到本书规定的冻融循环次数或施工方委托的冻融循环次数后，试件应称重并进行外观检查，应详细记录试件表面破损、裂缝及边角损失情况。当试件表面破损严重时，应先用高强石膏找平，再进行抗压强度试验。

（8）当冻融循环因故中断且试件处于冷冻状态，直至恢复冻融试验为止，并应将故障原因及暂停时间在试验结束中注明。当试件处在融化状态下因故中断时，中断时间不应超过两个冻融循环的时间。在整个试验过程中，超过两个冻融循环时间的中断故障次数不得超过两次。

（9）当部分试件由于失效破坏或者停止试验被取出时，应用空白试件填充空位。

（10）对比试件应继续保持原有的养护条件，直到完成冻融循环后，与冻融试验的试件同时进行抗压强度试验。

（四）试验结果计算及处理

（1）当冻融循环出现下列三种情况之一时，可停止试验：

1）已达到规定的循环次数；

2）抗压强度损失率已达到 25%；

3）质量损失率已达到 5%。

（2）试验结果计算及处理应符合下列规定：

1）强度损失率应按式（7-5）进行计算

$$\Delta f_c = \frac{f_{c0} - f_{cn}}{f_{c0}} \times 100 \tag{7-5}$$

式中　　Δf_c —— n 次冻融循环后的混凝土强度损失率（%），精确至 0.1；

f_{c0} —— 对比用的一组混凝土试件的抗压强度测定值，精确至 0.1MPa；

f_{cn} —— 经 n 次冻融循环后的一组混凝土试件抗压强度测定值，精确至 0.1MPa。

2）f_{c0} 和 f_{cn} 应以三个试件抗压强度试验结果的算术平均值作为测定值。当三个试件抗压强度最大值或最小值与中间值之差超过中间值的 15% 时，应剔除此值，再取其余两值的算术平均值作为测定值；当最大值和最小值均超过中间值的 15% 时，应取中间值作为测定值。

3）单个试件的质量损失率应按式（7-6）计算

$$\Delta W_{ni} = \frac{W_{0i} - W_{ni}}{W_{0i}} \times 100 \tag{7-6}$$

式中　　ΔW_{ni} —— n 次冻融循环后第 i 个混凝土试件的质量损失率，%，精确至 0.01；

W_{0i}——冻融循环试验前第 i 个混凝土试件的质量，g；

W_{ni}——n 次冻融循环后第 i 个混凝土试件的质量，g。

4）一组试件的平均质量损失率应按式（7-7）计算

$$\Delta W_n = \frac{\sum_{i=1}^{3} \Delta W_{ni}}{3} \times 100 \qquad (7-7)$$

式中　ΔW_n——n 次冻融循环后一组混凝土试件的平均质量损失率，%，精确至 0.1。

（3）每组试件的平均质量损失率应以 3 个试件的质量损失率试验结果的算术平均值作为测量值。当某个试验结果出现负值，应取 0，再取 3 个试件的算术平均值。当 3 个值中的最大值或最小值与中间值之差超过 1%时，应剔除此值，再取其余两值的算术平均值作为测量值；当最大值和最小值与中间值之差均超过 1%时，应取中间值作为测量值。

（4）抗冻标号应以抗压强度损失率不超过 25%，或者质量损失率不超过 5%时的最大冻融循环次数按照表 7-2 确定。

7.3.3　快冻法

（一）试验准备

（1）本试验采用 100mm×100mm×400mm 的棱柱体试件。混凝土试件每组 3 块，在试验过程中可连续使用，除制作冻融试件外尚应制备同样形状尺寸，中心埋有热电偶的测温试件，制作测温试件所用混凝土的抗冻性能应高于冻融试件。

（2）快冻法测定混凝土抗冻性能试验所用设备应符合下列规定：

1）快速冻融装置：应在测温试件中埋设温度传感器外，尚应在冻融箱内防冻液中心、中心与任何一个对角线的两端分别设有温度传感器。运行冻融的装置满载运转时冻融箱内各点温度的极差不得超过 2℃。

2）试件盒：宜采用具有弹性的橡胶材料制作，其内表面底部应有半径为 3mm 橡胶突出部分。盒内水面应至少能高出试件顶面 5mm。试件盒横截面尺寸宜为净截面尺寸，应为 115mm×115mm，试件盒长度宜为 500mm，如图 7-4 所示。

3）案秤：称量量程 20kg，感量不应超过 5g。

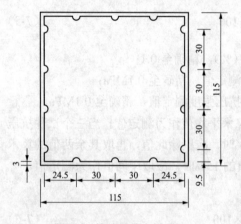

图 7-4　橡胶试件盒横截面
示意图（单位：mm）

4）动弹性模量测定仪：共振法或敲击法动弹性模量测定仪。

5）温度传感器：能在 −20～20℃ 范围内测定试件中心温度，测量精度不低于 ±0.5℃。

（二）试验步骤

试件浸泡水中 4d，试件应在 28d 龄期时开始冻融试验。冻融试验前 4d 应把试件从养护地点取出，进行外观检查，然后在温度为（20±2）℃的水中浸泡（包括测温试件）。浸泡时水面至少应高出试件顶面 20mm。始终在水中养护的试件，当试件养护龄期达到 28d 时，可直接进行后续试验。对此种情况，应在试验报告中予以说明。

浸泡完毕后取出试件，用湿布擦除表面水分，称重并测定其横向基频的初始值。

将试件放入试件盒内，且应位于试件盒中心，盒内水位高度应始终保持高出试件顶面5mm。

测温试件盒应放在冻融箱的中心位置。

（三）冻融循环过程相关要求

（1）每次冻融循环应控制在 2～4h，且用于融化的时间不得小于整个冻融时间的 1/4。在冻结和融化过程中，试件中心最低和最高温度应分别控制在（18±2）℃和（5±2）℃内。在任意时刻，试件中心温度不得高于 7℃，且不得低于−20℃。每块试件从 3℃降至−16℃所用的时间不得少于冻结时间的 1/2。每块试件从−16℃升至 3℃所用的时间也不得少于整个融化时间的 1/2，试件内外的温差不宜超过 28℃，冻和融之间的转换时间不宜超过 10min。

（2）试件一般应每隔 25 次循环作一次横向基频测量，测量前应将试件表面浮渣清洗干净，擦去表面积水，并检查其外部损伤及重量损失。测完后应立即把试件掉头重新装入试件盒内，并加入清水，继续试验。试件的测量、称量及外观检查应尽量迅速，待测试件应用湿布覆盖。

（3）为保证试件在冷液中冻结时温度稳定均衡，当有一部分试件停冻取出时，应另用试件填充空位。

如冻融循环因故中断，试件应保持在冻结状态下。试件处在融解状态下的时间不宜超过两个循环，特殊情况下，超过两个循环周期的次数，在整个试验过程中只允许 1～2 次。

（4）冻融到达以下 3 种情况之一即可停止试验：

1）已达到冻融循环次数；

2）试件相对动弹性模量下降到 60%；

3）试件的质量损失率达 5%。

（四）试验结果计算及处理

（1）混凝土试件的相对动弹性模量可按下式计算

$$P_i = \frac{f_{ni}^2}{f_{0i}^2} \times 100 \tag{7-8}$$

式中　P_i——经 n 次冻融循环后试件的相对动弹性模量以 3 个试件的平均值计算，%；

　　　f_{ni}——n 次冻融循环后试件的横向基频，Hz；

　　　f_{0i}——冻融循环试验前测得的试件横向基频初始值，Hz。

$$P = \frac{1}{3} \sum_{1}^{3} P_i \tag{7-9}$$

式中　P——经 n 次冻融循环后一组混凝土试件的相对动弹性模量，%，精确至 0.1。

相对动弹性模量 P 应以三个试件试验结果的算术平均值作为测定值。当最大值或最小值与中间值之差超过中间值的 15%时，应剔除此值，并应取其余两值的算术平均值作为测定值，当最大值和最小值与中间值之差均超过中间值的 15%时，应取中间值作为测定值。

（2）混凝土试件冻融后的质量损失率应按下式计算

$$\Delta W_{ni} = \frac{W_{0i} - W_{ni}}{W_{0i}} \times 100 \tag{7-10}$$

式中　ΔW_{ni} —— n 次冻融循环后试件的质量损失率以 3 个试件的平均值计算；

　　　　W_{0i} —— 冻融循环试验前的试件质量，g；

　　　　W_{ni} —— n 次冻融循环后的试件质量，g。

每组试件质量损失率应以 3 个试件的质量损失率试验结果的算术平均值作为测定值。当某个试验结果出现负值，应取 0，再取 3 个试件的平均值。当 3 个值中的最大值或最小值与中间值之差超过 1% 时，应剔除此值，并应取其余两值的算术平均值作为测定值；当最大值和最小值与中间值之差均超过 1% 时，应取中间值作为测定值。

混凝土抗冻等级应以同时满足相对动弹性模量值不小于 60% 或质量损失率不超过 5% 时的最大冻融循环次数来确定，并用符号 F 来表示。

7.4 碳 化 试 验

结构长期处于大气环境中，空气中的 CO_2 慢慢渗透到混凝土中，与混凝土孔隙中的碱性 $Ca(OH)_2$ 饱和溶液反应生成 $CaCO_3$，发生所谓的碳化。碳化将降低混凝土的碱度，破坏钢筋表面的钝化膜，使混凝土失去对钢筋的保护作用，在氧和有害介质的作用下，将引起钢筋的锈蚀。

混凝土的碳化深度可采用化学指示剂喷在混凝土的新鲜破损面，根据指示剂的颜色变化来进行测量。检测混凝土的碳化性能，检测人员应按规程正确操作，确保检测结果科学、准确。

7.4.1　适用范围

适用于测定在一定浓度的二氧化碳气体介质中混凝土试件的碳化程度，以评定该混凝土的抗碳化能力。

7.4.2　样本大小及抽样方法

碳化试验应采用棱柱体混凝土试件，以 3 块为一组，试件的最小边长应符合表 7-3 的要求。棱柱体的高宽比应不小于 3。无棱柱体试件时，也可用立方体试件代替，但其数量应相应增加。

试件一般应在 28d 龄期进行碳化，采用掺合料的混凝土可根据其特性决定碳化前的养护龄期。碳化试验的试件宜采用标准养护。但应在试验前 2d 从标准养护室取出。然后在 60℃ 温度下烘 48h。

经烘干处理后的试件，除留下一个或相对的两个侧面外，其余表面应用加热的石蜡予以密封。在侧面上顺长度方向用铅笔以 10mm 间距画出平行线，以预定碳化深度的测量点。

表 7-3　　　　　　　　　　　　碳化试验试件尺寸选用表　　　　　　　　　　　　mm

试件最小边长	骨料最大料径
100	30
150	40
200	60

7.4.3　试验设备

（一）仪器准备

（1）CCB-70 碳化箱（包括架空试件的铁架温湿度测量及恒温恒湿设施、气体分析仪）。

（2）二氧化碳供气装置（包括气瓶、压力表及流量计）。

（3）碳化深度检测尺。

（4）辅助破型设备：万能试验机（200t 或 30t）、三角锉刀条 2 个。

（5）材料、工具：石蜡、电炉、托盘、酚酞试液。

（二）试件及处理

（1）本方法宜采用棱柱体混凝土试件，应以 3 块为一组。棱柱体的长宽比不宜小于 3。

（2）无棱柱体试件时，也可用立方体试件，其数量应相应增加。

（3）试件宜在 28d 龄期进行碳化试验，掺有掺合料的混凝土可以根据其特性决定碳化前的养护龄期。碳化试验的试件宜采用标准养护，试件应在试验前 2d 从标准养护室取出，然后应在 60℃下烘 48h。

（4）经烘干处理后的试件，除应留下一个或相对的两个侧面外，其余表面应采用加热的石蜡予以密封。应在暴露侧面上沿长度方向用铅笔以 10mm 间距画出平行线，作为预定碳化深度的测量点。

（三）试验设备应符合下列规定

（1）碳化箱应符合现行行业标准《混凝土碳化试验箱》（JG/T 247—2009）的规定，并应采用带有密封盖的密闭容器，容器的容积应至少为预定进行试验的试件体积的两倍。碳化箱内应有架空试件的支架、二氧化碳引入口、分析取样用的气体导出口、箱内气体对流循环装置，为保持箱内恒温恒湿所需的设施及温湿度监测装置。宜在碳化箱上设玻璃观察口对箱内的温度进行读数。

（2）气体分析仪应能分析箱内二氧化碳浓度，并应精确至±1%；二氧化碳供气装置应包括气瓶、压力表和流量计。

7.4.4　试验步骤

（1）将经过处理的试件放入碳化箱内的铁架上，各试件经受碳化的表面之间的间距至少应不少于 50mm。

（2）将碳化箱盖严密封。密封可采用机械办法或油封，但不得采用水封以免影响箱内的湿度调节。开动箱内气体对流装置，徐徐充入二氧化碳，并测定箱内的二氧化碳浓度，逐步调节二氧化碳的流量，使箱内的二氧化碳浓度保持在（20±3）%。在整个试验期间可用去湿装置或放入硅胶，使箱内的相对湿度控制在（70±5）%的范围内。碳化试验应在（20±5）℃的温度下进行。

（3）每隔一定时期对箱内的二氧化碳浓度、温度及湿度作一次测定。一般在第一、二天每隔 2h 测定一次，以后每隔 4h 测定一次。并根据所测得的二氧化碳浓度随时调节其流量。去湿用的硅胶应经常更换。

（4）碳化到了 3、7、14、28d 时，各取出试件，破型以测定其碳化深度。棱柱体试件在压力试验机上用劈裂法从一端开始破型。每次切除的厚度约为试件宽度的一半，用石蜡将破型后试件的切断面封好，再放入箱内继续碳化，直到下一个试验期。如采用立方体试件，则在试件中部劈开。立方体试件只作一次检验，劈开后不再放回碳化箱重复使用。

（5）将切除所得的试件部分刮去断面上残存的粉末，随即喷上（或滴上）浓度为 1%的酚酞酒精溶液（含 20%的蒸馏水）。经 30s 后，按原先标画的每 10mm 一个测量点用碳化深度检测尺分别测出两侧面各点的碳化深度。如果测点处的碳化分界线上刚好嵌有粗骨料颗粒，则可取该颗粒两侧处碳化深度的平均值作为该点的深度值 d_i（$i=1\sim10$）。碳化深度测量精确至 1mm。

7.4.5　试验结果计算及处理

混凝土在各试验龄期时的平均碳化深度应按下式计算，精确到 0.1mm，即

$$\overline{d_t} = \frac{1}{n}\sum_{i=1}^{n} d_i \tag{7-11}$$

式中　$\overline{d_t}$——试件碳化 t 天后的平均碳化深度，mm；

　　　$\overline{d_i}$——两个侧面上各测定的碳化深度，mm；

　　　n——两个侧面上的测点总数。

每组应以在二氧化碳浓度为（20±3）%、温度为（20±2）℃、湿度为（70±5）%的条件下，3 个试件碳化 28d 的碳化深度算术平均值作为该组混凝土试件碳化测定值，以此值来对比各种混凝土的抗碳化能力及对钢筋的保护作用。

以各龄期计算所得的碳化深度绘制碳化时间与碳化深度的关系曲线，表示在该条件下的混凝土碳化发展规律。

7.4.6　混凝土碳化试验报告记录表

根据对各个测孔的测量，可以确定各构件碳化深度，见表 7-4、表 7-5。

表 7-4　　　　　　　　　　　　碳 化 深 度 记 录　　　　　　　　　　　　　mm

构件	碳化深度	描述
1	0.5	
2	0.5	
3	0.5	

表 7-5　　　　　　　　　　　混凝土碳化检测记录表

工程名称：　　　　　　　　　　　　　　　　　　　　　　　　共　页　第　页

构件		测区号	碳化深度（mm）　精度：0.5mm		
名称	编号		测孔 1	测孔 2	测孔 3

构件		测区号	碳化深度（mm）　精度：0.5mm		
名称	编号		测孔 1	测孔 2	测孔 3

续表

名称	编号		测孔 1	测孔 2	测孔 3

构件		测区号	碳化深度（mm） 精度：0.5mm		
名称	编号		测孔 1	测孔 2	测孔 3

检查人：　　　　　　　　记录人：　　　　　　　　检查时间：

注　在回弹测区中选取至少 3 个能反映不同条件及不同混凝土质量的测区，测区应均匀布置；每个测区应布置 3 个测孔，呈"品"字排列，孔距应大于 2 倍孔径；测孔距构件边角的距离应大于 2.5 倍保护层厚度；成孔后务必将孔中碎屑清除干净，否则影响测试结果；酚酞试剂变紫色则未碳化，未改变颜色则已经炭化。

7.5 抗 渗 试 验

混凝土是孔径各异 10～500μm 的多孔体，当其周围介质有压力差时（或是浓度差、温度差、电位差），就会有服从流体力学的介质迁移，即渗透。混凝土的抗渗性是混凝土的基本性能，也是混凝土耐久性的重要特点。混凝土的抗渗性不仅表征混凝土耐水流穿过的能力，也影响到混凝土抗碳化、抗氯离子渗透等性能。

人们最早关注混凝土的抗渗性是 20 世纪 30 年代对大型水工工程的建设。诸如混凝土水坝、水渠及位于地下水位线以下的地下结构。研究表明，这些结构的使用效能与混凝土的抗渗性能密切相关。尤其是水坝之类的大型水工结构，在设计中需要确定混凝土抵抗高水压下水穿透的能力。

7.5.1 混凝土抗渗试验（逐级加压法）

本方法适用于通过逐级施加水压力来测定以抗渗等级表示的混凝土的抗水渗透性能。

（一）仪器设备

混凝土渗透仪、成型试模、螺旋加压器、密封材料。

（二）试验步骤

（1）试件到期后取出，擦干表面，用钢丝刷刷净两端面，待表面干燥后，在试件侧面滚涂一层熔化的密封材料，然后立即在螺旋加压器上压入经过烘箱或电炉预热过的试模中，使试件底面和试模底平齐，待试模变冷后即可解除压力，装在渗透仪上进行试验。

（2）试验时，水压从 0.1MPa 开始，每隔 8h 增加水压 0.1MPa，并随时注意观察试件端面情况，一直加至 6 个试件中有 3 个试件表面发现渗水，记下此时的水压力，即可停止试验。

（三）试验结果计算

$$S = 10H - 1 \tag{7-12}$$

式中　S——混凝土抗渗标号；

H——第三个试件顶面开始有渗水时的水压力。

7.5.2 混凝土渗水高度试验（渗水高度法）

本方法规定了在给定时间和水压力条件下水泥混凝土渗水高度的测定方法，适用于比较水泥混凝土的密实性，计算相对渗透系数，也可用于比较水泥混凝土的抗渗性。

（一）仪器设备及要求

采用的仪器设备主要有梯形板、钢尺、螺旋加压器，如图 7-5 所示。

（1）混凝土抗渗仪应符合现行行业标准《混凝土抗渗仪》（JG/T 249—2009）的规定，并应使水压按规定稳定地作用在试件上，抗渗仪施加水压力范围应为 0.1～2.0MPa。

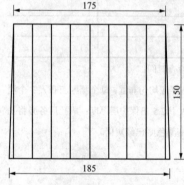

（2）试模应采用上口内部直径为 175mm、下口内部直径为 185mm 和高度为 150mm 的圆台体。

（3）密封材料宜用石蜡加松香或水泥加黄油等材料，也可采用橡胶套等其他有效密封材料。

（4）梯形板（见图 7-5）应采用尺寸为 200mm×200mm 透明材料制成，并应画有十条等间距、垂直于梯形底线的直线。

（5）钢尺的分度值应为 1mm。

（6）钟表的分度值应为 1min。

图 7-5 梯形板示意图（单位：mm）

（7）辅助设备应包括螺旋加压器、烘箱、电炉、浅盘、铁锅和钢丝刷等。

（8）安装试件的加压设备可为螺旋加压或其他加压形式，其压力应能保证将试件压入试件套内。

（二）试验步骤

（1）应先按规定的方法进行试件的制作和养护。抗水渗透试验应以 6 个试件为一组。

（2）试件拆模后，应用钢丝刷刷去两端面的水泥浆膜，并应立即将试件送入标准养护室进行养护。

（3）抗水渗透试验的龄期宜为 28d。应在到达试验龄期的前 1d，从养护室取出试件，并擦拭干净。待试件表面晾干后，应按下列方法进行试件密封：

1）当用石蜡密封时，应在试件侧面裹涂一层熔化的内加少量松香的石蜡。应用螺旋加压器将试件压入经过烘箱或电炉预热过的试模，使试件与试模底平齐，并应在试模变冷后解除压力。试模的预热温度，应以石蜡接触试模即缓慢熔化，但不流淌为准。

2）用水泥加黄油密封时，其质量比应为（2.5～3.0）：1，应用三角刀将密封材料均匀地刮涂在试件侧面上，厚度应为 1～2mm。应套上试模并将试件压入，应使试件与试模底齐平。

3）试件密封也可采用其他更可靠的密封方式。

（4）试件准备好后，启动抗渗仪并开通 6 个试位下的阀门，使水从 6 个孔中渗出，水应充满试位坑，在关闭 6 个试位下的阀门后应将密封好的试件安装在抗渗仪上。

（5）试件安装好以后，应立即开通 6 个试位下的阀门，使水压在 24h 内恒定控制在（1.2±0.05）MPa，且加压过程不应大于 5min，应以达到稳定压力的时间作为试验记录起始时间（精确至 1min）。在稳压过程中随时观察试件端面的渗水情况，当有某一个试件端面出现渗水时，应停止该试件的试验并应记录时间，并以试件的高度作为该试件的渗水高度。对于试件端面未出现渗水的情况，应在试验 24h 后停止试验，并及时取出试件。在试验过程中，当发现水从试件周边渗出时，应重新按相关规定进行密封。

（6）将从抗渗仪上取出来的试件放在压力机上，并应在试件上下两端面中心处沿直径方向各放一根直径为 6mm 的钢垫条，并应确保它们在同一竖直平面内。开动压力机，将试件沿纵断面劈裂为两半。试件劈开后，应用防水笔描出水痕。

（7）应将梯形板放在试件劈裂面上，并用钢尺沿水痕等间距量测 10 个测点的渗水高度值，读数应精确至 1mm。当读数时若遇到某测点被骨料阻挡，可以靠近骨料两端的渗水高度算术平均值来作为该测点的渗水高度。

（三）试验结果计算及处理

（1）试件渗水高度应按下式进行计算

$$\bar{h} = \frac{1}{10} \sum_{j=1}^{j} h_j \tag{7-13}$$

式中 h_j——第 i 个试件第 j 个测点处的渗水高度，mm；

     $\bar{h}$——第 i 个试件的平均渗水高度，应以 10 个测点渗水高度的平均值作为该试件渗水高度的测定值，mm。

（2）一组试件的平均渗水高度应按下式进行计算

$$\bar{h} = \frac{1}{6} \sum_{i=1}^{6} \bar{h_i} \tag{7-14}$$

式中 $\bar{h}$——一组 6 个试件的平均渗水高度，应以一组 6 个试件渗水高度的算术平均值作为该组试件渗水高度的测定值，mm。

7.6   碱-骨料反应试验

混凝土碱-骨料反应（Alkali-Aggregate Reaction，AAR）是指骨料中特定内部成分在一定条件下与混凝土中的水泥、外加剂、掺合剂等中的碱物质进一步发生化学反应，导致混凝土结构产生膨胀、开裂甚至破坏的现象，严重的会使混凝土结构崩溃，是影响混凝土耐久性的重要因素之一；混凝土碱-骨料反应根据反应机制可分为碱-硅酸盐反应和碱-碳酸盐反应。

碱-骨料反应的类型主要有以下两种：

（1）碱-硅酸盐反应（Alkali-Silica Reaction，ASR），是指混凝土中的碱与不定型二氧化硅的反应。

（2）碱-碳酸盐反应（Alkali-Carbonate Reaction，ACR），是指混凝土中的碱与某些碳酸盐矿物的反应。

碱-骨料反应是固相与液相之间的反应，其发生具备三个要素：①碱活性骨料；②有碱存在（K、Na 等离子）；③水。

7.6.1   试验仪器设备及要求

（1）本方法应采用与公称直径分别为 20、16、10、5mm 的圆孔筛对应的方孔筛。

（2）称量设备的最大量程应分别为 50kg 和 10kg，感量应分别不超过 50g 和 5g，各一台。

（3）试模的内测尺寸应为 75mm×75mm×275mm，试模两个端板应预留安装测头的圆孔，孔的直径应与测头直径相匹配。

（4）测头（埋钉）的直径应为 5～7mm，长度应为 25mm，应采用不锈金属制成，测头均应位于试模两端的中心部位。

（5）测长仪的测量范围应为 275～300mm，精度应为±0.001mm。

（6）养护盒应由耐腐蚀材料制成，不应漏水，且应能密封。盒底部应装有（20±5）mm 深的水，盒内应有试件架，且应能使试件垂直立在盒中。试件底部不应与水接触。一个养护盒宜同时容纳 3 个试件。

7.6.2　试验步骤

（一）试件制作与养护

（1）试件制作。

1）成型前 24h，应将试验所用所有原材料放入（20±5）℃的成型室。

2）混凝土搅拌宜采用机械拌和。

3）混凝土应一次装入试模，应用捣棒和抹刀捣实，在振动台上振动 30s 或直至表面泛浆为止。

4）试件成型后应带模一起送入（20±2）℃、相对湿度在 95% 以上的标准养护室中，应在混凝土初凝前 1～2h，对试件沿模口抹平并应编号。

（2）带模养护。

1）试件应在标准养护室中养护（24±4）h 后脱模，脱模时应特别小心不要损伤测头，并应尽快测量试件的基准长度，待测试件应用湿布盖好。

2）试件的基准长度测量应在（20±2）℃的恒温室中进行。每个试件应至少重复测试两次，应取两次测值的算术平均值作为该试件的基准长度值。

3）测量基准长度后应将试件放入养护盒中，并盖严盒盖。将养护盒放入（38±2）℃的养护室或养护箱里养护。

（二）试验过程

（1）测定基准长度。试件的测量龄期应从测定基准长度后算起，测量龄期应为 1、2、4、8、13、18、26、39 周和 52 周，以后可每半年测一次。

（2）试件养护。每次测量的前一天，应将养护盒从（38±2）℃的养护室中取出，并放入（20±2）℃的恒温室中、恒温时间应为（24±4）h。试件各龄期的测量应与测量基准长度的方法相同，测量完毕后应将试件掉头放入养护盒中，并盖严盒盖。将养护盒重新放回（38±2）℃的养护室或者养护箱中继续养护至下一测试龄期。

（3）试件测长。每次测量时，应观察试件有无裂缝、变形、渗出物及反应产物等，并应作详细记录。必要时可在长度测试周期全部结束后，辅以岩相分析等手段，综合判断试件内部结构和可能的反应产物。

7.6.3　碱-骨料反应试验及规定

（1）原材料和设计配合比规定及准备。

1）应使用硅酸盐水泥，水泥含碱量宜为（0.9±0.1）%（以 Na_2O 当量计，即 $Na_2O+0.658K_2O$）。可通过外加浓度为 10% 的 NaOH 溶液，使试验用水泥含碱量达到 1.25%。

2）当试验用来评价细骨料的活性，应采用非活性的粗骨料，粗骨料的非活性也应通过试验确定，试验用细骨料细度模数宜为 2.7±0.2。当试验用来评价粗骨料的活性，应用非活性的细骨料，细骨料的非活性也应通过试验确定。当工程用的骨料为同一品种的材料，应用该粗、细骨料来评价活性。试验用粗骨料应由三种级配：20～16mm、16～10mm 和 10～5mm，各取 1/3 等量混合。

3）每立方米混凝土水泥用量应为（420±10）kg；水灰比应为 0.42～0.45；粗骨料与细骨料的质量比应为 6:4；试验中除可外加 NaOH 外，不得再使用其他的外加剂。

（2）当碱-骨料反应试验出现以下两种情况之一时，可结束试验。

1）在 52 周的测试龄期内的膨胀率超过 0.04%。

2）膨胀率虽小于 0.04%，但试验周期已经达 52 周（或一年）。

7.6.4 试验结果计算及处理

（1）试件的膨胀率应按下式计算

$$\varepsilon_t = \frac{L_t - L_0}{L_0 - 2\Delta} \times 100 \tag{7-15}$$

式中　ε_t——试件在 t（d）龄期的膨胀率，%，精确至 0.001；

L_t——试件在 t（d）龄期的长度，mm；

L_0——试件的基准长度，mm；

Δ——测头的长度，mm。

（2）每组应以 3 个试件测值的算术平均值作为某一龄期膨胀率的测定值。

（3）当每组平均膨胀率小于 0.020% 时，同一组试件中单个试件之间的膨胀率的差值（最高值与最低值之差）不应超过 0.008%；当每组平均膨胀率大于 0.020% 时，同一组试件中单个试件的膨胀率的差值（最高值与最低值之差）不应超过平均值的 40%。

本章小结

本章系统地介绍了结构耐久性试验的一般程序、试验的要求以及试验结果的评定方法。结构耐久性试验的内容涵盖了结构的抗渗性、抗冻性、抗侵蚀性、碳化和碱-骨料反应等方面。

（1）试验方案的设计需要结合结构的使用环境和实际工程情况，并选择合适的试验方法和试验参数，保证试验结果的可靠性和准确性，在抗渗性试验中，需要考虑水压力和水头的影响，选用适当的水压倍数和浸水时间等试验参数；在抗冻性试验中，需要模拟建筑结构遭受冻融循环的状况，选取适当的温度和冷却速率等试验参数，保证试验结果可靠。

（2）试验评定需要结合试验数据和实际工程需求，采用适当的评定方法，对结构的耐久性能进行全面的评估，在抗侵蚀性试验中，需要评估结构在化学物质、盐水等环境下的耐久性能，并采用质量损失、硬度变化、强度损失等指标进行评定；在抗碳化试验中，需要评估结构碳化深度、碱度变化等指标，并结合试验结果和实际使用年限进行评定。

（3）结构耐久性试验是保障建筑结构使用寿命和耐久性的重要方法，需要充分考虑结构的使用环境和实际工程情况，选择合适的试验方法和试验参数，并采用适当的评定方法，对结构的耐久性能进行全面的评估。

复习思考题

7-1　简述结构耐久性试验的意义。

7-2　结构耐久性试验包括哪些试验？

7-3　简单描述离子侵蚀钢筋混凝土的破坏机理。

7-4　简述冻融试验的几种方法。

7-5　简述混凝土碳化试验箱的原理。

7-6　碳化试验过程中应该注意些什么？

第 8 章 建筑结构的现场检测技术

8.1 概 述

结构检测是为评定土木工程结构的工程质量或鉴定既有结构的性能等所实施的检测工作。检测技术以现场非破损检测技术为主，即在不破坏结构或构件的前提下，在结构或构件的原位上对结构或构件的承载力、材料强度、结构缺陷、损伤变形以及腐蚀情况等进行直接定量检测。结构非破损检测与鉴定的对象为已建工程结构，已建工程结构的鉴定也可称为已建工程结构可靠性鉴定或可靠性诊断。它是指对已建结构的作用、结构抗力及相互关系进行测定、检测、试验、判断和分析研究并取得结论的全部过程。根据已建结构的性质，可分为新建结构和服役结构。对于新建结构，非破损检测和鉴定的目的包括验证工程质量，处理工程质量事故，评估新结构、新材料和新工艺的应用等。对于服役结构，通常使用结构可靠性鉴定涵盖非破损检测与鉴定的内容，其目的主要是评估已建结构的安全性和可靠性，为结构的维修改造和加固处理提供依据。

不论是新建结构还是服役结构，在通过试验检测的方法来获取表征结构性能的相关参数时，都不应对结构造成损伤，影响结构的使用和安全。这就是结构非破损检测技术不断发展的工程背景。

另一方面，已建结构的可靠性鉴定与采用可靠度理论进行结构设计有着完全不同的意义。结构设计时，假定结构的承载能力和结构承受的荷载随机变量，并通过一定的统计分析对这些随机变量的统计特征作出规定，再将相关的规定转化为设计中的分项系数，工程师就可以采用这些分项系数进行结构设计，按照概率极限状态设计理论，这样设计的结构可靠度应该不低于期望的目标可靠度。在这个过程中，设计的结构具体将会有多大的失效概率并不是重点，设计规范也没有提供这方面的信息，结构的最大失效概率是否会小于规定的失效概率才是最值得关注的。对于已建结构使用情况则不相同时，应作如下考虑。①已建结构是一个具体的对象，它的材料强度、几何尺寸、使用荷载、环境条件已经是客观存在，这些变量的随机性不同于设计变量的随机性；②可以采用非破损检测方法获取部分相关变量的数据，但信息不会完整，例如，结构基础的有关数据就很难得到；③实际已建结构的状态可能不同于设计期望的状态，结构可靠性鉴定通常要求对结构可靠性作出较为准确的评价，而不是只满足于简单的界限值。

由于结构现场检测必须以不损伤和不破坏结构本身的使用性能为前提，非破损或半破损检测方法是检测结构构件材料的力学强度、弹塑性性质、断裂性能、缺陷损伤以及耐久性等参数的重要手段，其中主要的是材料强度检测和内部缺陷损伤探测两个方面。因此，在检测过程中，必须通过各种手段得到结构相关参数，捕捉反映结构当前状态的特征信息，对结构作用的结构抗力关系进行分析，并根据经验给出综合判断。结构非破损检测与鉴定涉及结构理论、概率统计、测试技术、工程材料、工程地质、力学分析等基础理论和专业知识，具有多学科交叉的特点。特别是近年来，测试方法以及相应的仪器仪表不断更新，使这一领域技术不断发展。结构非破损检测技术是指在不破坏结构构件的条件下，在结构构件原位对结构材料性能以及结构内部缺陷进行直接定量检测的技术。有些检测方法以结构局部破损为前提，但这些局部破损对结构构件的受力性能影响很小，因此，也将这些方法归入非破损检测方法。结构类型不同、非破损检测的方法也不同。

本章从结构检测的方法入手，重点阐述结构检测基本要求、混凝土结构、砌体结构、钢结构的现场检测的内容、一般要求及相应的检测技术。

8.2　混凝土结构的现场检测技术

混凝土是工程中常用的一种人工混合材料，以水泥为主要胶结材料，拌和一定比例的砂、石和水，有时还加入少量的添加剂，经搅拌、注模、振捣、养护等工序后，逐渐凝固硬化而成。各组成材料的成分、性质和相互比例，以及制备和硬化过程中的各种条件和环境因素，都对混凝土的力学性能有着不同程度的影响，因而其强度、变形等性能较之其他材料离散性更大。同时，混凝土结构中的钢筋品种、规格、数量及构造不能直观看到，因而混凝土结构的内部缺陷、强度和碳化程度等都需要经过一定的测试手段并结合工程经验作出评定。

混凝土结构的检测可分为混凝土强度、混凝土构件外观质量与缺陷、尺寸偏差、钢筋位置及锈蚀等项工作，必要时可进行结构构件性能的荷载检验或结构的动力测试。

8.2.1　混凝土强度检测

混凝土抗压强度的检测，可采用回弹法、钻芯法、超声法、超声回弹综合法、后装拔出法等方法，检测操作应分别遵守相应技术规程的规定。

（一）回弹法

回弹法运用回弹仪通过测定混凝土表面的硬度以推算混凝土的强度，是混凝土结构现场检测中最常用的一种非破损检测方法。回弹仪是一种直射锤击式仪器，其构造如图 8-1 所示，主要由弹击杆、重锤、拉簧、压簧及读数标尺等部分组成。

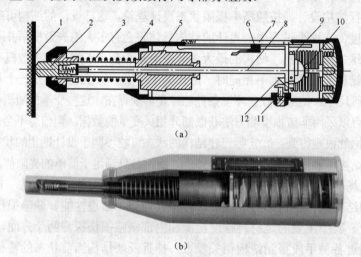

（a）

（b）

图 8-1　回弹仪

（a）内部构造图；（b）透视图

1—试验构件表面；2—弹击杆；3—拉力弹簧；4—套筒；5—重锤；6—指针；7—刻度尺；

8—导杆；9—压力弹簧；10—调整螺丝；11—按钮；12—挂钩

（1）回弹值测定。回弹法测定混凝土的强度应遵循我国《回弹法检测混凝土抗压强度技术规程》（JGJ/T 23—2011）的有关规定。测试时，打开按钮，弹击杆伸出筒身外，然后把弹击杆垂直顶住混凝土测试面使之徐徐压入筒身，这时筒内弹簧和重锤逐渐趋向紧张状态，当重锤碰到挂钩后即自动发射，推动弹击杆冲击混凝土表面后回弹一个高度，回弹高度将在标尺上示出，按下按钮取下仪器，在标尺上读出回弹值。

测试应在事先划定的测区内进行，每一构件测区数不应少 10 个，每个测区面积为 200mm×200mm，每一测区设 16 个回弹点，相邻两点的间距一般不小于 30mm，一个测点只允许回弹一次，然后从测区的 16 个回弹值中分别剔除 3 个最大值和 3 个最小值，取余下 10 个有效回弹值的平均值作为该测区的回弹值，即

$$R_{m\alpha}=\sum_{i=1}^{10}\frac{R_i}{10} \tag{8-1}$$

式中　$R_{m\alpha}$——测试角度为 α 时的测区平均回弹值，计算至 0.1；

　　　R_i——第 i 个测点的回弹值。

当回弹仪测试位置非水平方向时，考虑到不同测试角度，回弹值应按式（8-2）修正

$$R_m=R_{m\alpha}+\Delta R_\alpha \tag{8-2}$$

式中　ΔR_α——测试角度 α 为的回弹修正值，按表 8-1 采用。

表 8-1　　　　　　　　　　　　不同测试角度 α 的回弹修正值 ΔR_α

$R_{m\alpha}$	α 向上				α 向下			
	+90°	+60°	+45°	+30°	−30°	−45°	−60°	−90°
20	−6.0	−5.0	−4.0	−3.0	+2.5	+3.0	+3.5	+4.0
30	−5.0	−4.0	−3.5	−2.5	+2.0	+2.5	+3.0	+3.5
40	−4.0	−3.5	−3.0	−2.0	+1.5	+2.0	+2.5	+3.0
50	−3.5	−3.0	−2.5	−1.5	+1.0	+1.5	+2.0	+2.5

当测试面为浇筑方向的顶面或底面时，测得的回弹值按式（8-3）修正

$$R_m=R_{ms}+\Delta R_s \tag{8-3}$$

式中　ΔR_s——混凝土浇筑顶面或底面测试时的回弹修正值，按表 8-2 采用；

　　　R_{ms}——在混凝土浇筑顶面或底面测试时的平均回弹值，计算至 0.1。

表 8-2　　　　　　　　　　　　不同浇筑面的回弹修正值 ΔR_s

R_{ms}	ΔR_s		R_{ms}	ΔR_s	
	顶面	底面		顶面	底面
20	+2.5	−3.0	40	+0.5	−1.0
25	+2.0	−2.5	45	0	−0.5
30	+1.5	−2.0	50	0	0
35	+1.0	−1.5			

测试时，如果回弹仪既处于非水平状态，同时又在浇注顶面或底面，则应先进行角度修正，再进行顶面或底面修正。

（2）碳化深度测量。对于旧的混凝土，由于受到大气中 CO_2 的作用，使混凝土中一部分未碳化的 $Ca(OH)_2$ 逐渐形成碳酸钙 $CaCO_3$ 而变硬。试验证明，当碳化深度超过 0.4mm 时，即

对试验结果有明显影响，测试的回弹值偏高，应予修正。

碳化深度测区的确定的方法是：在回弹值测量完毕后，应在有代表性的位置上测量碳化深度值，测点数不应少于构件测区数的 30%，取其平均值为该构件每个测区的碳化深度值。当碳化深度值极差大于 2.0mm 时，应在每一测区测量碳化深度值。

鉴别与测定碳化深度的方法是：采用适当的工具在测区表面形成直径约 15mm 的孔洞，其深度应大于混凝土的碳化深度。孔洞中的粉末和碎屑应除净，且不得用水擦洗。同时，采用浓度为 1%～2% 的酚酞酒精溶液滴在孔洞内壁的边缘处，当已碳化与未碳化界线清楚时，再用深度测量工具测量已碳化与未碳化混凝土交界面到混凝土表面的垂直距离，并应测量 3 次，每次读数应精确至 0.25mm。应取三次测量的平均值作为检测结果，并应精确至 0.5mm。

（3）混凝土强度的评定。结构或构件第 i 个测区混凝土强度换算值，可按本章所求得的平均回弹值 R_m 及求得的平均碳化深度值 d_m 由《回弹法检测混凝土抗压强度技术规程》（JGJ/T 23—2011）附录 A（普通混凝土）和附录 B（泵送混凝土）查表得出。泵送混凝土还应按《回弹法检测混凝土抗压强度技术规程》中的相关规定进行计算。当有地区测强曲线或专用测强曲线时，混凝土强度换算值应按地区测强曲线或专用测强曲线换算得出。

（4）回弹法检测注意的几个问题：

1）采用回弹仪测试混凝土的强度时，必须注意其限制条件。龄期 1000d 以上的混凝土，其表面混凝土的碳化可能达到相当深度，回弹值已不能准确反映混凝土的强度，因此，不宜采用回弹法测定龄期超过 1000d 的老混凝土；回弹仪的弹击锤回弹距离受到回弹仪本身的限制，其有效回弹最大距离决定了回弹法能够测试的最大混凝土强度，当混凝土强度超过 C60 级时，不能采用普通回弹法检测混凝土的强度；潮湿或浸水混凝土不得采用回弹法测试其强度。

2）回弹法能简单、方便、快速地测量混凝土的强度，尤其是近年来在工程中使用的数显回弹仪，在数据处理过程中更加方便。但回弹法实际上是利用混凝土的表面信息推定混凝土的强度，影响测试结果的因素很多，如原材料构成、外加剂品种、混凝土成型方法、养护方法及湿度、碳化及龄期、模板种类、混凝土制作工艺等，这些因素使测试结果在一定范围内表现出离散性。

3）泵送混凝土的流动性大，其浇筑面的表面和底面性能相差较大，由于缺乏足够的具有说服力的实验数据，故规定测区应选在使回弹仪处于水平方向检测混凝土浇筑侧面。

（二）钻芯法

钻芯法是利用钻芯机及配套机具，在混凝土结构构件上钻取芯样，通过芯样抗压强度直接确定结构的混凝土强度的方法。钻芯法无须混凝土立方体试块或测强曲线，具有直观、准确，代表性强，可同时检测混凝土内部缺陷等优点，在工程检测中得到广泛应用。钻芯法的缺点是会对结构造成局部破损，芯样数目有限，钻芯及芯样加工需要专用的设备和较长的时间。采用回弹法与钻芯法的结合，即用芯样强度修正回弹法或综合法的结果，可以有效地提高现场检测混凝土强度的可靠性和检测的工作效率。

（1）钻芯法的主要设备机具。钻芯法的主要设备机具包括钻芯机和芯样切割机。供现场操作使用的钻芯机（钻机主立柱及底盘）应有足够的刚度，保证钻机安装后在钻芯取样的过程中不会出现变形及松动。钻芯机如图 8-2 所示，钻芯取样现场操作及加工好的试件如图 8-3 所示。

（2）混凝土芯样构件的抗压强度试验及强度计算。混凝土芯样试件宜在被检测结构或构件混凝土干湿度基本一致的条件下进行抗压试验。如结构工作条件比较干燥，芯样在受压前应在室内自然干燥 3d，以自然干燥状态进行试验。如结构工作条件比较潮湿，则芯样应在（20±5）℃的清水中浸泡 40～48h，从水中取出后进行试验。

若试件是高径比（h/d）为 1 的标准芯样，则所测得的混凝土芯样抗压强度与同条件养护同龄期边长为 150mm 的标准立方体试块的抗压强度基本一致。芯样试件的抗压强度应采用式（8-4）计算

$$f_{cu,cor} = \frac{F_c}{A} \qquad (8-4)$$

图 8-2　钻芯机

式中　$f_{cu,cor}$——芯样试件的混凝土抗压强度值，MPa；

F_c——芯样试件的抗压试验测得的最大压力，N；

A——芯样试件抗压截面面积，mm^2。

（a）　　　　　　　　　　　　　　　（b）

图 8-3　钻芯取样

（a）现场钻芯；（b）加工好的芯样

（3）钻芯法测强应注意的有关问题：

1）芯样试件的数量要求。在钻芯法用于确定被检测结构或构件的混凝土强度时，芯样试件的数量应根据检测批的容量确定：标准芯样试件的最小样本量不宜少于 15 个，小直径芯样试件的最小样本量不宜少于 20 个。在钻芯法用于修正混凝土的强度回弹检测结果时，即欲利用现场钻取芯样试件的抗压强度对回弹法得到的混凝土推定强度（换算混凝土立方体抗压强度）进行修正时，则可按照《回弹法检测混凝土抗压强度技术规程》（JGJ/T 23—2011）的要求进行，钻芯取样的数量不应少于 6 个。钻芯法确定单个构件混凝土抗压强度推定值时，芯样试件的数量不应少于 3 个；钻芯对构件工作性能影响较大的小尺寸构件，芯样试件的数量不得少于 2 个。单个构件的混凝土抗压强度推定值不再进行数据的舍弃，而应按芯样试件混凝土抗压强度值中的最小值确定。

当对构件局部区域进行检测时，取芯位置和数量可由已知质量薄弱部位的大小决定，检测结果仅代表取芯位置的混凝土质量，不能据此对整个构件及结构强度作出总体评价。

2）芯样直径的选取。应根据不同的检测目的来确定芯样直径的规格，若钻取芯样的目的是修正回弹法的换算强度值或为了直接确定构件的混凝土强度值时，应尽量选取可方便制作标准芯样的ϕ100mm 规格芯样。芯样选取此直径，即可满足上述要求，一般情况下也可满足抗压试验试件直径为骨料直径的 3 倍的要求。在特殊情况下，当混凝土构件的主筋间距较小或构件所处部位不允许钻取ϕ100mm 规格芯样时，也可采用ϕ70mm 且不得小于骨料最大粒径的 2 倍的小直径芯样。

芯样内不宜含有钢筋，若无法避免，只允许含有垂直于轴线而离开端面 10mm 以上，且直径不大于 10mm 的钢筋 1 根。

3）芯样试件的钻取位置。应选择在受力较小的部位进行芯样钻取（如矩形框架柱长向边一侧压力较小处，梁的中性轴线或以下的部位等），避免在钻取芯样时对构件主筋造成损伤，同时也应避开构件中的管线等。

钻孔取芯后结构上留下的孔洞必须及时进行修补，修补后构件的承载力仍可能低于未钻芯前的承载力，因此钻芯法不宜普遍使用，更不宜在一个受力区域集中取芯。对于预应力混凝土结构，考虑到结构的安全问题，一般情况下应避免进行芯样的钻取。

4）现场芯样的钻取。试验室芯样试件的制作及芯样试件的抗压强度试验等各环节应遵循《钻芯法检测混凝土强度技术规程》（JGJ/T 384—2016）的有关规定。

（三）超声法

混凝土结构在施工过程中，由于技术管理不善或施工原因，可能造成混凝土内部存在疏松、蜂窝、孔洞和裂缝等缺陷，将在不同程度上影响结构承载能力。在工程验收、事故处理和结构鉴定过程中，为对结构进行补强和维修，必须进行混凝土缺陷和损伤的检测。采用超声波检测混凝土缺陷是目前应用较为广泛的方法。

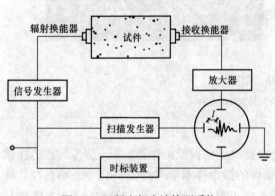

图 8-4 混凝土超声波检测系统

超声波脉冲实质上是超声检测仪的高频电振荡激励压电晶体发出的超声波在介质中的传播（图 8-4）。一般可采用黄油、凡士林或石膏浆涂抹在探头安装部位，保证探头和混凝土构件表面耦合良好。

混凝土强度愈高，相应超声波声速也愈大，经试验归纳，这种相关性可以用反映统计相关规律的非线性数学模型来拟合，即通过试验建立混凝土强度与声速的关系曲线（f—v 曲线）或经验公式。目前常用的相关关系表达式有：

指数函数方程 $$f_{cu}^c = Ae^{Bv} \tag{8-5}$$
幂函数方程 $$f_{cu}^c = Av^B \tag{8-6}$$
抛物线方程 $$f_{cu}^c = A + Bv + Cv^2 \tag{8-7}$$

式中　f_{cu}^c——混凝土强度换算值；

v——超声波在混凝土中传播速度；

A、B、C——分别为常数项。

在现场进行混凝土强度检测时，应选择试件浇筑混凝土的模板侧面为测试面，一般以200mm×200mm 的面积为一测区。每一试件上相邻测区间距不大于 2m。测试面应清洁平整、干燥、无缺陷和饰面层。每个测区内应在相对测试面上对应布置三个测点，相对面上对应的辐射和接收换能器应在同一轴线上。测试时必须保持换能器与被测混凝土表面良好的耦合，并使用黄油或凡士林等耦合剂，以减少声能的反射损失。

测区声波传播速度

$$v = \frac{l}{t_m} \tag{8-8}$$

式中　v——测区声速值，km/s；

　　　l——超声测距，mm；

　　　t_m——测区平均声时值，按式（8-9）计算，其中，t_1、t_2、t_3 分别为测区中 3 个测点的声时值，μs。

$$t_m = \frac{t_1 + t_2 + t_3}{3} \tag{8-9}$$

当在混凝土试件的浇筑顶面或底面测试时，声速值应作修正

$$v_u = \beta v \tag{8-10}$$

式中　v_u——修正后的测区声速值，km/s。

　　　β——超声测试面修正系数。在混凝土浇筑顶面及底面测试时，$\beta = 1.034$；在混凝土浇筑侧面测试时，$\beta = 1$。

由试验量测的声速，按 f_{cu}^c—v 曲线求得混凝土的强度换算值。

由于混凝土是一种非均匀介质，其强度与声速之间的定量关系受到骨料品种、骨料粒径、水泥品种、混凝土龄期、钢筋种类及配筋率等众多因素的影响，具有一定的随机性，尚未建立起统一的声速与混凝土强度的定量关系曲线（测强曲线），目前国内还没有关于单独的超声法检测混凝土强度的规范，同时单一地采用超声法测定混凝土强度，误差也往往比较大，目前较好的做法是用较多的综合指标来测定混凝土强度。

（四）超声回弹综合法

超声回弹综合法是指采用超声检测仪和回弹仪，在结构或构件混凝土的同一测区分别测量声速值和回弹值，再利用已建立的测强公式，推算该测区混凝土强度的方法。与单一的回弹法或超声法相比，超声回弹综合法具有以下优点：

（1）混凝土的龄期和含水率对回弹值和声速都有影响。混凝土含水率大，超声波的声速偏高，而回弹值偏低；另一方面，混凝土的龄期长，回弹值因混凝土表面碳化深度增加而增加，但超声波的声速随龄期增加的幅度有限。两者结合的综合法可以减少混凝土龄期和含水率对试验结果的影响。

（2）回弹法通过混凝土表层的弹性和硬度反映混凝土的强度，超声法通过整个截面的弹性特性反映混凝土的强度。采用回弹法测试低强度混凝土时，由于弹击可能产生较大的塑性变形，会影响测试精度，而超声波的声速随混凝土强度增长到一定程度后，增长速度下降，因此，超声法对较高强度的混凝土不敏感。采用超声回弹综合法，可以内外结合，相互弥补各自不足，较全面地反映混凝土的实际质量。

超声回弹综合法由于上述优点，使得其测量范围加大。例如，采用超声回弹综合法可以

不受混凝土龄期的限制，测试精度也有明显的提高。

采用超声回弹综合法检测混凝土强度的步骤与回弹法和超声法相同，在选定的测区宜先进行回弹测试，然后进行超声测试，分别得到回弹值和声速值。通过以下方法可得到混凝土的强度：

1）结构或构件第 i 个测区的混凝土强度换算值 f_{cu}^c 应按检测修正后的回弹值 R_a 及修正后的声速值 v_a，优先采用专用或地区的测强曲线推定。当无该类测强曲线时，《超声回弹综合法检测混凝土抗压强度技术规程》（T/CECS 02—2020）规定：经验证后也可按下列全国统一测区混凝土抗压强度换算公式计算

$$f_{cu,i}^c = 0.0286 v_{ai}^{1.999} R_{ai}^{1.155}$$ (8-11)

式中 $f_{cu,i}^c$——第 i 个测区混凝土强度换算值，MPa，精确至 0.1MPa；

　　　　v_{ai}——第 i 个测区修正后的超声声速值，km/s，精确至 0.01km/s；

　　　　R_{ai}——第 i 个测区修正后的回弹值，精确至 0.1。

2）当结构所用材料与制定的测强曲线所用材料有较大差异时，需用同条件试块或从结构构件测区钻取的混凝土芯样进行修正，此时，得到的测区混凝土强度换算值应乘以修正系数。修正系数和结构或构件混凝土强度的推定值 $f_{cu,e}$ 可按《超声回弹综合法检测混凝土抗压强度技术规程》（T/CECS 02—2020）规定确定。

最后，结构或构件混凝土强度的推定值 $f_{cu,e}$ 可按《超声回弹综合法检测混凝土抗压强度技术规程》（T/CECS 02—2020）所列条件确定。

应当指出，与单一的回弹法或超声法相比，超声回弹综合法可以在一定程度上提高测试精度，但同时也增加了检测工作量。特别是与单一的回弹法相比，超声回弹综合法不再具有简便快速的优势。

（五）拔出法

拔出法试验是用一金属锚固件预埋入未硬化的混凝土浇筑构件内，或在已硬化的混凝土构件上钻孔埋入一膨胀螺栓，然后测试锚固件或膨胀螺栓被拔出时的拉力，由被拔出的锥台形混凝土块的投影面积，确定混凝土的拔出强度，并由此推算混凝土的立方体抗压强度，这也是一种半破损试验的检测方法。

在浇筑混凝土时预埋锚固件的方法，称为预埋拔出法，或称 LOK 试验。在混凝土硬化后再钻孔埋入膨胀螺栓作为锚固件的方法，称为后装拔出法，或称 CAPO 试验。预埋拔出法常用于确定混凝土的停止养护、拆模时间及施加后张法预应力的时间，按事先计划要求布置测点。后装拔出法则较多用于已建结构混凝土强度的现场检测，检测混凝土的质量和判断硬化混凝土的现有实际强度。

具体操作过程可按《拔出法检测混凝土强度技术规程》（CECS 69—2011）的相关规定进行。拔出法试验用的锚固件膨胀螺栓如图 8-5 所示。其中预埋的锚固件拉杆可以是拆卸式的，也可以是整体式的。

拔出法试验的加荷装置是一专用的手动油压拉拔仪。整个加荷装置支承在承力环或三点支承的承力架上，油缸进油时对拔出杆均匀施加拉力，加荷速度控制在 0.5～1kN/s，在油压表或荷载传感器上显示拔力。

单个构件检测时，应至少进行三点拔出试验。当最大拔出力或最小拔出力与中间值之差

大于 5%时，在拔出力测试值的最低点附近再加测两点。对同批构件按批抽样检测时，构件抽样数应不少于同批构件的 30%，且不少于 10 件，每个构件不应少于三个测点。

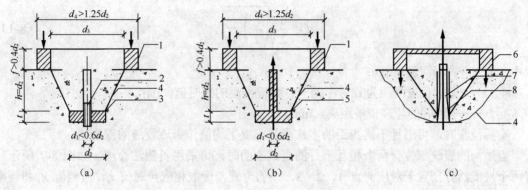

图 8-5　拔出法试验锚固件形式

（a）拉杆可拆卸的预埋锚固件；（b）整体式的预埋锚固件；（c）后装锚固件

1—承力环；2—可卸式拉杆；3—锚头；4—断裂线；5—整体锚固件；

6—承力架；7—后装式锚固件；8—后装钻孔

在结构或构件上的测点，宜布置在混凝土浇筑方向的侧面，应分布在外荷载或预应力钢筋压力引起应力最小的部位。测点分布均匀并应避开钢筋和预埋件。测点间距应大于 $10h$（h 为锚固件的锚固深度），测点距离试件端部应大于 $4h$（h 为锚固件的锚固深度）。

采用拔出法作为混凝土强度的推定依据时，必须按已经建立的拔出力与立方体抗压强度之间的相关关系曲线，由拔出力确定混凝土的抗压强度。目前国内拔出法的测强曲线一般都采用一元回归直线方程

$$f_{cu}^c = aF + b \qquad (8\text{-}12)$$

式中　f_{cu}^c——测点混凝土强度换算值，MPa，精确至 0.1MPa；

　　　F——测点拔出力，kN，精确至 0.1kN；

　　　a, b——回归系数。

8.2.2　混凝土缺陷检测

混凝土构件的缺陷检测可分为蜂窝、麻面、孔洞、夹渣、露筋、裂缝、疏松区和不同时间浇筑的混凝土结合面质量等项目。构件外部缺陷可通过目测、敲击、卡尺及放大镜等方式进行测量。对裂缝、内部空洞缺陷和表层损伤的检测，可采用超声法、冲击反射法等非破损检测方法，必要时可采用局部破损的方法对非破损的检测结果进行验证。

（一）超声法检测混凝土缺陷

（1）裂缝检测。

混凝土构件裂缝的检测，主要是检测其裂缝的深度、形状及走向。其检测方法有平测法、对测法和斜测法。

1）浅裂缝检测。对于结构混凝土开裂深度小于或等于 500mm 的裂缝，可用平测法或斜测法进行检测。

平测法适用于结构的裂缝部位只有一个可测表面的情况。如图 8-6 所示，将仪器的发射换能器和接收换能器对称布置在裂缝两侧，其距离为 l，超声波传播所需时间为 t_c。再将换能

器以相同距离 L 平置在完好的混凝土表面，测得传播时间为 t，则裂缝的深度 d 可按式（8-13）进行计算

$$d_c = \frac{L}{2} \sqrt{\left(\frac{t_c}{t}\right)^2 - 1}$$　　　　　　　　　　　　　　　（8-13）

式中　　d_c——裂缝深度，mm；

　　　　t、t_c——分别代表测距为 L 时不跨缝、跨缝平测的声时值，μs；

　　　　L——平测时的超声传播距离，mm。

实际检测时，可进行不同测距的多次测量，取平均值作为该裂缝的深度值。

当结构的裂缝部位有两个相互平行的测试表面时，可采用斜测法检测。如图 8-7 所示，将两个换能器分别置于对应测点 1，2，3，…的位置，读取相应声时值 t_i、波幅值 A_i 和频率值 f_i。

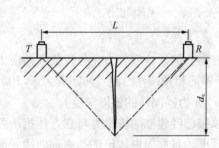

图 8-6　平测法检测裂缝深度

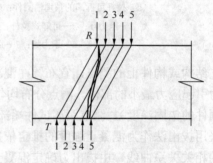

图 8-7　斜测法检验裂缝深度

当两换能器连线通过裂缝时，则接收信号的波幅和频率明显降低。对比各测点信号，根据波幅和频率的突变，可以判定裂缝的深度以及是否在平面方向贯通。

按上述方法检测时，在裂缝中不得有积水或泥浆。另外，当结构或构件中有主钢筋穿过裂缝且与两换能器连线大致平行时，测点布置时应使两换能器连线与钢筋轴线至少相距 1.5 倍的裂缝预计深度，以减少量测误差。

2）深裂缝检测。对于在大体积混凝土中预计深度在 500mm 以上的深裂缝，采用平测法和斜测法有困难时，可采用钻孔探测，见图 8-8。

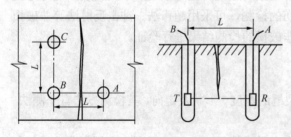

图 8-8　钻孔检测裂缝深度

在裂缝两侧钻两孔，孔距宜为 2000mm。测试前向测孔中灌注清水，作为耦合介质，将发射和接收换能器分别置入裂缝两侧的对应孔中，以相同高程等距自上向下同步移动，在不同的深度上进行对测，逐点读取声时和波幅数据。绘制换能器的深度和对应波幅值的 d-A 坐标图（图 8-9）。波幅值随换能器下降的深度逐渐增大，当波幅达到最大并基本稳定的对应深度，便是裂缝深度 d_c。

钻孔探测方法还可用于混凝土钻孔灌注桩的孔洞、蜂窝、疏松不密实和桩内泥沙或砾石

夹层，以及可能出现的断桩部位等质量问题检测。

（2）内部空洞缺陷的检测。

超声检测混凝土内部的不密实区域或空洞是根据各测点的声时（或声速）、波幅或频率值的相对变化，确定异常测点的坐标位置，从而判定缺陷的范围。当结构具有两互相平行的测面时可采用对测法。在测区的两对相互平行的测试面上，分别画间距为 200～300mm 的网格，确定测点的位置（图 8-10）。对于只有一对相互平行的侧面时可采用斜测法。即在测区的两个相互平行的测试面上，分别画出交叉测试的两组测点位置（图 8-11）。

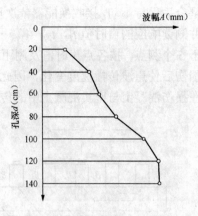

图 8-9　裂缝深度和波幅值 d-A 坐标图

当结构测试距离较大时，可在测区的适当部位钻出平行于结构侧面的孔洞，直径为 45～50mm，其深度视测试需要而定。

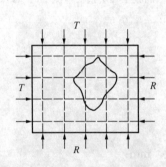

图 8-10　混凝土缺陷对测法测点位置

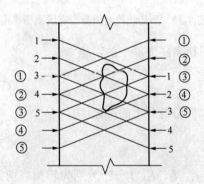

图 8-11　混凝土缺陷斜测法测点位置

测试时，记录每一测点的声时、波幅、频率和测距，当某些测点出现声时延长，声能被吸收和散射，波幅降低，高频部分明显衰减的异常情况时，通过对比同条件混凝土的声学参数，可确定混凝土内部存在的不密实区域和空洞范围。

当被测部位混凝土只有一对可供测试的表面时，混凝土内部空洞尺寸可按式（8-14）估算（图 8-12）

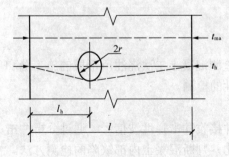

图 8-12　混凝土内部空洞尺寸估算

$$r = \frac{l}{2} \sqrt{\left(\frac{t_h}{t_{ma}}\right)^2 - 1} \qquad (8-14)$$

式中　r——空洞半径，mm；

　　　　l——检测距离，mm；

　　　　t_h——缺陷处的最大声时值，μs；

　　　　t_{ma}——无缺陷区域的平均声时值，μs。

（二）表层损伤的检测

混凝土结构受火灾、冻害和化学侵蚀等引起混凝土表面损伤，其损伤的厚度也可采用表面平测法进行检测。检测时，换能器测点如图 8-13 所示布置。将发射换能器在测试表面 A 点耦合后保持不动，接收换能器依次耦合安置在 B_1, B_2, B_3, …，每次移动距离不宜大于 100mm，并测读响应的声时值 t_1, t_2, t_3, … 及两换能器之间的距离 l_1, l_2, l_3, …，每一测区内不得少于 5 个测点。按各点声时值及测距绘制损伤层检测"时—距"坐标图（图 8-14）。由于混凝土损伤后使声波传播速度变化，因此在时—距坐标图上将出现转折点，并由此可分别求得声波在损伤混凝土与密实混凝土中的传播速度。

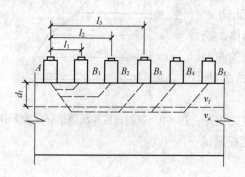

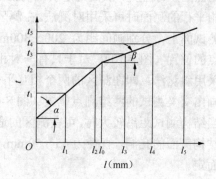

图 8-13　平测法检测混凝土表层损伤厚度　　　图 8-14　混凝土表层损伤检测"时—距"坐标

损伤表层混凝土的声速

$$v_f = \cot\alpha = \frac{l_2 - l_1}{t_2 - t_1} \tag{8-15}$$

未损伤混凝土的声速

$$v_a = \cot\beta = \frac{l_5 - l_3}{t_5 - t_3} \tag{8-16}$$

式中　l_1, l_2, l_3, l_5——分别为转折点前后各测点的测距，mm；

　　　t_1, t_2, t_3, t_5——相对于测距 l_1, l_2, l_3, l_5 的声时，μs。

混凝土表面损伤层的厚度

$$d_f = \frac{l_0}{2}\sqrt{\frac{v_a - v_f}{v_a + v_f}} \tag{8-17}$$

式中　d_f——表层损伤厚度，mm；

　　　l_0——声速产生突变时的测距，mm；

　　　v_a——未损伤混凝土的声速，km/s；

　　　v_f——损伤层混凝土的声速，km/s。

按照超声法检测混凝土缺陷的原理，还可应用于检测混凝土二次浇注所形成的施工缝和加固修补结合面的质量以及混凝土各部位的相对均匀性的检测。

（三）冲击回波法检测混凝土缺陷

冲击回波法是通过冲击方式产生瞬态冲击弹性波并接收冲击弹性波信号，通过分析冲击弹性波及其回波的波速、波形和主频频率等参数的变化，判断混凝土内部缺陷的检测方法。该方法还可用于混凝土结构厚度、灌浆质量检测、结合面情况检测及表层浅裂缝的检测。

当构件内部均匀且无缺陷时，此时弹性波在构件中传播时主要在构件顶、底界面之间来回反射。其共振频率主要成分是顶、底界面之间来回反射的共振频率，在频谱图中体现为单峰形态。测试对象厚度 H、测试对象表观波速 v 和频谱图主频 f 之间有以下关系

$$H = \frac{v}{2f} \tag{8-18}$$

当结构内部存在缺陷时，弹性波在信号传播过程中一部分会在缺陷顶面发生反射，另一部分还将绕过缺陷继续向结构的底部传播，在传播至结构底部时再反射回来，因此在频谱图中体现为多峰形态。通过对接收弹性波信号的频谱分析可判断其内部缺陷情况（见图 8-15 和图 8-16）。

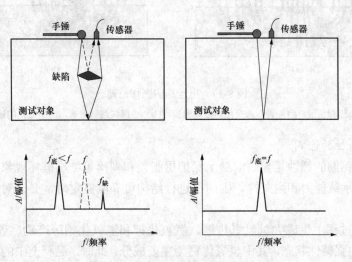

图 8-15 混凝土内部质量检测示意图

8.2.3 混凝土结构钢筋检测

混凝土结构钢筋检测内容主要包括钢筋的配置、钢筋的材质和钢筋的锈蚀。有相应检测要求时，可对钢筋的锚固与搭接、框架节点及柱加密区箍筋和框架柱与墙体的拉结筋进行检测。

（一）钢筋配置的检测

对已建混凝土结构作施工质量诊断及可靠性鉴定时，要求确定钢筋位置、布筋情况、正确测量混凝土保护层厚度和估测钢筋的直径。当采用钻芯法检测混凝土强度时，为在钻芯部位避开钢筋，也应作钢筋位置的检测。钢筋位置、保护层厚度和钢筋数量，宜采用非破损

图 8-16 冲击回波仪

的雷达法或电磁感应法进行检测，必要时可凿开混凝土进行钢筋直径或保护层厚度的验证。

钢筋位置测试仪是利用电磁感应原理进行检测（工作原理见图 8-17）。混凝土是带弱磁性的材料，结构内配置的钢筋则是带有强磁性的，混凝土中原来的均匀磁场在配置钢筋后，就会使磁力线集中于沿钢筋的方向。检测时，当钢筋测试仪的探头接触结构混凝土表面，探头中的线圈通过交流电时，将在线圈周围产生交流磁场。该磁场中由于有钢筋存在，线圈电压和感应电流强度会发生变化，同时由于钢筋的影响，产生的感应电流相位与原交流电相位产生偏移。该变化值是钢筋与探头的距离和钢筋直径的函数。钢筋愈近探头、钢筋直径愈大时，感应强度愈大，相位差也愈大。

电磁感应法检测比较适用于配筋稀疏与混凝土表面距离较近（即保护层不太大）的钢筋检测，同时钢筋又布置在同一平面或不同平面内距离较大时，可取得较满意效果。

具体操作可参考《混凝土中钢筋检测技术标准》（JGJ/T 152—2019）中相关规定进行。

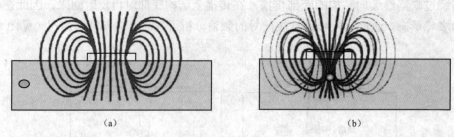

(a)　　　　　　　　　　　　　　　　(b)

图 8-17　电池感应工作原理

（a）当探头远离钢筋时，未变化的磁场图像；（b）当探头遇到钢筋，产生变化的磁场图像

（二）钢筋锈蚀的检测

已建建筑物钢筋的锈蚀是导致混凝土保护层胀裂和剥落等结构破坏现象的主要原因，直接影响到结构的承载能力和耐久性。因而在进行结构可靠度鉴定时，必须对钢筋锈蚀情况进行检测。

水泥在水化过程中生成大量氢氧化钙、氢氧化钾和氢氧化钠等产物，使硬化水泥的 pH 值达到 12～13 的强碱性状态，其中氢氧化钙为主要成分。此时，混凝土中的水泥石对钢筋有一定的保护作用，使钢筋处于碱性纯化状态。由于混凝土长期暴露于空气中，表面混凝土会逐渐碳化，当混凝土碳化深度达到钢筋表面时，水泥石失去对钢筋的保护作用。当然并非所有失去混凝土保护作用的钢筋都会发生锈蚀，只有受有害气体和液体介质以及处在潮湿环境中的钢筋才会锈蚀。锈蚀发展到一定程度，由于锈皮体积膨胀，混凝土表面将出现沿钢筋（主要是主筋）方向的纵向裂缝。纵向裂缝出现后，钢筋即与外界接触使锈蚀迅速发展，致使混凝土保护层脱落、掉角及露筋。老化严重处混凝土表面呈现酥松剥落，从外观即可判别。

检测时可采用以铜—硫酸铜作为参考电极的半电池探头的钢筋锈蚀测量仪，用半电池电位法测量钢筋表面与探头之间的电位差，利用钢筋锈蚀程度与测量电位间建立的一定关系，由电位高低变化的规律，判断钢筋锈蚀的可能性及其锈蚀程度。表 8-3 为钢筋锈蚀性状的判据。具体操作可参考《混凝土中钢筋检测技术标准》（JGJ/T 152—2019）中相关规定进行。

表 8-3　　　　　　　　　　　半电池电位值评价钢筋锈蚀性状的判据

电位水平（mV）	钢筋锈蚀性状
>−200	不发生锈蚀的概率>90%
−200～−350	锈蚀性状不确定，可能有坑蚀
>−350	发生锈蚀的概率>90%，可能大面积锈蚀

主筋达到中度锈蚀后，结构表面混凝土将出现沿主筋方向的裂缝，严重时混凝土保护层剥落。当构件主筋锈蚀后，除了使钢筋面积削弱外还会使钢筋与混凝土协调工作性能降低，

锈坑引起的应力集中和缺口效应将导致钢筋的屈服强度和构件的承载能力降低。

8.3　钢结构的现场检测技术

钢结构由于其轻质高强和材料力学性能各相同性的特点，现已成为工程结构中应用非常广泛的结构形式，包括高层结构、超高层结构、大跨结构和空间异型结构等。钢结构最典型的破坏方式是失稳破坏和疲劳断裂破坏。钢结构的缺陷主要来自以下方面：

（1）钢结构焊接施工工艺不当引起的焊缝内部缺陷（包括咬边、气孔、夹渣和未熔透等）。

（2）钢材下料过程中的加工误差（包括构件截面尺寸误差、螺栓孔孔径误差、厚板焊接所引起的变形等）。

（3）钢板或型钢出厂时的生产误差（主要指板材的厚度）。

（4）设计或施工不合理所引起的结构缺陷（包括钢结构的防腐和防火处理不当、结构的构造措施不当和连接节点处理不当等）。

钢结构检测主要包括钢材力学性能检测、化学成分分析、焊缝质量检测、紧固件性能及连接质量检测、尺寸与变形检测、外观质量与损伤检测、涂装质量检测、钢围护结构质量检测、静力荷载检验与结构动力特性检测等。本节主要介绍钢材力学性能检测和焊缝质量检测。

8.3.1　钢材的力学性能检测

（一）力学性能检验项目和方法

当工程尚有与结构同批的钢材时，可以将其加工成试件，进行钢材力学性能检验；当工程没有与结构同批的钢材时，可在构件上截取试样进行钢材力学性能检验，但应确保结构构件安全。对结构构件钢材的力学性能检验可分为屈服强度、抗拉强度、伸长率、冷弯性能和冲击韧性等项目。

钢材力学性能检验试件的取样数量、取样方法、试验方法和评定标准应符合表 8-4 的规定。

表 8-4　　　　　　　　　　　　　材料力学性能检验项目和方法

检验项目	取样方法	试验方法	评定标准
屈服强度、抗拉强度、伸长率	《钢及钢产品 力学性能试验取样位置及试样制备》（GB/T 2975—2018）	《金属材料 拉伸试验 第 1 部分：室温试验方法》（GB/T 228.1—2021）	《碳素结构钢》（GB/T 700—2006）；《低合金高强度结构钢》（GB/T 1591—2018）；《建筑结构用钢板》GB/T 19879—2015；《厚度方向性能钢板》GB/T 5313—2010
冷弯性能		《金属材料 弯曲试验方法》（GB/T 232—2010）	
冲击韧性		《金属材料 夏比摆锤冲击试验方法》（GB/T 229—2020）	

当被检验钢材的屈服点或抗拉强度不满足要求时，应补充取样进行拉伸试验。补充试验应将同类构件同一规格的钢材划为一批，每批抽样 3 个。

（二）表面硬度推定钢材的力学性能

当已建建筑物在进行钢材取样时对结构本身的损伤很大，甚至会危及结构的安全时，可采用在钢材表面测定其硬度，并通过硬度值来检测钢材强度。

常用的现场检测钢材表面硬度的方法为里氏硬度法，里氏硬度法是一种动态硬度试验法，用规定质量的冲击体在弹簧力作用下以一定速度垂直冲击试样表面，以冲击体在距试样表面 1mm 处的回弹速度（v_R）与冲击速度（v_A）的比值来表示材料的里氏硬度。

里氏硬度 HL 按式（8-19）计算

$$HL = 1000 \frac{v_R}{v_A} \tag{8-19}$$

式中　HL——里氏硬度；

　　　v_R——回弹速度，m/s；

　　　v_A——冲击速度，m/s。

在建筑物现场里氏硬度法进行检测主要依据《建筑结构检测技术标准》（GB/T 50344—2019）中附录 N 的相关要求进行，在测得里氏硬度法代表值后可推定被测钢材的抗拉强度最大值及最小值。然后根据《碳素结构钢》（GB/T 700—2006）、《低合金高强度结构钢》（GB/T 1591—2018）等标准获得相应材料的抗拉强度值，并推定其钢材种类及力学性能指标。

为进一步更准确地掌握钢材的类型，也可以依据《钢结构现场检测技术标准》（GB/T 50621—2010）对钢材进行少量取样后进行化学成分分析，通过其化学成分推定钢材种类。

常用的里氏硬度计通常为数字式，带有热敏打印机可直接打印测量硬度值，可实现多种硬度值（里氏 HL）、肖氏（HS）、布氏（HB）、洛氏 A（HRA）、洛氏 B（HRB）、洛氏 C（HRC）、维氏（HV）间的转换，并可通过内置数据进行转换后直接显示钢材种类及力学性能指标，里氏硬度计实物图如图 8-18 所示。

8.3.2　焊缝质量检测

焊接是钢结构中应用最广泛的连接方法，对应的事故也比较多，因此应检查其缺陷。

焊缝缺陷是指焊接过程中产生于焊缝金属或附近热影响区钢材表面或内部的缺陷。常见的缺陷有裂纹、焊瘤、烧穿、弧坑、气孔、未焊透、夹渣、咬边、未熔合及焊缝尺寸不符合要求、焊缝成形不良等。

焊缝质量检测可以采用目视检测、无损检测（超声波检测、磁粉检测、渗透检测、射线检测等）进行，较为常用的无损检测手段为超声波检测、磁粉检测和射线检测。

（一）超声波检测焊缝质量

对于钢结构焊缝目前主要采用脉冲反射式直接接触法超声波探伤，其原理为利用超声波探伤仪将超声波信号（机械振动）借助于声耦合介质传入到金属中。如果在金属中存在缺陷，则发送的超声波信号的一部分就会在缺陷处被反射回来，通过超声波探伤仪接收该超声波信号，并经数字转换后测量该信号的幅度及其传播时间就可评定工件中该缺陷的严重程度及位置（实物见图 8-19、原理见图 8-20）。

图 8-18　数字式里氏硬度计

图 8-19　超声波探伤仪

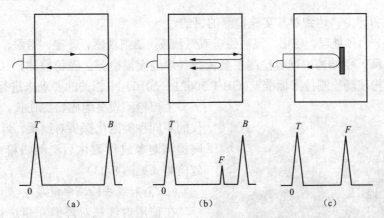

图 8-20　超声探伤法原理示意图

(a) 无缺陷；(b) 有小缺陷；(c) 有大缺陷

超声探伤法包括垂直探伤和斜角探伤两种方法（分别见图 8-21 和图 8-22）。垂直探伤是指超声波信号垂直于工件表面进入物体的探伤方法，垂直探伤法主要用于铸件、锻件、板材和复合材料的检测。斜角探伤法是利用超声波的折射特性使超声波倾斜入射到物体中的一种探伤方法，常用于焊缝、管件等内部缺陷的检测。焊缝检测中斜角探伤法有利于检测裂纹、未熔合等危险性缺陷，是焊缝检测采用的主要方法之一。

结构设计要求全熔透的一、二级焊缝均应采用超声波进行焊缝内部缺陷检测。

对于钢材厚度大于或等于 8mm、曲率半径大于或等于 160mm 的碳素结构钢和低合金高强度结构钢的对接全熔透焊缝依据《焊缝无损检测　超声检测　技术、检测等级和评定》（GB/T 11345—2013）和《焊缝无损检测　超声检测　验收等级》（GB/T 29712—2013）进行检测和评定；对钢材壁厚为 4～8mm、曲率半径为 60～160mm 的钢管对接焊缝与相贯节点焊缝内部缺陷的超声检测，依据《钢结构超声波探伤及质量分级法》（JG/T 203—2007）进行检测和评定。

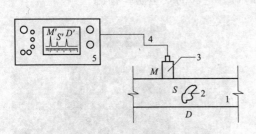

图 8-21　垂直探伤法

1—试件；2—缺陷；3—探头；4—电缆；5—探伤仪

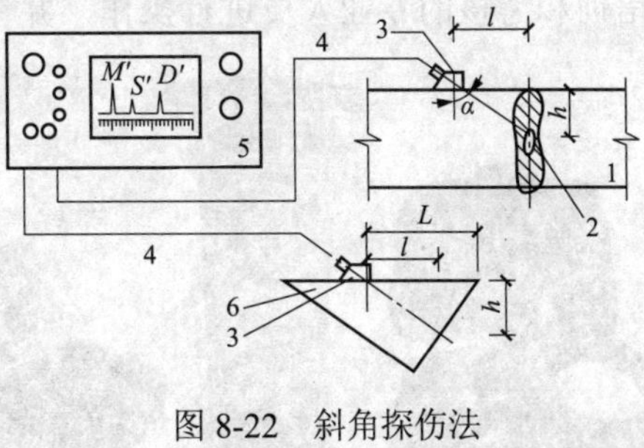

图 8-22　斜角探伤法

1—试件；2—缺陷；3—探头；4—电缆；5—探伤仪；6—标准试块

（二）磁粉检测焊缝质量

磁粉检测是利用被测物体上的漏磁场与合适的检测介质作用来发现铁磁性材料物体（如钢材、焊缝等）表面与近表面的不连续的无损检测方法。

它是在被测物体被磁化后，由于材料上的不连续存在，其表面和近表面的磁力线发生局部畸变而产生漏磁场，吸附施加在零件表面的磁粉（一种检测用的粉状磁性颗粒），形成在合适光照下目视可见的磁粉图像，显示出不连续的位置、形状和大小，再对这些磁粉的显示加以观察、解释和评定，达到对其实施检测的目的。

磁粉检测分为预处理、磁化、浇洒磁粉或磁悬液、磁痕观察、评定、退磁、后处理等多个步骤来完成检测。钢结构中焊缝检测主要依据《焊缝无损检测　磁粉检测》（GB/T 26951—2011）、《钢结构现场检测技术标准》（GB/T 50621—2010）中相关的要求来进行检测和评定。

图 8-23　磁粉探伤仪及磁化探头

主要检测设备为磁粉探伤仪，通过磁粉探伤仪的不同种类磁化探头对钢板、焊缝、钢管等不同检测对象进行磁化后浇洒磁粉或磁悬液来实施检测（见图 8-23）。

（三）射线法检测焊缝质量

在使用射线法对焊缝质量进行检测时最常用的方法为射线照相法，其检测原理为利用射线源产生强度均匀 X 射线或 γ 射线，并使其照射物体。如果物体局部区域存在缺陷或结构存在差异，它将改变物体对射线的衰减，使得不同部位透射射线强度不同，采用胶片记录透射射线强度，就可以判断物体内部的缺陷大小和位置（见图 8-24 及图 8-25）。

在进行检测时通常将被检的物体安放在离 X 射线或 γ 射线装置 50cm 到 1m 的位置处，把胶片盒紧贴在试样背后，让射线照射适当的时间（几分钟至几十分钟）进行曝光。

把曝光后的胶片在暗室中进行显影、定影、水洗和干燥。将干燥的底片放在观片灯的显示屏上观察，根据片的黑度和图像来判断存在缺陷的种类、大小和数量。随后按通行的标准对缺陷进行评定和分级。主要依据的检测规范为《焊缝无损检测　射线检测　第 1 部分：X 和伽玛射线的胶片技术》（GB/T 3323.1—2019）、《焊缝无损检测　射线检测　第 2 部分：使用数字化探测器的 X 和伽玛射线技术》（GB/T 3323.2—2019）。

需要注意的是无损检测所用的射线对人体有较大的伤害作用，射线法检测焊缝质量需由经过培训和考核的专业人员进行操作，并在检测时做好足够的安全防护措施。

图 8-24　X 射线探伤仪

图 8-25　γ 射线放射源

8.4　砌体结构的现场检测技术

砌体结构是我国工业与民用建筑中普遍采用的结构形式之一，具有造价低、建筑性能良好、施工简便等优点。但砌体结构的强度较低，对基础不均匀沉降以及温度应力非常敏感，结构性能受施工质量的影响较大，结构的耐久性和抗震性能不如混凝土结构和钢结构。新建砌体结构的施工质量和已建砌体结构的可靠性鉴定是工程结构检测鉴定的主要任务之一。

砌体结构非破损检测的主要内容是砂浆、块体和砌体强度。在对砌体结构进行可靠性鉴定时，现场调查的内容还包括砌体的组砌方式、灰缝厚度和砂浆饱满度、截面尺寸、主要承重构件的垂直度以及裂缝分布特征等。

砌体的现场非破损或微破损检测方法很多，有直接对砌体施加荷载的原位压力试验，有检测块体与砂浆之间的抗剪性能的剪切试验，还有对砂浆进行检测试验的各种方法。通常，可用回弹法检测块体的强度，现场检测得到砂浆强度后即可推定砌体抗压强度。但是这种检验方法不能反映组砌方式、灰缝饱满度等因素对砌体抗压强度的影响。因此，现场直接检测砌体强度的微破损检测方法仍大量应用于砌体工程。

8.4.1　砌块强度的测定

砌筑块材的检测可分为砌筑块材的强度及强度等级、尺寸偏差、外观质量、抗冻性能、块材品种等检测项目。强度检测一般可采用取样法、回弹法、取样结合回弹的方法或钻芯法检测。最理想的方法是在结构上截取块材，由抗压试验确定相应的强度指标。但受现场条件限制，有时也采用回弹法、取样结合回弹的方法或钻芯法检测推断块材强度。下面主要介绍回弹法。

（一）回弹法

回弹法检测烧结普通砖的基本原理与混凝土强度检测的回弹法相同。应采用专门的 HT-75 型砖块回弹仪分别测量砖砌体内砖块回弹值。

对检测批的检测，每个检测批中可布置 5～10 个回弹测区，每个测区可抽取 5～10 块砖进行回弹检测。回弹测点布置在外观质量合格砖的条面上，每块砖的条面布置 5 个回弹测点，测点应避开气孔，且测点之间应留有一定的间距。

以每块砖的回弹测试平均值 R_m 为计算参数，按相应的测强曲线计算单块砖的抗压强度换算值；当没有相应的换算强度曲线时，经过试验验证后，可按式（8-20）计算单块砖的抗压强度换算值：

黏土砖　　　　　　　　　　　　$f_{1,i} = 1.08 R_{m,i} - 32.5$　　　　　　　　　　（8-20a）

页岩砖　　　　　　　　　　　　$f_{1,i} = 1.06 R_{m,i} - 31.4$　　　　　　　　　　（8-20b）

煤矸石砖　　　　　　　　　　　$f_{1,i} = 1.05 R_{m,i} - 27.0$　　　　　　　　　　（8-20c）

式中　$R_{m,i}$——第 i 块砖回弹测试平均值；

　　　$f_{1,i}$——第 i 块砖抗压强度换算值。

回弹法检测烧结普通砖的抗压强度时宜配合取样检验的验证。

（二）砌筑块材强度检测的要求

（1）砌筑块材强度的检测，应将块材品种相同、强度等级相同、质量相近、环境相似的砌筑构件划为一个检测批，每个检测批砌体的体积不宜超过 250m³。

（2）当依据砌筑块材强度和砌筑砂浆强度确定砌体强度时，砌筑块材强度的检测位置宜与砌筑砂浆强度的检测位置对应。

（3）除了有特殊的检测目的之外，砌筑块材强度的检测时，取样检测的块材试样的外观质量应符合相应产品标准的合格要求，不应选择受灾害影响或环境侵蚀作用的块材作为试样或回弹测区，块材的芯样试件，不得有明显的缺陷。

（4）砖和砌块尺寸及外观质量检测可采用取样检测或现场检测的方法。砖和砌块尺寸的检测，每个检测批可随机抽检 20 块块材，现场检测可仅抽检外露面；砖和砌块外观质量的检查可分为缺棱掉角、裂纹、弯曲等。现场检查可检查砖或块材的外露面；检查方法和评定指标应按现行相应产品标准确定。

（5）砌筑块材外观质量不符合要求时，可根据不符合要求的程度降低砌筑块材的抗压强度；砌筑块材的尺寸为负偏差时，应以实测构件的截面尺寸作为构件安全性验算和构造评定的参数。

8.4.2　砌筑砂浆强度的测定

砌筑砂浆的检测项目可分为砂浆强度、品种、抗冻性和有害元素含量等。检测砌筑砂浆的强度宜采用取样的方法检测，如推出法、筒压法、砂浆片剪切法、点荷法等；检测砌筑砂浆强度的匀质性，可采用非破损的方法检测，如回弹法、射钉法、贯入法、超声法、超声回弹综合法等。当这些方法用于检测已建建筑砌筑砂浆强度时，宜配合有取样的检测方法。下面介绍几个主要的检测方法。

（一）推出法

该法采用推出仪从墙体上水平推出单块丁砖，测得水平推力及推出砖下的砂浆饱满度，以此推定砌筑砂浆抗压强度。推出法适用于推定 240mm 厚烧结普通砖、烧结多孔砖、蒸压灰砂砖或蒸压粉煤灰砖墙体中的砌筑砂浆强度，所测砂浆的强度宜为 1～15MPa。

（1）试体及测试设备。推出仪由钢制部件、传感器、推出力峰值测定仪等组成，见图 8-26。检测时，将推出仪安放在墙体的孔洞内。

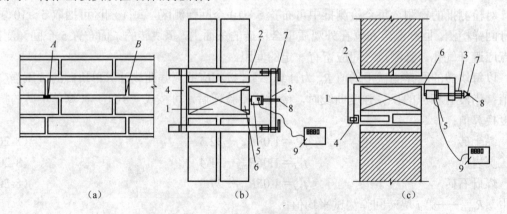

图 8-26　推出仪及测试安装
（a）试件加工步骤示意；（b）平剖面；（c）纵剖面
1—被推出丁砖；2—支架；3—前梁；4—后梁；5—传感器；6—垫片；
7—调平螺丝；8—传力螺杆；9—推出力峰值测定仪

测点宜均匀布置在墙上，并应避开施工中的预留洞口；被推丁砖的承压面可采用砂轮磨平，并应清理干净；被推丁砖下的水平灰缝厚度应为 8～12mm；测试前，被推丁砖应编号，并详细记录墙体的外观情况。

（2）测试方法。取出被推丁砖上部的两块顺砖，应符合下列规定：

1）试件准备。使用冲击钻在图 8-26（a）所示 A 点打出约 40mm 的孔洞；用锯条自 A 至

B 点锯开灰缝；将扁铲打入上一层灰缝，取出两块顺砖；用锯条锯切被推丁砖两侧的竖向灰缝，直至下皮砖顶面；开洞及清缝时，不得扰动被推丁砖。

2）安装推出仪。用尺测量前梁两端与墙面距离，使其误差小于 3mm。传感器的作用点在水平方向应位于被推丁砖中间，铅垂方向应距被推丁砖下表面之上 15mm 处。

3）加载试验。旋转加荷螺杆对试件施加荷载，加荷速度宜控制在 5kN/min。当被推丁砖和砌体之间发生相对位移时，试件达到破坏状态。记录推出力 N_{ij}。取下被推丁砖，用百格网测试砂浆饱满度 B_{ij}。

（3）数据整理：

1）单个测区的推出力平均值，应按式（8-21）计算

$$N_i = \xi_{3,i} \frac{1}{n_1} \sum_{j=1}^{n_1} N_{ij} \tag{8-21}$$

式中　N_i——第 i 个测区的推出力平均值，kN，精确至 0.01kN；

N_{ij}——第 i 个测区第 j 块测试砖的推出力峰值，kN；

$\xi_{3,i}$——砖品种的修正系数，对烧结普通砖，取 1.00，对蒸压（养）灰砂砖，取 1.14。

2）测区的砂浆饱满度平均值，应按式（8-22）计算

$$B_i = \frac{1}{n_1} \sum_{j=1}^{n_1} B_{ij} \tag{8-22}$$

式中　B_i——第 i 个测区的砂浆饱满度平均值，以小数计；

B_{ij}——第 i 个测区第 j 块测试砖下的砂浆饱满度实测值，以小数计。

3）测区的砂浆强度平均值，应按式（8-23）和式（8-24）计算

$$f_{2,i} = 0.3(N_i/\xi_{4,i})^{1.19} \tag{8-23}$$

$$\xi_{4,i} = 0.45B_i^2 + 0.9B_i \tag{8-24}$$

式中　$f_{2,i}$——第 i 个测区的砂浆强度平均值，MPa；

$\xi_{4,i}$——推出法的砂浆强度饱满度修正系数，以小数计。

当测区的砂浆饱满度平均值小于 0.65 时，不宜按上述公式计算砂浆强度；宜选用其他方法推定砂浆强度。

（二）筒压法

将取样砂浆破碎、烘干并筛分成符合一定级配要求的颗粒，装入承压筒并施加筒压荷载后，检测其破损程度，以筒压比表示，以此推定其抗压强度的方法。

（1）试体及测试设备。从砖墙中抽取砂浆试样，在试验室内进行筒压荷载试验，测试筒压比，然后换算为砂浆强度。承压筒（图 8-27）可用普通碳素钢或合金钢自行制作，也可用测定轻骨料筒压强度的承压筒代替。

（2）现场测试。在每一测区，从距墙表面 20mm 以内的水平灰缝中凿取砂浆约 4000g，砂浆片（块）的最小厚度不得小于 5mm。每次取烘干样品约 1000g，置于孔径 5mm、10mm、15mm 标准筛所组成的套筛中，机械摇筛 2min 或手工摇筛 1.5min。称取粒级 5～10mm 和 10～15mm 的砂浆颗粒各 250g，混合均匀后即为一个试样。共制备三个试样。每个试样应分两次装入承压筒。每次约装 1/2，在水泥跳桌上跳振 5 次。第二次装料并跳振后，整平表面，安上承压盖。

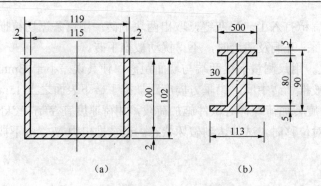

图 8-27　承压筒构造

(a) 承压筒剖面；(b) 承压盖剖面

　　将装料的承压筒置于试验机上，盖上承压盖，开动压力试验机，于 20～40s 内均匀加荷至规定的筒压荷载值后，立即卸荷。不同品种砂浆的筒压荷载值分别为：水泥砂浆、石粉砂浆为 20kN；水泥石灰混合砂浆、粉煤灰砂浆为 10kN。将施压后的试样倒入由孔径 5mm 和 10mm 标准筛组成的套筛中，装入摇筛机摇筛 2min 或人工摇筛 1.5min，筛至每隔 5s 的筛出量基本相等。

　　称量各筛筛余试样的重量（精确至 0.1g），各筛的分计筛余量和底盘剩余量的总和，与筛分前的试样重量相比，相对差值不得超过试样重量的 0.5%；当超过时，应重新进行试验。

　　（3）数据整理：

　　1）标准试样的筒压比，应按式（8-25）计算

$$T_{ij} = \frac{t_1 + t_2}{t_1 + t_2 + t_3} \qquad (8-25)$$

式中　　　T_{ij}——第 i 个测区中第 j 个试样的筒压比，以小数计；

　　t_1、t_2、t_3——分别为孔径 5mm、10mm 筛的分计筛余量和底盘中剩余量。

　　2）测区的砂浆筒压比，应按式（8-26）计算

$$T_i = \frac{T_{i1} + T_{i2} + T_{i3}}{3} \qquad (8-26)$$

式中　　　T_i——第 i 个测区的砂浆筒压比平均值，以小数计，精确至 0.01；

　　T_{i1}、T_{i2}、T_{i3}——分别为第 i 个测区三个标准砂浆试样的筒压比。

　　3）根据筒压比，测区的砂浆强度平均值应按式（8-27）计算：

水泥砂浆　　　　　　　　$f_{2,i} = 34.58(T_i)^{2.06}$　　　　　　　　　（8-27a）

水泥石灰混合砂浆　　　　$f_{2,i} = 6.1(T_i) + 11(T_i)^2$　　　　　　　（8-27b）

粉煤灰砂浆　　　　　　　$f_{2,i} = 2.52 - 9.4(T_i) + 32.8(T_i)^2$　　　（8-27c）

石粉砂浆　　　　　　　　$f_{2,i} = 2.7 - 13.9(T_i) + 44.9(T_i)^2$　　（8-27d）

　　（三）砂浆片剪切法

　　采用砂浆测强仪检测砂浆片的抗剪强度，以此推定砌筑砂浆抗压强度的方法。

　　（1）试体及测试设备。从砖墙中抽取砂浆片试样，宜从每个测点处取出两个砂浆片，一片用于检测，一片备用。采用砂浆测强仪测试其抗剪强度，然后换算为砂浆强度。砂浆测强仪的工作状况如图 8-28 所示。

　　（2）测试方法。从测点处的单块砖大面上取下的原状砂浆大片；同一个测区的砂浆片，

应加工成尺寸接近的片状体，大面、条面均匀平整，单个试件的各向尺寸宜为：厚度 7～15mm，宽度 15～50mm，长度按净跨度不小于 22mm 确定。砂浆试件含水率，应与砌体正常工作时的含水率基本一致。

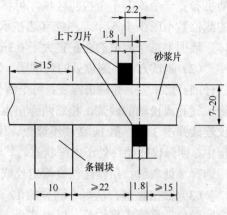

图 8-28　砂浆测强仪工作原理

调平砂浆测强仪、使水准泡居中；将砂浆试件置于砂浆测强仪内，并用上刀片压紧；开动砂浆测强仪，对试件匀速连续施加荷载，加荷速度不宜大于 10N/s，直至试件破坏；试件破坏后，应记读压力表指针读数，并根据砂浆测强仪的校验结果换算成剪切荷载值；用游标卡尺或最小刻度为 0.5mm 的钢板尺测量试件破坏截面尺寸，每个方向测量两次，分别取平均值。

试件未沿刀片刃口破坏时，此次试验作废，应取备用试件补测。

（3）数据整理：

1）砂浆试件的抗剪强度，应按式（8-28）计算

$$\tau_{ij}=0.95\frac{V_{ij}}{A_{ij}} \tag{8-28}$$

式中　　τ_{ij}——第 i 个测区第 j 个砂浆试件的抗剪强度，MPa；

　　　　V_{ij}——试件的抗剪荷载值，N；

　　　　A_{ij}——试件破坏截面面积，mm^2。

2）测区的砂浆抗剪强度平均值，应按式（8-29）计算

$$\tau_i=\frac{1}{n_1}\sum_{j=1}^{n_1}\tau_{ij} \tag{8-29}$$

式中　　τ_i——第 i 个测区的抗剪强度平均值，MPa。

3）测区的抗压强度平均值，应按式（8-30）计算

$$f_{2,i}=7.17\tau_i \tag{8-30}$$

4）当测区的砂浆抗剪强度低于 0.3MPa 时，应对式（8-30）的计算结果乘以表 8-5 中所列的修正系数。

表 8-5　　　　　　　　　　　　　低强砂浆的修正系数表

τ_i（MPa）	＞0.30	0.25	0.20	＜0.15
修正系数	1.00	0.86	0.75	0.35

（四）回弹法

采用砂浆回弹仪检测墙体中砂浆的表面硬度，根据回弹值和碳化深度推定其强度的方法。砂浆回弹法适用于推定烧结普通砖或烧结多孔砖砌体中砌筑砂浆的强度，不适用于推定高温、长期浸水、遭受火灾、环境侵蚀等砌筑砂浆的强度。

（1）试体及测试设备。用砂浆回弹仪测试砂浆表面硬度，用浓度为 1%～2% 的酚酞酒精溶液测试砂浆碳化深度，以此两项指标计算砂浆强度。通常，检测单元每一楼层取总量不大于 250m³ 的材料品种和设计强度等级均相同的砌体。在一个检测单元内，按检测方法的要求，

随机布置一个或若干个检测区域，可将一个构件（单片墙体、柱）作为一个测区。每个测区的测位数不应少于 5 个。测位宜选在承重墙的可测面上，并避开门窗洞口及预埋件附近的墙体。墙面上每个测位的面积宜大于 $0.3m^2$。

（2）测试方法。测位处的粉刷层、勾缝砂浆、污物等应清除干净；弹击点处的砂浆表面，应仔细打磨平整，并除去浮灰；每个测位内均匀布置 12 个弹击点。选定弹击点应避开砖的边缘、气孔或松动的砂浆。相邻两弹击点的间距不应小于 20mm；在每个弹击点上，使用回弹仪连续弹击 3 次，第 1、2 次不读数，仅记读第 3 次回弹值，回弹值读数应估读至 1。测试过程中，回弹仪应始终处于水平状态，其轴线应垂直于砂浆表面，且不得移位。在每一测位内，应选择 3 处灰缝，用碳化深度测定仪或游标尺和酚酞酒精溶液测量砂浆碳化深度。

（3）数据整理。从每个测位的 12 个回弹值中，分别剔除最大值、最小值，将余下的 10 个回弹值计算算术平均值，以 R 表示。每个测位的平均碳化深度，应取该测位各次测量值的算术平均值，以 d 表示，精确至 0.5mm。平均碳化深度大于 3mm 时，取 3.0mm。第 i 个测区第 j 个测位的砂浆强度换算值，应根据该测位的平均回弹值和平均碳化深度值，分别按式（8-31）计算

$$f_{2,ij}=13.97\times10^{-5}R^{2.57} \qquad d\leqslant1.0 \tag{8-31a}$$

$$f_{2,ij}=4.85\times10^{-4}R^{3.04} \qquad 1.0<d<3.0 \tag{8-31b}$$

$$f_{2,ij}=6.34\times10^{-5}R^{3.60} \qquad d\geqslant3.0 \tag{8-31c}$$

式中　$f_{2,ij}$——第 i 个测区第 j 个测位的砂浆强度值，MPa；

　　　d——第 i 个测区第 j 个测位的平均碳化深度，mm；

　　　R——第 i 个测区第 j 个测位的平均回弹值。

测区的砂浆抗压强度平均值应按式（8-32）计算

$$f_{2,i}=\frac{1}{n_1}\sum_{j=1}^{n_1}f_{2,ij} \tag{8-32}$$

（五）点荷法

在砂浆片的大面上施加点荷载，以此推定砌筑砂浆抗压强度的方法。

（1）试体及测试设备。从砖墙中抽取砂浆片试样，采用小吨位压力试验机测试其点荷载值，然后换算为砂浆强度。从每个测点处，宜取出两个砂浆大片，一片用于检测，一片备用。

（2）测试方法。从每个测点处剥离出砂浆大片。加工或选取的砂浆试件应符合下列要求：厚度为 5～12mm，预估荷载作用半径为 15～25mm，大面应平整，但其边缘不要求非常规则。在砂浆试件上画出作用点，量测其厚度，精确至 0.1mm。

在小吨位压力试验机上、下压板上分别安装上、下加荷头，两个加荷头应对齐；将砂浆试件水平放置在上、下加荷头对准预先画好的作用点，并使上加荷头轻轻压紧试件，然后缓慢匀速施加荷载至试件破坏。试件可能破坏成数个小块。记录荷载值，精确至 0.1kN。将破坏后的试件拼接成原样，测量荷载实际作用点中心到试件破坏线边缘的最短距离即荷载作用半径。精确至 0.1mm。

（3）数据整理。砂浆试件的抗压强度换算值，应按式（8-33）计算

$$f_{2,ij}=(33.3\xi_{5,ij}\xi_{6,ij}N_{ij}-1.1)^{1.09} \tag{8-33a}$$

$$\xi_{5,ij}=1/(0.05\gamma_{ij}+1) \tag{8-33b}$$

$$\xi_{6,ij}=1/[0.03t_{ij}(0.1t_{ij}+1)+0.4] \tag{8-33c}$$

式中　N_{ij}——点荷载值，kN；

　　　$\xi_{5,ij}$——荷载作用半径修正系数；

　　　$\xi_{6,ij}$——试件厚度修正系数；

　　　γ_{ij}——荷载作用半径，mm；

　　　t_{ij}——试件厚度，mm。

测区的砂浆抗压强度平均值，应按式（8-34）计算

$$f_{2,i}=\frac{1}{n_1}\sum_{j=1}^{n_1}f_{2,ij} \tag{8-34}$$

（六）贯入法

贯入法是采用贯入仪压缩工作弹簧加荷，把一测钉贯入砂浆中，根据测钉贯入砂浆的深度和砂浆抗压强度间的关系，由测钉的贯入深度通过测强曲线来换算砂浆抗压强度的检测方法。贯入仪实物图如图 8-29 所示。具体操作见《贯入法检测砌筑砂浆抗压强度技术规程》（JGJ/T 136—2017）。

（1）试体及测试设备。每个测区的测点。测试设备包括贯入仪和贯入深度测量表。

（2）测试方法。每一构件应测试 16 个点。测点应均匀分布在构件的水平灰缝上，相邻测点水平间距不宜小于 240mm，每条灰缝测点不宜多于 2 点。在

图 8-29　贯入仪

水平灰缝上标出测点位置。测点处的灰缝厚度不应小于 7mm；在门窗洞口附近和经修补的砌体上不应布置测点。清除测点表面的覆盖层和疏松层，将砂浆表面修理平整。射入砂浆中的射钉，应垂直于砌筑面且无擦靠块材的现象，否则应舍去并重新补测。当砌体的灰缝经打磨仍难以达到平整时，可在测点处标记，贯入检测前用贯入深度测量表测读测点处的砂浆表面不平整度读数 d_i^0，再在测点处进行贯入检测，读取 d_i'，则贯入深度应按式（8-35）计算

$$d_i=d_i'-d_i^0 \tag{8-35}$$

式中　d_i——第 i 个测点贯入深度值，mm，精确至 0.01mm；

　　　d_i^0——第 i 个测点贯入深度测量表的不平整度读数，mm；

　　　d_i'——第 i 个测点贯入深度测量表读数，mm，精确至 0.01mm。

（3）数据整理。检测数值中，应将 16 个贯入深度值中的 3 个较大值和 3 个较小值剔除，余下的 10 个贯入深度值可按下式取平均值

$$m_{dj}=\frac{1}{10}\sum_{i=1}^{10}d_i \tag{8-36}$$

式中　m_{dj}——第 j 个构件的砂浆贯入深度代表值，精确至 0.01mm；

　　　d_i——第 i 个测点的贯入深度值，mm，精确至 0.01mm。

根据计算所得的构件贯入深度代表值 m_{dj}，可按不同的砂浆品种由《贯入法检测砌筑砂浆抗压强度技术规程》（JGJ/T 136—2017）附录 D 的统一测强曲线查得砂浆抗压强度换算值。其他品种的砂浆可按该规程附录 F 的要求建立专用测强曲线进行检测。有地区测强曲线或专用测强曲线时，砂浆抗压强度换算值的计算应按专用测强曲线、地区测强曲线和统一测强曲

线的顺序选用。

8.4.3　砌体强度

砌体结构强度的检测方法主要有：扁顶法、原位轴压法、切制抗压试件法、原位单剪法、原位单砖双剪法。

砌体的强度，可采用取样的方法或现场原位的方法检测。取样法是从砌体中截取试件，在试验室测定试件的强度；原位法是在现场测试砌体的强度。

烧结普通砖砌体的抗压强度，可采用扁式液压顶法或原位轴压法检测；烧结普通砖砌体的抗剪强度，可采用原位双剪法或单剪法检测。

砌体强度的取样检测应遵守下列规定：

（1）取样检测不得构成结构或构件的安全问题；

（2）试件的尺寸和强度测试方法应符合《砌体基本力学性能试验方法标准》（GB/T 50129—2011）的规定；

（3）取样操作宜采用无振动的切割方法，试件数量应根据检测目的的确定；

（4）测试前应对试件局部的损伤予以修复，严重损伤的样品不得作为试件；

（5）砌体强度的推定，可确定均值的推定区间；当砌体强度标准值的推定区间不满足要求时，也可按试件测试强度的最小值确定砌体强度的标准值，此时试件的数量不得少于 3 件，也不宜大于 6 件，且不应舍弃数据。

（一）原位轴压法

原位轴压法适用于推定 240mm 厚普通砖砌体或多孔砖砌体的抗压强度。在墙体的原位轴压法检测中，直接对局部墙体施加轴向压力荷载，并使这部分局部墙体的受力达到极限状态，通过实测的破坏荷载和变形，得到墙体的抗压强度。

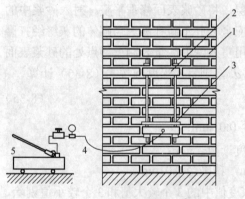

图 8-30　原位轴压法的试验装置
1—墙体；2—自平衡反力架；3—扁式加载器；
4—油管；5—加载油泵

原位轴压法的试验装置由扁式加载器、自平衡反力架和液压加载系统组成（图 8-30）。测试时先在砌体测试部位垂直方向按试样高度上下两端各开凿一个相当于扁式加载器尺寸的水平槽，在槽内各嵌入一扁式加载器，并用自平衡拉杆固定。也可用一个加载器，另一个用特制的钢板代替。通过加载系统对试体分级加载，直到试件受压开裂破坏，求得砌体的极限抗压强度。目前较多采用在被测试体上下端各开 240mm×240mm 方孔，内嵌以自平衡加载架及扁千斤顶，直接对砌体加载。

砌体原位轴心抗压强度测定法是在原始状态下进行检测，砌体不受扰动，所以它可以全面考虑砖材和砂浆变异及砌筑质量等对砌体抗压强度的影响，这对于结构改建、抗震修复加固、灾害事故分析以及对已建砌体结构的可靠性评定等尤为适用。此外，这种方法以局部破损应力作为砌体强度的推算依据，结果较为可靠。更由于它是一种半破损的试验方法，对砌体所造成的局部损伤易于修复。

采用原位轴压法对墙体进行检测时，为避免对墙体造成太大的损伤，在同一墙体上，测点不宜多于 1 个，测试的部位对于墙体受力性能应具有代表性。可选相邻墙体的测点为同一测区测点，也可以在同一楼层选择同一测区测点，测点数不宜太多。

槽间墙体的抗压强度，按式（8-37）计算

$$f_{u,ij} = N_{u,ij}/A_{ij} \qquad\qquad (8-37)$$

式中　$f_{u,ij}$——第 i 个测点槽间墙体的抗压强度，MPa；

　　　$N_{u,ij}$——第 i 个测区第 j 个测点槽间墙体的受压破坏荷载值，N；

　　　A_{ij}——第 i 个测区第 j 个测点槽间墙体受压面积，mm^2。

（二）扁顶法

扁顶法可用来推定普通砖砌体或多孔砖砌体的受压工作应力、受压弹性模量和抗压强度。通过测量开槽前后位移的变化并用扁顶压力恢复因开槽而卸载的应变，根据扁顶压力推定砌体的工作应力。扁顶法的试验装置是由扁式液压加载器及液压加载系统组成（图 8-31）。

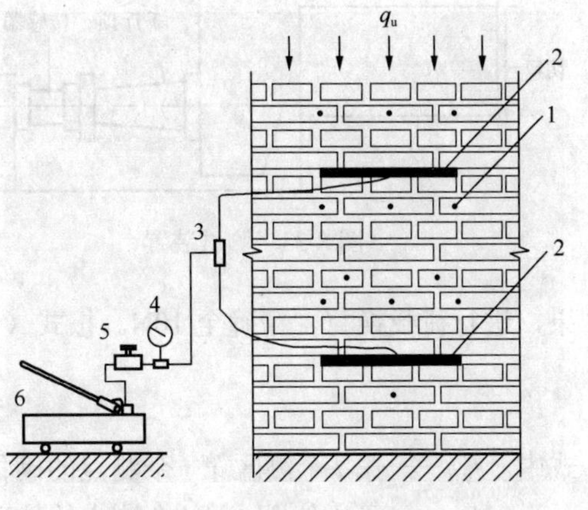

试验时在待测砌体部位按所取试样的高度在上下两端垂直于主应力方向，沿水平灰缝将砂浆掏空，形成两个水平空槽，并将扁式加载器的液囊放入灰缝的空槽内。当扁式加载器进油时，液囊膨胀对砌体产生应力，随着压力的增加，试件受载增大，直到开裂破坏。

砌体在有侧向约束情况下的受压弹性模量，

图 8-31　扁顶法的试验装置

1—变形测点脚标；2—扁式液压加载器；3—三通接头；
4—液压表；5—溢流阀；6—手动油泵

应按现行国家标准《砌体基本力学性能试验方法标准》（GB/T 50129—2011）的有关规定计算；当换算为标准砌体的受压弹性模量时，计算结果应乘以换算系数 0.85。

槽间砌体的抗压强度计算公式与原位轴压法相同。

用扁式加载器测得的压应力值经修正后，即为砌体的抗压强度。扁顶法除了可直接测量砌体强度外，当在被试砌体部位布置应变测点进行应变测量时，还可测量砌体的应力-应变曲线和砌体原始主应力值。

（三）原位单剪法

在墙体上沿单个水平灰缝进行抗剪试验，检测砌体抗剪强度的方法，亦简称原位单剪法。

（1）试体及测试设备。本方法适用于推定砖砌体沿通缝截面的抗剪强度。检测时，测试部位宜选在窗洞口或其他洞口下三皮砖范围内，试件具体尺寸应按图 8-32 所示尺寸确定。

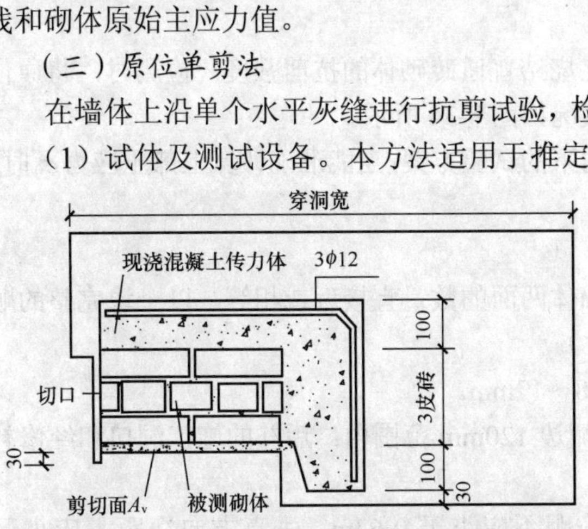

测试设备包括螺旋千斤顶或卧式液压千斤顶、荷载传感器及数字荷载表等。试件的预估破坏荷载值应在千斤顶、传感器最大测量值的 20%～80% 之间。检测前，应标定荷载传感器及数字荷载表，其示值相对误差不应大于 3%。

（2）现场试验。在选定的墙体上，应

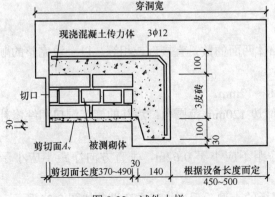

图 8-32　试件大样

采用振动较小的工具加工切口，现浇钢筋混凝土传力件（图8-32），试验步骤如下：

1）测量被测灰缝的受剪面尺寸，精确至1mm。

2）安装千斤顶及测试仪表，千斤顶的加力轴线与被测灰缝顶面应对齐（图8-33）；

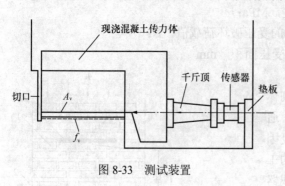

图8-33　测试装置

3）应匀速施加水平荷载，并控制试件在2～5min内破坏。当试件沿受剪面滑动、千斤顶开始卸荷时，即判定试件达到破坏状态。记录破坏荷载值，结束试验。如在预定剪切面（灰缝）破坏，则此次试验有效。

4）加荷试验结束后，翻转已破坏的试件，检查剪切面破坏特征及砌体砌筑质量，并详细记录。

（3）数据整理。根据测试仪表的校验结果，进行荷载换算，精确至10N。按式（8-38）计算砌体的沿通缝截面抗剪强度

$$f_{v,ij}=\frac{N_{v,ij}}{A_{v,ij}} \tag{8-38}$$

式中　$f_{v,ij}$——第 i 个测区第 j 个测点的砌体沿通缝截面抗剪强度，MPa；

$N_{v,ij}$——第 i 个测区第 j 个测点的抗剪破坏荷载，N；

$A_{v,ij}$——第 i 个测区第 j 个测点的受剪面积，mm^2。

测区的砌体沿通缝截面抗剪强度平均值，应按式（8-39）计算

$$f_{v,i}=\frac{1}{n_1}\sum_{j=1}^{n_1}f_{v,ij} \tag{8-39}$$

式中　$f_{v,i}$——第 i 个测区的砌体沿通缝截面抗剪强度平均值，MPa。

（四）原位单砖双剪法

原位单剪法会造成较大区域的墙体破坏，对于已建的并投入使用的房屋建筑往往难以实施。而原位单砖双剪法造成的墙体损坏较小，是一种采用原位剪切仪在墙体上对单块顺砖进行双面受剪试验，检测抗剪强度的方法。

（1）试体及测试设备。本方法适用于推定烧结普通砖砌体的抗剪强度。检测时，将原位剪切仪的主机安放在墙体的槽孔内，其工作状况如图8-34所示。

本方法宜选用释放受剪面上部压力 σ_0 作用下的试验方案；当能准确计算上部压应力 σ_0 时，也可选用在上部压应力 σ_0 作用下的试验方案。

在测区内选择测点，应符合下列规定：

1）每个测区随机布置的 n_1 个测点，在墙体两面的数量宜接近或相等。以一块完整的顺砖及其上下两条水平灰缝作为一个测点（试件）。

2）试件两个受剪面的水平灰缝厚度应为8～12mm。

3）下列部位不应布设测点：门、窗洞口侧边120mm范围内；后补的施工洞口和经修补的砌体；独立砖柱和窗间墙。

4）同一墙体的各测点之间，水平方向净距不应小于0.62m，垂直方向净距不应小于0.5m。

原位剪切仪的主机为一个附有活动承压钢板的小型千斤顶。其成套设备如图8-35所示。

（2）现场试验。当采用带有上部压应力 σ_0 作用的试验方案时，应按图 8-35 所示，将剪切试件相邻一端的一块砖掏出，清除四周的灰缝，制备出安放主机的孔洞，其截面尺寸不得小于 115mm×65mm，并掏空、清除剪切试件另一端的竖缝。

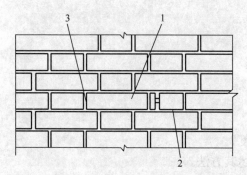

图 8-34　原位单砖双剪试验示意

1—剪切试件；2—剪切仪主机；3—掏空的竖缝

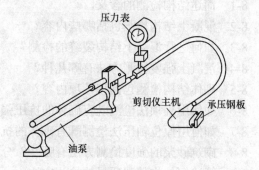

图 8-35　原位剪切仪示意图

试件两端的灰缝应清理干净，开凿清理过程中，严禁扰动试件；如发现被推砖块有明显缺棱掉角或上、下灰缝有明显松动现象时，应舍去该试件。被推砖的承压面应平整，如不平时应用扁砂轮等工具磨平。

将剪切仪主机放入开凿好的孔洞中，使仪器的承压板与试件的砖块顶面重合，仪器轴线与砖块轴线吻合。若开凿孔洞过长，在仪器尾部应另加垫块。

操作剪切仪，匀速施加水平荷载，直至试件和砌体之间相对位移，试件达到破坏状态。加荷的全过程宜为 1～3min。

记录试件破坏时剪切仪测力计的最大读数，精确至 0.1 个分度值。采用无量纲指示仪表的剪切仪时，尚应按剪切仪的校验结果换算成以 N 为单位的破坏荷载。

（3）数据整理。试件沿通缝截面的抗剪强度，应按式（8-40）计算

$$f_{v,ij}=\frac{0.64N_{v,ij}}{2A_{v,ij}}-0.7\sigma_{0,ij} \qquad (8-40)$$

式中　$A_{v,ij}$——第 i 个测区第 j 个测点单个受剪截面的面积，mm^2；

$\qquad N_{v,ij}$——第 i 个测区第 j 个测点的抗剪破坏荷载，N；

$\qquad \sigma_{0,ij}$——第 i 个测区第 j 个测点上部墙体的压应力，MPa。

本章小结

本章系统地介绍了工程结构检测的一般程序、检测的要求、检测结果的评定方法，以及混凝土结构、砌体结构和钢结构的现场检测技术。其中，混凝土结构检测内容包括混凝土强度检测和钢筋检测；砌体结构检测包括砌筑块材、砌筑砂浆、砌体强度等内容；钢结构检测主要阐述了检测的一般要求和钢材强度测定方法。学习本章后，要求学生熟练掌握混凝土强度检测技术中的回弹法和钻芯法；了解砌体结构现场检测中的推出法、筒压法、回弹法、点荷法和贯入法；钢结构现场检测中表面硬度法的操作过程，并能够根据现场检测结果和综合评定分析方法提出检测报告。

复习思考题

8-1　简述结构检测的含义。

8-2　混凝土结构检测包括哪些内容？

8-3　如何进行混凝土结构裂缝的检测？

8-4　混凝土强度检测方法有哪几种？

8-5　砌体结构检测包括哪几项内容？

8-6　如何用扁顶法检测既有砌体的抗压强度？

8-7　如何用原位轴压法检测既有砌体的抗压强度？

8-8　砌筑砂浆的强度检测方法有哪些？分别简述其方法。

8-9　简述钢结构外观质量的检测方法。

8-10　简述超声法检测钢材和焊缝缺陷的工作原理及方法。

第9章 桥梁现场荷载试验

9.1 概 述

9.1.1 我国桥梁建设成就及养护管理现状

桥梁是一个国家科技水平和综合国力的重要体现。伴随着经济发展和技术水平的提高，如今，不论是桥梁数量，还是桥梁技术，中国桥梁的"金字招牌"早已享誉世界。港珠澳大桥（见图9-1）、苏通大桥、丹昆特大桥、矮寨特大悬索桥（见图9-2）等一大批世界级桥梁翻山、越江、跨海，让无数天堑变为通途，也向世界展示着"中国建造"的非凡实力。截至2020年底，我国公路桥梁达91.28万座，其中特大桥6444座，不论在长江、黄河等大江大河，还是泉州湾等海湾地区，一座座施工难度大、技术含量高、在世界桥梁建设中具有代表性的桥梁成为闪亮的"中国名片"。我国桥梁建设逐步从"中国制造"走向"中国创造"，一座座飞架南北的中国桥也成为桥梁建设史上一座又一座技术进步、造福民生的丰碑。

图9-1 港珠澳大桥

图9-2 矮寨特大悬索桥

与此同时，我国公路路网中步入维修期的在役桥梁日渐增多，有超过10万座桥梁为危桥，直接影响人民的正常安全出行。我国桥梁建成年代跨度大、荷载标准不一、运营环境复杂、结构性能逐年下降和交通量逐年上涨之间矛盾突出。近20年来国内发生超过80多起桥梁坍塌事故。

在公路桥梁使用运行中，日常管理多以公路桥梁养护管理工作为主，通过定期检查和养护，可以保证公路桥梁的使用性能和使用寿命，避免交通安全事故的发生。事实上，在城市化发展中，城市行车数量逐渐增加，城市交通运输增加的压力，使得桥梁的载荷越来越大，一些桥梁工程在施工阶段或是设计阶段存在缺陷，再加上后期缺少养护管理，因而大大降低了公路桥梁结构的强度和稳定性，形成了较大的安全隐患。

如何保障桥梁的本质安全，为广大人民群众提供安全高效的服务，是养护管理工作中的重中之重。为适应桥梁发展新趋势，必须由过去以建设为主，向建设、管理、养护、服务并重转变，更加突出管理、养护、服务工作。从重建轻养，到建养并重，桥梁的"大养护时代"

已经到来。

9.1.2　我国桥梁检测与评定相关规范及要求

传统观念从满足安全使用的角度出发，比较注重桥梁建设期成本的经济性，忽视了桥梁结构构件在使用中的耐久性和营运期桥梁的养护、检测及维修的经济性，造成桥梁使用一段时间后结构破坏严重，且营运过程中的管理、维修、养护成本以及对用户和环境的影响成本大幅度提高。桥梁全寿命周期理论综合考虑安全、耐久、适用、经济、美学、人文、生态等各方面的性能要求，实现桥梁的可持续发展。桥梁检测与评定在桥梁全寿命周期具有十分重要的作用，对桥梁及时、准确地检测和评定，能起到"治病于未病、治小病防大病"的效果，可有效降低养护成本，提高桥梁社会服务功能。

目前，公路桥梁施工质量控制和竣工验收评定主要依据《公路工程质量检验评定标准》（JTG F80/1—2017）等规范实施，桥梁运营养护和加固维修检测与评定主要依据《公路桥涵养护规范》（JTG 5120—2021）、《公路桥梁技术状况评定标准》（JTG/T H21—2011）、《公路桥梁荷载试验规程》（JTG/T J21-01—2015）、《公路桥梁承载能力检测评定规程》（JTG/T J21—2011）等规范实施，城市桥梁亦有相应规范指导实施。本章主要介绍《公路桥梁技术状况评定标准》和《公路桥梁荷载试验规程》相关内容。

9.2　桥 梁 结 构 静 载 试 验

9.2.1　桥梁静载试验的目的

一般来说，桥梁静载试验主要是解决以下问题：

（1）检验桥梁结构的设计与施工质量，验证结构的安全性与可靠性。对于大、中跨度桥梁，要求在竣工之后，通过试验来鉴定其工程质量的可靠性，并将试验报告作为评定工程质量优劣的主要依据之一。

（2）验证桥梁结构的设计理论与计算方法，充实与完善桥梁结构的计算理论与施工技术，积累科学技术资料。随着交通事业的不断发展，采用新结构、新材料、新工艺的桥梁结构日益增多，这些桥梁在设计、施工中必然会遇到一些新问题，其设计计算理论或设计参数需要通过桥梁试验予以验证或确定，在大量试验检测数据积累的基础上，就可以逐步建立或完善这类桥梁的设计理论与计算方法。

（3）掌握桥梁结构的工作性能，判断桥梁结构的实际承载能力。目前，我国已建成了数十万座各种形式的桥梁，在使用过程中，有些已不能满足当前通行荷载的要求，有些由于各种原因而产生不同程度的损伤与破坏，有些桥梁由于设计或施工的问题本来就存在各种缺陷。对于这些桥梁，通常要采用试验的方法，来确定其承载能力和使用性能，并由此确定限载能力与使用条件。

9.2.2　桥梁静载试验组织

荷载试验正式进行之前应做好下列准备工作。

（一）试验孔（或墩）的选择

对多孔桥梁中跨径相同的桥孔（或墩）可选 1～3 孔具有代表性的桥孔（或墩）进行加载试验。选择时应综合考虑以下因素：

（1）该孔（或墩）计算受力最不利；

（2）该孔（或墩）施工质量较差、缺陷较多或病害较严重；

（3）该孔（或墩）便于搭设脚手架，便于设置测点或便于实施加载。

选择试验孔的工作与制作计划前的调查工作可结合进行。

（二）搭设脚手架和测试支架

脚手架和测试支架应分开搭设互不影响，脚手架和测试支架应有足够的强度、刚度和稳定性。脚手架要保证工作人员试验时不受车辆和行人的干扰。脚手架和测试支架的设置要因地制宜，就地取材，便于搭设和拆卸，一般采用木支架或建筑钢管支架。当桥下净空较大不便搭设固定脚手架时，可考虑采用轻便活动吊架，两端用尼龙绳或钢丝绳固定在栏杆或人行道缘石上。整套设施使用前应进行试载以确保安全，活动吊架如需多次使用可做成拼装式以便运输和存放。

晴天或多云天气进行加载试验时，阳光直射下的应变测点应设置遮挡阳光的设备，以减小温度变化造成的观测误差。雨季进行加载试验时，则应准备仪器、设备等的防雨设施，以备不时之需。

桥下或桥头可用活动房或帐篷搭设临时实验室安放数据采集仪等仪器，并供测试人员临时办公和看管设备之用。

（三）试验加载位置的放样和卸载位置的安排

静载试验前应在桥面上对加载位置进行放样，以便于加载试验的顺利进行。如加载工况较少，时间允许，可在每次工况加载前临时放样。如加载工况较多，则应预先放样，且用不同颜色的标志区别不同加载工况时的荷载位置。

静载试验荷载卸载的安全位置应预先安排。卸载位置的选择既要考虑加卸载方便，还要离加载位置近一些，使安放的荷载不影响试验孔（或墩）的受力，一般可将荷载安放在桥台后一定距离处。对于多孔桥，如必须将荷载停放在桥孔上，一般应停放在距试验孔较远处，以不影响试验观测为准。

（四）试验人员组织及分工

桥梁的荷载试验是一项技术性较强的工作，最好能组织专门的桥梁试验队伍来承担，也可由熟悉这项工作的技术人员为骨干来组织试验队伍。应根据每个试验人员的特长进行分工，每人分管的仪表数目除考虑便于进行观测外，还应尽量使每人对分管仪表进行一次观测所需的时间大致相同。所有参加试验的人员应能熟练掌握所分管的仪器设备，否则应在正式开始试验前进行演练。为使试验有条不紊地进行，应设试验总指挥 1 人，其他人员的配备可根据具体情况考虑。

（五）其他准备工作

加载试验的安全设施、供电照明设施、通信设施、桥面交通管制等工作应根据荷载试验的需要进行准备。

9.2.3 桥梁静载试验方案设计

试验方案设计是桥梁静载试验的重要环节，是对整个试验的全过程进行全面规划和系统安排。一般说来，试验方案的制订应根据试验目的，在充分考察和研究试验的基础上，分析和掌握各种有利条件与不利因素，进行理论分析计算后，对试验的方式、方法、具体操作等方面作出全面的规划。试验方案设计包括试验对象的选择、理论分析计算、加载方案设计、观测内容确定、测点布置及测试仪器选择几方面。

一、试验对象的选择

桥梁静载试验既要能够客观全面地评定结构的承载能力与使用性能，又要兼顾试验费用、试验时间的制约。因此，需进行必要的简化，科学合理地从全桥中选择具体的试验对象。根据《公路桥梁荷载试验规程》要求，对在用桥梁，除按《公路桥梁承载能力检测评定规程》第 3.2.4 条规定，除检算作用效应大于抗力效应且超过幅度在 20% 以内的桥梁进行荷载试验外，存在下列情况之一时，可进行荷载试验：

（1）技术状况等级为四、五类；

（2）拟提高荷载等级；

（3）需要通过特殊重型车辆荷载；

（4）遭受重大自然灾害或意外事件；

（5）采用其他方法难以准确判断其能否承受预定的荷载。

一般来说，对于结构类型与跨度相同的多孔桥跨结构，可选择具有代表性的一孔或几孔进行加载试验量测；对于结构类型相同但跨度不同的多孔桥跨结构，应按不同的结构类型分别选取具有代表性的一孔或几孔进行试验；对于预制梁，应根据不同跨度及制梁工艺，按照一定的比例进行随机抽查试验。

二、理论分析计算

确定了试验对象之后，要进行试验桥跨的理论分析计算。进行桥梁的交（竣）工验收荷载试验时，应依据竣工图文件建立计算模型，并根据试验对象的设计荷载等级确定试验控制荷载，按照相应设计规范的规定对结构的动力参数、控制截面内力、应力（应变）、变位等效应进行计算。对加固或改建后桥梁的交（竣）工验收荷载试验，计算时应考虑新旧结构的相互作用及二次受力的影响。一般来说，理论分析计算包括试验桥跨的设计内力计算和试验荷载效应计算两个方面。理论分析计算是加载方案、观测方案及试验桥跨性能评价的基础，应尽量采用先进的计算手段和工具，以使计算结果准确可靠。目前主要采用桥梁专业有限元软件进行计算分析，常用的结构分析软件有桥梁博士和 Midas civil 等，计算分析模型应确保桥梁结构关键参数与实际桥梁一致，以减少实验结果的误差。

三、加载方案

（一）试验工况的确定

加载试验工况应根据不同桥型的承载力鉴定要求来确定。通常为了满足试验桥梁承载力鉴定的要求，加载试验工况应按桥梁结构的最不利受力原则和代表性原则确定，对单跨的中小型桥梁可选择 1~2 个加载试验工况，工况宜少不宜多。

加载试验工况的布置一般以理论分析桥梁截面内力和变形影响线为依据，选择一两个主要内力和变形控制截面布置。常见的主要桥型加载试验工况如下：

（1）简支梁桥：

1）跨中截面主梁最大正弯矩工况；

2）1/4 截面主梁最大正弯矩工况；

3）支点附近主梁最大剪力工况。

（2）连续梁桥：

1）主跨支点位置最大负弯矩工况；

2）主跨跨中截面最大正弯矩工况；

　　3）边跨主梁最大正弯矩工况；

　　4）主跨（中）支点附近主梁最大剪力工况。

　　（3）悬臂梁桥：

　　1）墩顶支点截面最大正弯矩工况；

　　2）锚固孔跨中截面最大正弯矩工况；

　　3）墩顶支点截面最大剪力工况；

　　4）挂孔跨中最大正弯矩工况；

　　5）挂孔支点截面最大剪力工况；

　　6）悬臂端最大挠度工况。

　　（4）无铰拱桥：

　　1）拱顶最大正弯矩及挠度工况；

　　2）拱脚最大负弯矩工况；

　　3）系杆拱桥跨中附近吊杆（索）最大拉力工况；

　　4）拱脚最大水平推力工况；

　　5）1/4 截面最大正弯矩和最大负弯矩工况；

　　6）1/4 截面正负挠度绝对值之和最大工况。

　　此外，对于大跨径箱桥梁面板或桥梁相对薄弱的部位，可专门设置加载试验工况，检验桥面板或该部位对结构整体性能的影响。

　　（二）试验荷载等级的确定

　　（1）控制荷载的确定。静载试验应根据试验目的确定试验控制荷载。交（竣）工验收荷载试验，应以设计荷载作为控制荷载；否则，应以目标荷载作为控制荷载。实桥试验荷载按设计惯例，通常首选的是车辆荷载。为了保证实桥荷载试验的效果，首先必须确定试验车辆的类型。常用车辆荷载有以下几种：

　　1）汽车车队；

　　2）平板挂车或履带车；

　　3）需通行的超重车辆。

　　然后选择上述三种的荷载，按桥梁结构设计理论分析的内力和变形影响线进行布置，计算出控制截面的内力和变形的最不利结果，将最不利结果所对应的车辆荷载作为静载试验的控制荷载，由此决定试验用车辆的型号和所需的数量。荷载试验应尽量采用与控制荷载相同的荷载，当现场客观条件有所限制时，实际采用的试验荷载与控制荷载会有区别，为了保证静载试验效果，在选择试验车辆荷载大小和加载位置时，应采用静载试验效率 η_q 进行控制。

　　（2）静载试验效率。静载试验荷载效率定义为：静载试验荷载作用下，某一加载试验项目对应的加载控制截面内力或位移的最大计算效应值与包括动力扩大效应在内的控制荷载产生的同一加载控制截面内力或位移的最不利效应计算值的比值。以 η_q 表示荷载效率，则有

$$\eta_q = \frac{S_s}{S(1+\mu)} = \frac{S_s}{S\delta} \tag{9-1}$$

式中　S_s——静载试验荷载作用下，某一加载试验项目对应的加载控制截面内力或位移的最大计算

效应值；

S ——控制荷载产生的同一加载控制截面内力或位移的最不利效应计算值；

μ ——按规范取用的冲击系数值。

δ ——设计取的动力系数。

静载荷载效率 η_q 的取值范围：对交（竣）工验收荷载试验，宜介于 0.85～1.05 之间；否则，η_q 宜介于 0.95～1.05 之间。η_q 的取值高低主要根据桥梁试验前期工作的具体情况来确定。当桥梁现场调查与检算工作比较完善而又受到加载设备能力限制时，η_q 可采用低限；当桥梁现场调查与检算工作不充分，尤其是缺乏桥梁计算资料时，η_q 可采用高限；一般情况下 η_q 值不宜低于 0.95。

（三）加载分级与控制

正式加载之前应进行预加载，一般采用分级加载的第一级荷载或单辆试验车作为预加载。试验荷载应分级施加，加载级数应根据试验荷载总量和荷载分级增量确定，可分为 3～5 级。当桥梁的技术资料不全时，应增加分级。重点测试桥梁在荷载作用下的响应规律时，可加密加载分级。分级加载的作用在于既可控制加载速度，又可以观测到桥梁结构控制截面的应变和变位随荷载增加的变化关系，从而了解桥梁结构各个阶段的承载性能；另外，分级加载在操作上也比较安全。

（1）加载工况分级控制的原则：

1）当加载工况分级较为方便，而试验桥型（如钢桥）又允许时，可将试验控制荷载均分为 5 级加载，每级加载级距为 20% 的控制荷载。

2）当使用车辆加载，车辆称重有困难而试验桥型为钢筋混凝土结构时，可按 3 级不等分加载级距加载，试验加载工况的分级为：空车、计算初裂荷载 0.9 倍和控制荷载。

3）当遇到桥梁现场调查和检算工作不充分或试验桥梁本身工况较差的情况，应尽量增加加载级距。并且注意在每级加载时，车辆应逐辆以不大于 5km/h 的速度缓缓驶入桥梁预定加载位置，同时通过监控控制截面的控制测点的读数，记录结构出现的异常响动、失稳、扭曲、晃动等异常现象并采取相应处理措施。确保试验万无一失。

4）当划分加载级距时，应充分考虑加载工况对其他截面内力增加的影响，加卸载过程中，应保证非控制截面内力或位移不超过控制荷载作用下的最不利值。

5）另外，根据桥梁现场条件划分分级加载时，最好能在每级加载后进行卸载，便于获取每级荷载与结构的应变和变位的相应关系。当条件有所限制时，也可逐级加载至最大荷载后再分级卸载，卸载量可为加载总荷载量的一半，或全部荷载一次卸完。

（2）车辆荷载加载分级的方法：

1）先上单列车，后上双列车；

2）先上轻车，后上重车；

3）逐渐增加加载车数量；

4）车辆分次装载重物；

5）加载车位于桥梁内力（变位）影响线预定的不同部位。

（3）加卸载的时间选择。加卸载时间的确定一般应注意两个问题：①加卸载时间的长短应取决于结构变形达到稳定时所需要的时间；②应考虑温度变化的影响。

加载时间间隔应满足结构反应稳定的时间要求。应在前一级荷载阶段内结构反应相对稳定、进行了有效测试及记录后方可进行下一级荷载试验。当进行主要控制截面最大内力（变形）加载试验时，分级加载的稳定时间不应少于 5min；对尚未投入运营的新桥，首个工况的分级加载稳定时间不宜少于 15min。

对于采用重物加载，因其加、卸载周期比较长，为了减少温度变化对荷载试验的影响，通常桥梁荷载试验安排在晚 10 时至次日晨 6 时时间段内进行。对于采用加、卸载迅速、方便的车辆荷载，如受到现场条件限制，也可安排在白天进行，但加载试验时每一加卸载周期花费时间应控制在 20min 内。

对于拱桥，当拱上建筑或桥面系统参与主要承重构件受力，有时因连接较弱或变形缓慢而造成测点观测值稳定时间较长，如结构的实测变形（或应变）值远小于计算值，一般适当延长加载稳定时间。

（4）试验加载终止条件。试验时应根据各工况的加载分级，对各加卸载过程结构控制点的应变（或变形）、薄弱部位的破损情况等进行观测与分析，并与理论计算值对比。当试验过程中发生下列情况之一时，应停止加载，查清原因，采取措施后再确定是否进行试验：

1）控制测点应变值已达到或超过计算值；

2）控制测点变形（或挠度）计算值；

3）结构裂缝的长度、宽度或数量明显增加；

4）实测变形分布规律异常；

5）桥体发出异常响声或发生其他异常情况；

6）斜拉索或吊索（杆）索力增量实测值超过计算值。

（5）试验观测与记录。加载试验之前应对测试系统进行不少于 15min 的测试数据稳定性观测，并应做好测试时间、环境气温、工况等记录。试验时宜采用自动记录系统并对关键点进行实时监控，当采用人工读数记录时，读数应及时、准确并记录在专用表格上。试验前应对既有裂缝的长度、宽度、分布及走向进行观测记录，并将其标注在结构上；试验时应观测新裂缝的长度、宽度及既有裂缝的发展状况，并描绘出结构表面裂缝分布及走向，并专门记录。

（四）加载设备的选择

静载试验加载设备可根据加载要求及具体条件选用，一般有以下两种加载方式：

（1）可行式车辆。可选用装载重物的汽车或平板车，也可就近利用施工机械车辆。选择装载的重物时要考虑车厢能否容纳得下，装载是否方便。装载的重物应置放稳妥，以避免车辆行驶时因摇晃而改变重物的位置。当试验所用的车辆规格不符合设计标准车辆荷载图式时，可根据桥梁设计控制截面的内力影响线，换算为等效的试验车辆荷载（包括动力系数和人群荷载的影响）。

采用车辆加载的优点很多，如便于调运和加载布置，加卸载迅速等。采用汽车荷载既能作静载试验又能做动载试验，是较常采用的一种方法。

（2）重物直接加载。一般可按控制荷载的着地轮迹先搭设承载架，再在承载架上堆放重物或设置水箱进行加载。如加载仅为满足控制截面内力要求，也可采取直接在桥面堆放重物或设置水箱的方法加载。

重物直接加载准备工作量大，加卸载所需周期一般较长，交通中断时间亦较长，且试验时温度变化对测点的影响较大，因此宜安排在夜间进行试验，并严格避免加载系统参与结构的作用。

（五）加载重物的称量

可根据不同的加载方法和具体条件选用以下方法，对所加荷载进行称量。

（1）称量法：当采用重物直接在桥上加载时，可将重物化整为零称重后按逐级加载要求分堆置放，以便加载取用。当采用车辆加载时，可将车辆逐轴开上称重台进行称重。如没有现成可供利用的称重台，可自制专用称重台进行称重。

（2）体积法：如采用水箱加载，可通过测量水的体积来换算水的重力。

（3）综合法：根据车辆出厂规格确定空车轴重（注意考虑车辆零配件的更换和添减，汽油、水、乘员重力的变化）。再根据装载重物的重力及其重心将其分配至各轴。装载物最好采用规则外形的物体整齐码放或采用松散均匀料在车厢内摊铺平整，以便准确确定其重心位置。

无论采用何种确定加载物重力的方法，均应做到准确可靠，其称量误差最大不得超过5%。最好能采用两种称重方法互相校核。

四、测点布置

（一）测点布置的原则

测点布置应遵循必要、适量、方便观测的基本原则，并使观测数据尽可能准确、可靠。测点布置可按照以下几点进行：

（1）测点的位置应具有较强的代表性，以便进行测试数据分析。桥梁结构的最大挠度与最大应变，通常是试验的重点，掌握了这些数据就可以比较宏观地了解结构的工作性能及强度储备。例如简支梁桥跨中截面的挠度最大，该截面上下缘混凝土的应力也最大，这种很有代表性的测点必须设法予以量测。

（2）测点的设置一定要有目的性，避免盲目设置测点。在满足试验要求的前提下，测点不宜设置过多，以便使试验工作重点突出，提高效率，保证质量。

（3）测点的布置也要有利于仪表的安装与观测读数，并保证试验操作的安全。为了便于测试读数，测点布置宜适当集中。对于测试读数比较困难危险的部位，应有妥善的安全措施。

（4）为了保证测试数据的可靠性，尚应布置一定数量的校核性测点。在现场检查过程中，由于偶然因素或外界干扰，会有部分测试元件、测试仪器不能处于正常工作状态或发生故障，影响量测数据的可靠性。因此，在量测部位应布置一定数量的校核性测点，如截面具有一个对称轴，在同一截面的同一高度应变测点不应少于两个，同一截面应变测点不应少于6个，以便判别量测数据的可靠程度，舍去可疑数据。

（5）在试验时，有时可以利用结构对称互等原理来进行数据分析校核，适当减少测点数量。例如简支梁在对称荷载作用下，$L/4$、$3L/4$ 截面的挠度相等，两截面对应位置的应变也相等，利用这一点可少布置一些测点，进行测试数据校核。

（二）主要测点布置

一般情况下，桥梁试验对主要测点的布置应能监控桥梁结构的最大应力（应变）和最大挠度（或位移）截面以及裂缝的出现或可能扩展的部位。几种主要桥梁结构体系的主要测点布置如下：

（1）简支梁桥。主要观测跨中挠度、支点沉降、跨中和支点截面应力（或应变）。附加观测跨径四分点的挠度、支点斜截面应变。

（2）连续梁桥。主要观测跨中挠度、跨中和支点截面应力（或应变）。附加观测跨径1/4

处的挠度和截面应力（或应变）、支点截面转角、支点沉降和支点斜截面应力。

（3）悬臂梁桥（包括 T 形刚构的悬臂部分）。主要观测悬臂端的挠度和转角、固端根部或支点截面的应力和转角、T 形刚构墩身控制截面的应力。附加观测悬臂跨中挠度、牛腿局部应力、墩顶的变位（水平与垂直位移、转角）。

（4）拱桥。主要观测跨中、跨径 1/4 处的挠度和应力、拱脚截面的应力，附加观测跨径 1/8 处的挠度和应力、拱上建筑控制截面的变位和应力、墩台顶的变位和转角。

（5）刚架桥（包括框架、斜腿刚架和刚架—拱式组合体系）。主要观测跨中截面的挠度和应力，结点附近截面的应力、变位和转角。附加观测柱脚截面的应力、变位和转角，墩台顶的变位和转角。

（6）悬索结构（包括斜拉桥和上承式悬吊桥）。主要观测主梁的最大挠度、偏载扭转变位和控制截面应力、索塔顶部的水平位移、拉（吊）索拉力。附加观测钢索和梁连接部位的挠度、塔柱底截面的应力、锚索的拉力。

挠度测点一般布置在桥梁中轴线位置，有时为了实测横向分布系数，也会在各梁跨中沿桥宽方向布置。截面抗弯应变测点一般设置在跨中截面应变最大部位，沿梁高截面上、下缘布设，横向测点设置数量以能监控到截面最大应力的分布为宜。

（三）其他测点布置

根据桥梁现场调查和桥梁试验目的的要求，结合桥梁结构的特点和状况，在确定了主要测点的基础上，为了对桥梁的工作状况进行全面评价，也可适当增加一些以下测点：

（1）挠度测点沿桥长或沿控制截面桥宽方向布置；

（2）应变沿控制截面桥宽方向布置；

（3）剪切应变测点；

（4）组合构件的结合面上、下缘应变测点布置；

（5）裂缝的监控测点；

（6）墩台的沉降、水平位移测点等。

对于桥梁现场调查发现结构横向联系构件质量较差，联结较弱的桥梁必须实测控制截面的横向应力增大系数。简支梁的横向应力分布系数可采用观测沿桥宽方向各梁的应变变化的方法计算，也可采用观测跨中沿桥宽方向各梁的挠度变化的方法来计算求得。

对于剪切应变一般采用布置应变花测点的方法进行观测。梁桥的实际最大剪切应力截面的测点通常设置在支座附近，而不是在支座截面上。

对于钢筋混凝土或部分预应力混凝土桥梁裂缝的监控测点，可在桥梁结构内力最大受拉区沿受力主筋高度和方向连续布置测点，通常连续布置的长度不小于 2～3 个计算裂缝间距。监控试验荷载作用下第一条裂缝的产生以及每级荷载作用下出现的各条裂缝宽度、开展高度和发展趋向。

（四）温度测点布置

为了消除温度变化对桥梁荷载试验观测数据的影响，通常选择在桥梁上大多数测点较接近的部位设置 1～2 处温度观测点，另外，还可根据需要在桥梁控制截面的主要测点部位布置一些构件表面温度测点，进行温度补偿。

五、仪器的选择

根据测试项目的需要，在选择仪器仪表时，应注意以下几点：

（1）选择仪器仪表必须从试验的实际情况出发，选用的仪器仪表应满足测试精度要求，一般情况下要求测量结果的极限相对误差不超过5%即可。

（2）在选用仪器仪表时，既要注意环境条件，又要避免盲目追求精度，因为精密量测仪器仪表的使用，常常要有比较良好的环境条件。

（3）为了简化测试工作，避免出现差错，量测仪器仪表的型号、规格，在同一试验中种类愈少愈好，应尽可能选用同一类型或规格的仪器仪表。

（4）仪器仪表应当有足够的量程，以满足测试的要求，试验中途的调试，会增加试验的误差。

（5）由于现场检测的测试条件较差，环境因素的影响较大，一般说来，电测仪器的适应性不如机械仪器仪表，而机械式仪器仪表的适应性不如光学仪器，因此，应根据实际情况，采用既简便易行又符合要求的仪器仪表。例如，当桥下净空较大、测点较多、挠度较大时，桥梁挠度观测宜选用光学仪器如精密水准仪，而单片梁静载试验挠度的量测宜用百分表。

9.2.4　桥梁静载试验结果的分析评定

（一）校验系数 η

在桥梁试验中，结构校验系数 η 是评定桥梁结构工作状况，确定桥梁承载能力的一个重要指标。通常根据桥梁控制截面的控制测点实测的变位或应变与理论计算值相比较，得到桥梁结构的校验系数 η

$$\eta = \frac{S_e}{S_s} \tag{9-2}$$

式中　　S_e——试验荷载作用下测量的结构弹性位移（或应变）值；

S_s——静载试验荷载作用下，某一加载试验项目对应的加载控制截面内力或位移的最大计算效应值。

式（9-2）计算得到的 η 值，可按以下几种情况判别：

当 $\eta=1$ 时，说明理论值与实际值相符，正好满足使用要求。

当 $\eta<1$ 时，说明结构强度（刚度）足够，承载力有余，有安全储备。

当 $\eta>1$ 时，说明结构设计强度（刚度）不足，不够安全。应根据实际情况找出原因，必要时应适当降低桥梁结构的载重等级，限载限速或者对桥梁进行加固和改建。

在大多数情况下，桥梁结构设计理论值总是偏安全的。因此，荷载试验桥梁结构的校验系数 η 往往稍小于1。

不同桥梁结构型式的 η 值常不相同，表9-1所列的结构校验系数 η 可供参考。

表 9-1　　　　　　　　　　　常见桥梁结构试验校验系数常值表

桥 梁 类 型	应变（或应力）校验系数	挠度校验系数
钢筋混凝土板桥	0.20～0.40	0.20～0.50
钢筋混凝土梁桥	0.40～0.80	0.50～0.90
预应力混凝土桥	0.60～0.90	0.70～1.00
圬工拱桥	0.70～1.00	0.80～1.00
钢筋混凝土拱桥	0.50～0.90	0.50～1.00
钢桥	0.75～1.00	0.85～1.00

（二）实测值与理论值的关系曲线

对于桥梁结构的荷载—位移（$P-f$）曲线，荷载—应力（$P-\sigma$）曲线的分析评定，因为理论值一般按线性关系计算，所以如果控制测点的实测值与理论计算值成正比，其关系曲线接近于直线，说明结构处于良好的弹性工作状况。

（三）相对残余变位

桥梁控制测点在控制加载工况时的相对残余变位 S'_p 越小，说明桥梁结构越接近弹性工作状况。我国公路桥梁荷载试验标准一般规定 S'_p 不得大于 20%。当 S'_p 大于 20% 时，应查明原因。如确系桥梁结构强度不足，在评定时，应酌情降低桥梁的承载能力。

（四）结构刚度分析

在试验荷载作用下，桥梁结构控制截面在最不利工况下主要测点挠度校验系数 η 应不大于 1。

另外，在公路桥梁现有设计规范中，对不同桥梁都分别规定了允许挠度的范围。在桥梁荷载试验中，可以测出在桥梁结构设计荷载作用时结构控制截面的最大实测挠度 f_z，应符合式（9-3）要求

$$f_z \leqslant [f] \tag{9-3}$$

式中 $[f]$——设计规范规定的允许挠度值；

      f_z——消除支点沉降影响的跨中截面最大实测挠度值。

当试验荷载小于桥梁设计荷载时，可用式（9-4）推算出结构设计荷载时的最大挠度 f_z，然后与规范规定值进行比较

$$f_z = f_s \frac{p}{p_s} \tag{9-4}$$

式中 f_s——试验荷载时实测跨中最大挠度；

      p_s——试验荷载；

      p——结构设计荷载。

（五）裂缝

对于新建桥梁在试验荷载作用下全预应力混凝土结构不应出现裂缝。对于钢筋混凝土结构和部分预应力混凝土结构 B 类构件，在试验荷载作用下出现的最大裂缝宽度不应超过有关规范规定的允许值。即

$$\delta_{max} \leqslant [\delta] \tag{9-5}$$

式中 δ_{max}——控制荷载下实测的最大裂缝宽度值；

      $[\delta]$——规范规定的裂缝宽度允许值。

另外，一般情况下对于钢筋混凝土结构和部分预应力混凝土结构 B 类构件在试验荷载作用下出现的最大裂缝高度不应超过梁高的 2/3。

将桥梁荷载试验得到的资料数据进行整理，就可对桥梁结构的工作状况、强度、刚度和裂缝宽度等各项指标进行综合分析，再结合桥梁结构的下部构造和动力特性评定，就可得出桥梁的承载能力和正常使用的试验结论，并用桥梁荷载试验鉴定报告的形式给出评定结论。

9.2.5　预制梁板试验

一、概述

在进行成桥静载检测试验之前，需要对主桥中使用的钢筋混凝土、预应力钢筋混凝土等单片梁进行静载试验，以检验这些单片成品预制梁板的实际承载力，校验在设计荷载下梁的强度、刚度及抗裂性能。

（一）试验依据

（1）《公路桥涵设计通用规范》（JTG D60—2015）；

（2）《公路钢筋混凝土及预应力混凝土桥涵设计规范》（JTG 3362—2018）；

（3）《公路工程质量检验评定标准》（JTG F80/1—2017）；

（4）《混凝土结构工程施工质量验收规范》（GB 50204—2015）；

（5）《公路桥梁荷载试验规程》（JTG/T J21-01—2015）；

（6）交通部基本建设质量监督总站编《桥涵工程试验检测技术》。

（二）试验梁的选择

试验梁的选择方法有随机抽样和典型抽样两种。随机抽样适用于大批生产的梁（作鉴定性试验），抽样数量一般占每批量的 1%～5%。抽样是任意选择的，这样抽样的结果可以反映出梁在设计与施工中的普遍问题，具有较好的代表性。典型抽样适用于生产数量不多、施工质量差别较大的情况，一般选择质量最差的一片梁进行试验。此外，对于存在某些重大缺陷的梁，在按规定进行补救后，也应进行试验以检验其承载力。

试验梁选定后，应将其设计、施工资料收集好。设计资料主要指设计图纸、计算书等。施工资料包括材料试验报告、钢筋骨架验收及各项施工记录等。在收集和分析试验梁资料的同时，还应对梁体的几何尺寸、材料状况、施工质量、表面缺陷等进行认真细致的检查。对梁体在试验中可能发生的问题应事先考虑周到，以免实验中发生故障而影响试验进行。

（三）试验组织

预制梁板试验一般都在现场进行，也可以在构件预制厂进行。荷载试验正式进行之前应做好试验组织与方案设计。在整个加载过程中，对每个试验项目都应有正式的记录。在每级试验荷载施加后，持荷 15～30min，待测量仪器、仪表反映的数值相对稳定之后，测读、记录各种数据，然后再施加下一级荷载。在试验结束后，对梁体应作一次全面检查，并将检查结果列入正式记录中以做备查。

二、预制梁试验实例

为了能客观、真实地说明预制梁板试验，这里以某高速公路大岭互通式立体交叉主线 2 号桥采用 26m 跨径的预应力混凝土预制空心板静载试验为实例进行详细阐述。

（一）试验概况

某高速公路大岭互通式立体交叉主线 2 号桥采用 26m 跨径的预应力混凝土预制空心板，混凝土标号为 C50。主要技术资料如下：

（1）跨径布置：7 孔 26m，简支空心板桥；

（2）桥宽：单幅宽 16.75m；

（3）设计荷载：公路-Ⅰ级；

（4）桥面铺装：10cm 的 C40 混凝土现浇层与 10cm 的沥青混凝土铺装层；

（5）设计洪水频率：特大桥按 1/300（300 年一遇）；

（6）地震烈度：按7度抗震设防；

（7）横向布置：10片预应力空心板，由铰缝联结。

为了检验该桥梁预制构件是否满足设计荷载标准及使用要求，受某预制场委托，进行静载试验。

（二）试验目的

通过静载试验实测桥梁预制构件的荷载效应，将构件荷载效应的实测值与理论值相比较，说明桥梁构件的工作性能及施工质量，判断该桥结构构件的实际工作性能与设计期望值是否相符，检验桥梁结构构件是否满足设计荷载标准及使用要求，为桥梁的交（竣）工验收提供必要资料，并为今后同类型桥梁构件设计施工积累资料和经验。

（三）试验组织与方案设计

（1）试验内容。预应力空心板静载试验的内容如下：

1）测试空心板 $L/4$、$L/2$、$3L/4$ 截面的挠度：满足正常使用对结构的刚度要求，体现在挠度应小于等于设计计算值或规范规定的允许值。

2）测试空心板支座的沉降：测定支座沉降量，消除其对挠度的影响。

3）测试空心板 $L/4$、$L/2$、$3L/4$ 截面的应变：满足正常使用对结构的受力性能要求；满足在设计荷载作用下，空心板有足够安全储备能力的要求；从实测应变变化规律反映构件的工作性能。

4）空心板的裂缝观测：试验前和试验过程中，对空心板是否出现裂缝进行观测，以便了解空心板施工质量，指导、控制加载和试验数据分析。

5）空心板外观检查：试验前对空心板外观进行检查，主要内容包括几何尺寸、梁体表面缺陷（如蜂窝、麻面、裂缝等）。

6）其他异常情况观测。

（2）理论计算。在已有技术资料基础上，采用桥梁博士4.4分析软件模拟实际状态对构件进行理论计算分析，以确定内力控制截面、试验荷载、加载工况、测点布置等，并使试验人员对试验结果有初步估计。

依据公路—Ⅰ级的设计荷载标准及桥面铺装厚度，根据实际桥梁的内力影响线，按最不利位置原则，根据公路设计荷载进行布载，得到活载内力，最终达到荷载效率系数接近1.0。再根据预制现场的实际条件确定加载方案，采用空心板跨中截面弯矩等效的原则，确定在空心板上所需的试验荷载大小。

计算结果如下：

1）截面特性。横截面面积 $A=0.697\text{m}^2$；惯性矩 $I=0.159\text{m}^4$；中性轴距梁底距离 $y_下=0.64\text{m}$。

2）横向分布系数。根据该桥特点，采用"铰接板法"计算荷载横向分布系数，中板荷载横向分布系数（2#板或8#板最不利）为 $m_汽=0.317$。

3）试验板的等效弯矩。在设计荷载作用下，按纵向影响线加载得到一个车道跨中最不利弯矩值见表9-2。

表 9-2	单车道跨中截面弯矩设计值		kN·m
荷 载 形 式	公路—Ⅰ级		二 期 恒 载
跨中截面弯矩	车道集中荷载弯矩：1676.8	车道均布荷载弯矩：860.2	589.8

计算第 2#空心板活载作用下的最不利弯矩值，冲击系数为 1.146

$$M_q=(1+\mu)\,m_c\sum p_i y_i=1.146\times0.317\times(1676.8+860.2)=921.2(kN\cdot m)$$

2#空心板活载与二期恒载作用下，跨中截面最不利弯矩值为

$$M_{控}=M_q+M_{二期恒载}=1511.1kN\cdot m$$

按空心板跨中截面弯矩等效的原则，试验板的等效弯矩为

$$M_{等数}=1511.1kN\cdot m$$

（3）试验加载方案。根据预制场的实际加载条件，采用均布堆放钢绞线的方式进行加载，试验弯矩为 1390kN·m，荷载效率为 0.92。8 捆钢绞线分四级加载，每次两捆对称加载，具体布载方式见图 9-3，图中重物从左至右重量分别为：35.50kN、35.50kN、35.50kN、41.20kN、41.22kN、35.46kN、35.78kN、35.28kN，荷载总大小为 295.44kN。

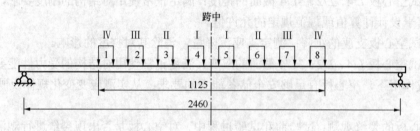

图 9-3　荷载布置方式图（单位：cm）

试验中的加卸载均采取分级的方法进行。本次试验的分级加卸载和等效跨中弯矩情况见表 9-3。

表 9-3　　　　　　　　　　　　　静载试验荷载分级表

分　类	分级加载	堆载钢绞线数	等效跨中弯矩（kN·m）
加载	第一级加载	2 捆	476
	第二级加载	4 捆	833
	第三级加载	6 捆	1140
	第四级加载	8 捆	1390
卸载	第一级卸载	6 捆	1140
	第二级卸载	4 捆	833
	第三级卸载	2 捆	476
卸载后达到稳定时测值 S_u	卸载到零	0 捆	0

（4）测点布置。根据上述测试内容，在 $L/4$、$L/2$、$3L/4$ 布置应变测点，在 $L/4$、$L/2$、$3L/4$ 处及两支点处共布置 8 个挠度测点。

（四）试验结果整理和分析

（1）试验空心板外观检查：

1）试验前空心板的外观检查。试验前对空心板进行外观情况检查，结果见表 9-4。

表 9-4		试验前空心板的外观检查情况		
项 目	部 位	检 验 方 法	检 查 情 况	质 量 评 价
露筋	受力主筋	观察、用尺测量	未发现	符合"标准"要求
	构造钢筋			
孔洞	所有部位	观察、用尺测量	未发现	符合"标准"要求
蜂窝、麻面 裂缝	腹板	观察、方格网测量 观察 刻度放大镜测量	未发现	符合"标准"要求
	顶板			
	底板			
裂缝	腹板	观察	未发现	符合"标准"要求
其他	顶板	刻度放大镜测量 观察	未发现	
	连接部位		未发现	

注 表中"标准"是指试验依据,即《公路工程质量检验评定标准》。

2)试验过程中空心板的裂缝情况评述。在试验过程中以及试验完成后,空心板未发现裂纹、裂缝产生。

(2)试验数据分析:

1)支点沉降影响的修正。在挠度测试的数据中,当支点沉降量较大时,应修正其对挠度值的影响,修正量 C 可按式(9-6)计算

$$C = \frac{l-x}{l} \cdot a + \frac{x}{l} \cdot b \tag{9-6}$$

式中 C ——测点的支点沉降影响修正量;

   l ——A 支点到 B 支点的距离;

   x ——挠度测点到 A 支点的距离;

   a ——A 支点沉降量;

   b ——B 支点沉降量。

2)各测点变位(挠度、位移、沉降)与应变的计算。

总变位(或总应变)

$$S_t = S_1 - S_i \tag{9-7}$$

弹性变位(或弹性应变)

$$S_e = S_t - S_u \tag{9-8}$$

残余变位(或残余应变)

$$S_p = S_t - S_e = S_u - S_i \tag{9-9}$$

式中 S_t ——试验荷载作用下测量的结构总位移(或总应变)值;

   S_e ——试验荷载作用下测量的结构弹性位移(或应变)值;

   S_p ——试验荷载作用下测量的结构残余位移(或应变)值;

S_i ——加载前的测值；

S_1 ——加载达到稳定时测值；

S_u ——卸载后达到稳定时测值。

3）主要测点的校验系数 η 及相对残余变形的计算方法，详见本书第9.2.4。

4）挠度测试数据分析。预应力空心板静载试验加载挠度理论计算及实测值对比见表9-5。挠度数据正负号的约定，"＋"号为向下，"－"号为向上。

表 9-5　　　　　　　　　　　　分级加载挠度理论计算及实测值对比　　　　　　　　　　　　mm

测点位置			L/4	L/2	L/4
总变位 S_t	第一级	实测值	2.48	3.57	2.24
		理论值	3.09	4.57	3.09
	第二级	实测值	4.62	6.66	4.32
		理论值	5.68	8.35	5.67
	第三级	实测值	6.74	9.54	6.42
		理论值	8.08	11.8	8.08
	第四级	实测值	8.75	12.28	8.32
		理论值	10.20	14.80	10.20
弹性变位 S_e	第一级	实测值	2.40	3.49	2.28
		理论值	3.09	4.57	3.09
		校验系数 η	0.78	0.76	0.74
	第二级	实测值	4.46	6.52	4.32
		理论值	5.68	8.35	5.67
		校验系数 η	0.79	0.78	0.76
	第三级	实测值	6.51	9.33	6.37
		理论值	8.08	11.8	8.08
		校验系数 η	0.81	0.79	0.79
	第四级	实测值	8.43	11.98	8.24
		理论值	10.20	14.80	10.20
		校验系数 η	0.83	0.81	0.81
残余变位 S_p	卸载到 0	实测值	−0.13	−0.19	−0.33
		理论值	0.00	0.00	0.00
		相对残余变位 S_p'	−0.014 9	−0.015 1	−0.040 0

规范中规定，活荷载作用下，挠度允许值为：$f_规 = L/600 = 41\text{mm}$。从表 9-5 可知，在每一级荷载作用下，总变位 S_t 均小于规范规定的挠度允许值及理论计算值。

《公路桥梁荷载试验规程（JTG/T J21-01—2015）》规定校验系数 η 应满足 $\beta < \eta \leqslant \alpha$ 的要求，

其中 $\alpha=1.05$，$\beta=0.7$。而实际的挠度校验系数 η 最大值为 0.83，说明空心板的实际刚度较理论预测值大。

相对残余变位 S'_p 最大为 0.04，符合《公路桥梁荷载试验规程》所规定的容许值 0.2 的要求。

在每一级荷载作用下，荷载—弹性位移曲线见图 9-4。由图可知，实测挠度值的规律性较好。

5）应变测试数据分析。预应力混凝土空心板分级加载应变理论及实测对比见表 9-6。表中应变数据正负号的约定，"＋"号为拉应变，"－"号为压应变。

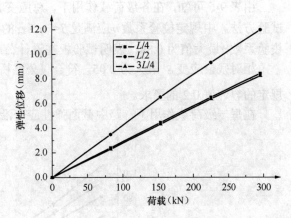

图 9-4　荷载—弹性位移曲线

表 9-6　　　　　　　　　　　　分级加载应变理论及实测对比　　　　　　　　　　　　　με

测点位置			L/4		L/2		3L/4	
			板顶	板底	板顶	板底	板顶	板底
总应变 S_t	第一级	实测值	−18	19	−50	54	−20	20
		理论值	−31	30	−57	56	−31	30
	第二级	实测值	−43	44	−79	88	−44	46
		理论值	−57	55	−100	97	−57	55
	第三级	实测值	−58	71	−95	110	−59	71
		理论值	−83	81	−137	133	−83	81
	第四级	实测值	−70	84	−119	137	−73	86
		理论值	−109	106	−167	162	−109	106
弹性应变 S_{ep}	第一级	实测值	−21	19	−49	50	−18	16
		理论值	−31	30	−57	56	−31	30
		校验系数 η	0.68	0.63	0.86	0.89	0.58	0.53
	第二级	实测值	−46	44	−78	84	−42	42
		理论值	−57	55	−100	97	−57	55
		校验系数 η	0.81	0.80	0.78	0.87	0.74	0.76
	第三级	实测值	−61	71	−94	106	−57	67
		理论值	−83	81	−137	133	−83	81
		校验系数 η	0.73	0.88	0.69	0.80	0.69	0.83
	第四级	实测值	−73	84	−118	133	−81	82
		理论值	−109	106	−167	162	−109	106
		校验系数 η	0.67	0.79	0.71	0.82	0.74	0.77
残余应变 S_p	卸载	实测值	3	0	−1	4	−2	4
		相对残余变位 S'_p	0.04	0.00	0.01	0.03	0.03	0.05

由表 9-6 可知，在各级荷载作用下，总应变 S_t 都小于理论计算值。《大跨径混凝土桥梁的试验方法》中规定校验系数 η 应满足 $\beta < \eta \leqslant \alpha$ 的要求，其中 $\alpha = 1.05$，$\beta = 0.7$。而实际的应变校验系数 η 最大值为 0.89，表明试验板在设计荷载作用下具有足够的安全储备能力。

相对残余应变 S'_p 最大为 0.05，符合《公路桥梁荷载试验规程（JTG/T J21-01—2015）》所规定的容许值 0.2 的要求。

在每一级荷载作用下，跨中截面弹性应变沿高度变化曲线见图 9-5。

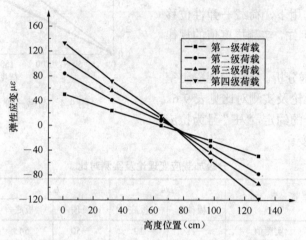

图 9-5　各级荷载下弹性应变沿高度变化曲线

由图 9-5 可知，实测应变值具有较好的线弹性关系。图 9-5 所示的中性轴位置与理论计算值吻合较好，说明试验空心板处于弹性受力阶段。

（五）结论

通过空心板静载试验的实测结果及理论计算分析，可得以下主要结论：

（1）试验空心板外表没有明显的蜂窝、麻面等质量缺陷，试验过程中没有发现空心板出现混凝土裂缝。

（2）本试验荷载效率系数为 0.92，满足相关规范、规程中有关条文的规定。在确定试验荷载大小时，偏安全考虑，将混凝土面层作为二期恒载施加，且未考虑混凝土面层对结构受力的贡献。

（3）各级荷载作用下，试验板跨中最大挠度测试结果小于理论计算值及规范规定挠度允许值（41mm）；校验系数 η 最大值为 0.83，表明试验空心板的实际刚度较理论预测值大；相对残余变位 S'_p 小于 0.2，表明试验板处于弹性工作状态。

（4）各级荷载作用下，实测总应变 S_t 均小于理论计算值；校验系数 η 最大值为 0.89，表明试验空心板在设计荷载作用下具有足够的安全储备能力；相对残余应变 S'_p 小于 0.2，表明试验空心板处于弹性工作阶段。

总结：在设计使用荷载作用下，试验空心板的工作性能良好，处于弹性工作状态，满足桥梁使用性能要求，各项检测指标均满足相关规范要求。

9.2.6　桥梁静载试验实例

桥梁静载试验应在桥面铺装层全部完工后进行。为了排除温度变化对结构的影响，试验宜选在夜间或温差较小的阴天进行。荷载试验前必须对所有的加载车辆进行称重。

　　为了能更清楚地说明成桥检测的步骤和内容，加深读者的印象，本节以惠州市淡澳大桥为例对成桥静载试验的全过程进行阐述。

　　（一）试验概况

　　惠州市淡澳大桥是一座跨江桥梁，主桥设计为 5×20m 简支 T 梁＋（30＋40＋30）m 三孔连续箱梁＋5×20m 简支 T 梁，梁高 1.6m，桥面整浇层厚度 15cm，全桥等高，全长 300m。桥梁全宽 28m，按双向六车道设计，桥面两侧及中间各设 0.5m 防撞栏杆及 1.0m 人行道。该桥原设计荷载等级为汽车—超 20，挂 120 级，现按公路 I 级荷载标准判定该桥的整体质量是否达到公路 I 级的要求，确保大桥在正常营运时的使用安全。受业主委托，对该桥梁进行桥梁静载试验，以对桥梁的承载能力和使用性能作一次全面的技术评估。

　　（二）加载工况及车辆布置图

　　采用"桥梁博士 4.4"分析软件对桥梁进行计算分析。根据桥梁结构及受力情况，三跨连续箱梁选择第 7 跨跨中、7 号桥墩和第 8 跨跨中截面作为荷载试验的主要测试截面，控制截面位置如图 9-6 所示。

图 9-6　各控制截面位置示意图

　　按连续箱梁桥的受力与变形特点，本次试验考虑了 6 种荷载试验工况，各工况下的车辆（300kN）布置见图 9-7，加载车辆按实际重量加载，各工况如下：

　　工况 I：下游幅第 8 跨跨中最大正弯矩（偏载）；

　　工况 II：下游幅第 8 跨跨中最大正弯矩（中载）；

　　工况 III：下游幅第 7 跨跨中最大正弯矩（偏载）；

　　工况 IV：下游幅第 7 跨跨中最大正弯矩（中载）；

　　工况 V：下游幅 7#墩支座截面最大剪力（中载）；

　　工况 VI：下游幅 7#墩支座截面最大负弯矩（中载）。

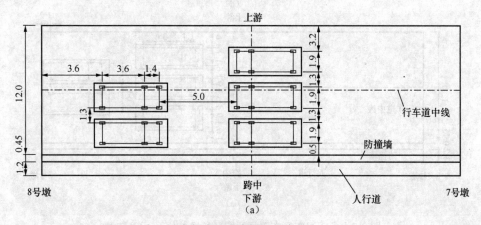

图 9-7　各工况车辆布置示意图（长度单位：m）（一）

（a）工况 I 偏载车辆布置

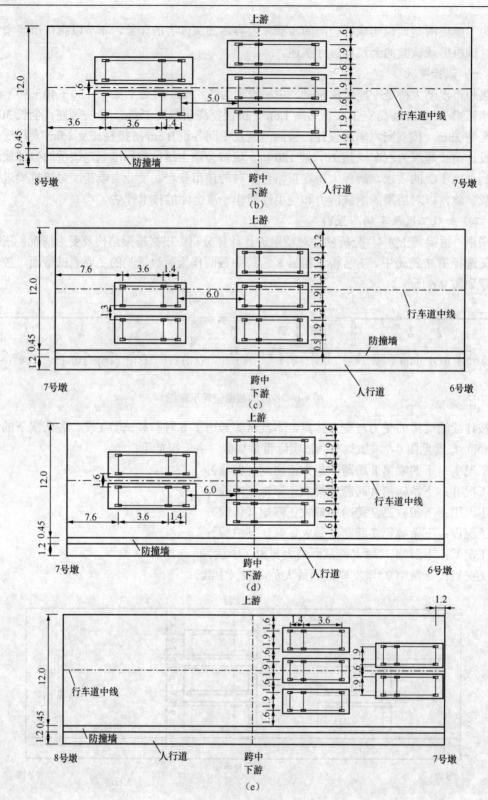

图 9-7　各工况车辆布置示意图（长度单位：m）（二）

（b）工况Ⅱ中载车辆布置；（c）工况Ⅲ偏载车辆布置；（d）工况Ⅳ中载车辆布置；（e）工况Ⅴ车辆布置

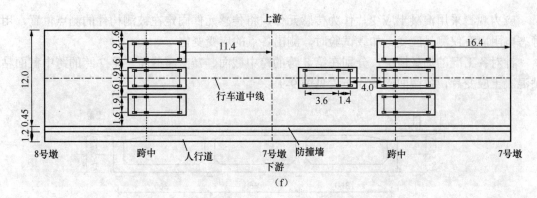

图 9-7 各工况车辆布置示意图（长度单位：m）（三）

（f）工况Ⅵ车辆布置

（三）静载试验效率

本次加载试验的目的，是检验结构承载力是否符合设计要求，以确定桥梁能否正常使用。因此，按施工检测性质，属于"验收荷载试验"。"验收荷载试验"一般为基本荷载试验，即最大试验荷载为设计标准规定的荷载（包括标准规定的动力系数或荷载增大系数的因素）。

各工况的静载试验效率见表 9-7。

表 9-7 荷 载 效 率 计 算 表

试 验 工 况	工况号	S（kN·m）	S_s（kN·m）	δ	η_q（%）
第 8 跨最大正弯矩（偏载）	Ⅰ	7786	7830	1.10	91.4
第 8 跨最大正弯矩（中载）	Ⅱ	6770	6810	1.10	91.4
第 7 跨跨中最大正弯矩（偏载）	Ⅲ	8936	9980	1.10	101.0
第 7 跨跨中最大正弯矩（中载）	Ⅳ	7770	8630	1.10	101.0
7#墩支点最大剪力（中载）	Ⅴ	1320（kN）	1370（kN）	1.15	90.3
7#墩支点最大负弯矩（中载）	Ⅵ	−6200	−6550	1.15	91.9

（四）测点布置与观测方法

采用精密电子水准仪测读荷载作用下桥面挠曲变形的变化情况，在行车道一侧靠防撞栏杆位置布置水准尺，桥面挠曲变形测点布置如图 9-8 所示。全桥共布置水准尺 9 支，具体位置为第一跨的 0、$L/4$、$L/2$、$3L/4$、L 和第二跨的 0、$L/4$、$L/2$、$3L/4$、L，用电子水准仪测读各级荷载作用下桥面的挠曲变形变化。

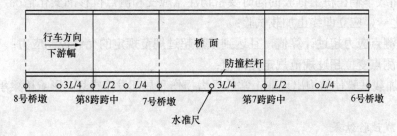

图 9-8 桥面挠曲变形测点布置图

　　应力观测采用混凝土应变片作为传感元件，将传感元件固定在被测构件的测点位置，用静态电阻应变仪测量应变。加载试验时，测出各点的应变变化。

　　针对各工况的加载情况，分别在第 8 跨的跨中截面、7#支座截面、第 7 跨的跨中截面粘贴混凝土应变片，各截面应变片布置见图 9-9。

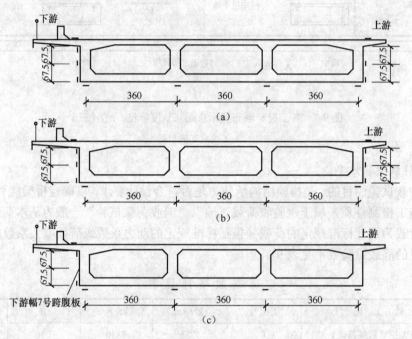

图 9-9　各控制截面应变片布置图（单位：cm）

（a）第 8 跨的跨中截面应变片布置；（b）7#支座截面应变片布置；（c）第 7 跨的跨中截面应变片布置

（五）试验步骤

（1）将加载汽车按预先计算的试验荷载重量装载，过磅称重后停放于桥头引道上。

（2）加载前，各测量仪表调零或读出初读数，然后将加载汽车分级加载。每级荷载加载完毕后持荷 5～10min，待结构变形基本稳定后量测仪表读数，读数完毕后马上加下一级荷载。如此循环直到最后一级荷载，各量测仪表读数完毕，一次性全部卸载，准备下一工况加载。

（3）卸载后 30min 测读出结构的残余变形。如果残余变形值与总变形值之比小于试验规范的规定值，加载试验即告结束，否则需重复进行第二次加载试验。

（4）加载前，对全桥特别是几个受力敏感区，如跨中与支座等部位进行仔细的裂缝检查。加载中需对主要部位进行裂缝监测，加载完毕，应再对全桥进行仔细的裂缝检查。

（5）在加载车辆往桥上行驶的同时要密切注意应变和测点位移的变化情况，如果发生下列异常情况之一，应立即终止加载试验：

1）控制测点应力超过计算值，且达到或者超过规范规定的允许控制应力；

2）控制测点变位超过规范规定允许值；

3）由于加载试验使结构出现非正常的受力损伤和局部发生损坏，影响桥梁承载能力和今后正常使用。

（六）静载试验结果

（1）应变（应力）测试结果。各工况测试截面应变计算值、试验结果及应变效验系数η

见表 9-8。《公路桥梁荷载试验规程（JTG/T J21-01—2015）》中规定预应力混凝土桥梁应变（应力）校验系数 η 应在 0.60～0.90 常值范围内，本试验桥梁应变校验系数为 0.60～0.88，实测应变值小于理论值计算值，主要是因为材料的实际强度及弹性模量较高。

表 9-8 各工况主梁截面应变值 με

工况	第 8 跨的跨中截面				7#支座截面				第 7 跨的跨中截面			
	底部		顶部		底部		顶部		底部		顶部	
	计算值	实测值	计算值	实测值	计算值	实测值	计算值	实测值	计算值	实测值	计算值	实测值
I	74	52	−67	−44	−37	−23	32	20	−14	−10	12	8
	$\eta=0.70$		$\eta=0.66$		$\eta=0.62$		$\eta=0.63$		$\eta=0.71$		$\eta=0.67$	
II	68	51	−58	−51	−28	−21	24	15	−12	−9	10	8
	$\eta=0.75$		$\eta=0.88$		$\eta=0.75$		$\eta=0.63$		$\eta=0.75$		$\eta=0.80$	
III	−30	−20	24	15	−47	−32	40	28	90	74	−78	−48
	$\eta=0.67$		$\eta=0.63$		$\eta=0.68$		$\eta=0.70$		$\eta=0.82$		$\eta=0.62$	
IV	−24	−17	21	13	−41	−25	35	25	78	59	−68	−45
	$\eta=0.71$		$\eta=0.62$		$\eta=0.61$		$\eta=0.71$		$\eta=0.76$		$\eta=0.66$	
V	−14	−11	12	9	−17	−13	15	9	21	16	−18	−11
	$\eta=0.79$		$\eta=0.75$		$\eta=0.76$		$\eta=0.60$		$\eta=0.76$		$\eta=0.61$	
VI	35	28	−30	−20	−53	−32	46	34	38	30	−33	−24
	$\eta=0.80$		$\eta=0.67$		$\eta=0.60$		$\eta=0.74$		$\eta=0.79$		$\eta=0.73$	

注 表中"应变计算值"为"计算应力"除以弹性模量 E 得到。

（2）挠度变形测试结果。采用精密电子水准仪测读各级荷载作用下桥面挠曲变形的变化情况，主梁在各工况试验荷载作用下桥面挠度的理论计算值、实测值及 η 值见表 9-9。各工况下特征点的相对残余变形见表 9-10。

《公路桥梁荷载试验规程》（JTG/T J21-01−2015）中规定预应力混凝土桥梁挠曲变形校验系数常值范围 $\eta=0.7～1.0$，本试验桥梁挠曲变形校验系数 $\eta=0.70～0.80$，表明箱梁的刚度较好，处于弹性工作状态。

根据实测的桥面挠度值知，40m 跨预应力混凝土桥面实测最大挠度为 5.85mm，《公路钢筋混凝土及预应力混凝土桥涵设计规范》（JTG 3362−2018）规定预应力混凝土梁桥的最大挠曲变形不能大于 $L/600=66.7$mm，试验荷载作用下，该桥跨中截面最大挠曲变形为 5.85mm＜66.7mm，故该桥箱梁部分结构满足正常使用条件下截面刚度要求。

表 9-9 桥面挠度理论计算值与实测值比较 mm

工 况	位 置	计 算 值	实 测 值	η
I	第 8 跨跨中	4.36	3.50	0.80
II	第 8 跨跨中	3.79	2.70	0.71
III	第 7 跨跨中	7.68	5.85	0.73
IV	第 7 跨跨中	6.68	4.80	0.72

工　　况	位　　置	计　算　值	实　测　值	η
V	第 7 跨跨中	2.64	1.85	0.70
VI	第 7 跨跨中	4.10	3.20	0.78

（七）静载试验结果评定

结构试验效率最大部位的结果满足以下全部条件，则该桥梁是满足要求的。

（1）实测的应力值（S_e）与试验荷载作用下的理论计算应力值（S_s）的比值 η 偏小。

（2）对于预应力混凝土梁桥，相对残余变形值应小于 20%。

表 9-10　　　　　　　　　各工况下特征点的相对残余变形

工况	截　面　位　置					
	第 7 跨跨中			第 8 跨跨中		
	实测值（mm）	残余变形（mm）	相对残余变形（%）	实测值（mm）	残余变形（mm）	相对残余变形（%）
I	−0.95	−0.10	11	3.50	0.25	7
II	−0.75	0.10	−13	2.70	−0.05	−2
III	5.85	0	0	−1.20	0.05	−4
IV	4.80	0.05	1	−1.70	−0.15	9
V	1.85	0.12	6	−0.80	0.06	−8
VI	3.20	0.20	6	0.80	0.05	6

由表 9-10 可以看出，相对残余变形值小于 20%，满足要求。

（3）量测的最大变形总值（S_{tot}）不应超过设计标准的容许值。

工况III：第 7 跨跨中最大正弯矩偏心加载，$L/2$ 跨产生最大挠度值

$$S_{tot} = 5.85\text{mm}$$

预应力混凝土梁桥设计容许挠度值：$[\varDelta] = L/600 = 0.066\ 7\text{m} = 66.7\text{mm}$，$S_{tot} < [\varDelta]$，故满足设计要求。

（4）试验荷载作用下裂缝宽度不应超过设计标准的允许值，并且卸载后应闭合到小于容许值的 1/3。原有的其他裂缝（施工、收缩、温度裂缝），受载后也不应超过标准容许宽度。该桥在静载过程中没有裂缝产生，满足要求。

（八）结论

通过该桥的静载试验实测结果和理论分析，对该桥的整体受力性能综合评定如下：

（1）箱梁部分静力加载试验共动用 300kN 重车 7 辆，进行了 6 种工况下的应力测试及挠曲变形测试，试验过程中未发现新增裂缝的产生。

（2）通过静载试验，该桥经历了一次设计荷载的考验，试验荷载作用下该桥未出现任何异常情况，结构整体受力性能较好。

（3）实测箱梁部分桥面最大挠度绝对值为 5.85mm，均远小于《公路钢筋混凝土及预应力混凝土桥涵设计规范》（JTG 3362—2018）规定的 $L/600$ 的要求，表明该桥具有较好的

刚度。

（4）该桥在试验荷载作用下，各控制截面的应力、挠度实测值均小于理论计算值，表明该桥的静力受力性能良好。

9.3 桥梁结构动载试验

9.3.1 桥梁动载试验的目的

桥梁结构的动力荷载试验目的是研究桥梁结构的自振特性和车辆动力荷载与桥梁结构的联合振动特性。这些测试数据是判断桥梁结构运营状况和承载力特性的重要指标。桥跨结构某振型的振动周期（或频率）与结构的刚度有着确定关系，尤其在研究桥跨结构的横向刚度时，往往以其横向振动周期为指标。在设计时亦要避免强迫振动振源（如风、车辆等）的频率与桥跨结构自振频率相近，以致引起过大的共振振幅危及桥梁安全。

某一行车速度下，接近或达到临界速度时，结构的动挠度和动应力将会达到最大。在桥梁的设计实践中，车辆荷载的动力作用是用一个综合性的技术指标"冲击系数"来反映的，它因结构形式、跨度和车辆的类型而异。冲击系数综合地反映了桥梁结构的动力特性、车辆的运动性能以及桥面的平整状态等因素对桥体的影响。它在桥梁设计或桥梁检验中，是确定车辆荷载对结构的动力作用的重要技术参数，直接影响到桥梁结构的安全性和设计的经济合理性。因此，实测并积累有关冲击系数的数据，是桥跨结构动力荷载试验的主要任务之一。

在某振动频率下所产生的过大振幅，会使乘客和行人感觉不舒适。当桥梁自振频率处于某些范围时，外荷载（包括行驶车辆、行人、地震、风载，海浪冲击等）也可能会引起桥梁共振。近年来研究的桥梁结构病害诊断，实际也是以桥跨结构或构件固有频率的改变为根据的。因此新建的桥梁、运营一定年限后的桥梁以及对其结构承载能力有疑问的桥梁均需进行动力荷载试验。

9.3.2 桥梁动载试验方案设计

一、动载试验方案的主要内容

（一）动力荷载试验项目

（1）桥梁结构动力响应的试验测定，主要是测定结构在动力荷载作用下的响应，即结构在动荷载作用下强迫振动的特性，包括动位移、动应变、动力系数等。试验时，一般利用汽车以不同的速度通过桥跨所引起的振动来测定上述各种数据。

（2）测定桥跨结构的自振特性，如自振频率、振型和阻尼特性等。应在结构相互连接的部分布置测点，如悬臂梁与挂梁、上部结构与下部结构、行车道梁与索塔等的相互接连处。

（3）测定动荷载本身的动力特性时，主要是测定引起桥梁振动的作用力或振源特性，如动力荷载（包括车辆制动力、振动力、撞击力等）的大小、频率及作用规律。动力荷载大小可通过安装在动力荷载设备底架接连部分的荷重传感器直接测量记录，或以测定荷载运行的加速度与质量的乘积来确定。

（二）动力荷载试验的荷载

（1）检验桥梁受迫振动特性的试验荷载，通常采用接近运营条件的汽车、列车或单辆重车以不同车速通过桥梁的方法，要求每次试验时车辆在桥上的行驶速度保持不变，或在桥梁动力效应最大的检测位置进行刹车（或起动）试验。

（2）进行特殊科学实验项目，如进行模拟船舶撞击桥墩、汽车撞击防护构造和弹药爆炸等冲击荷载试验。

（3）桥梁在风力、流水撞击和地震力等动力荷载作用下的动力性能试验，应在专门的长期观测中实现。

（4）测定桥梁自振特性可利用环境激振进行脉动测试。

（5）疲劳荷载试验室内试验可采用液压脉动装置，现场试验可采用特别设计的起振装置。

（三）动载试验的测量仪器

动载试验测量动应变可采用动态电阻应变仪并配以记录仪器，测量振动可选用低频拾震器并配低频测振放大器及记录仪器，测量动挠度可选用光电挠度仪、激光挠度仪或电阻应变位移计并配动态电阻应变仪及记录仪器。

（四）动载试验的准备工作

动载试验前，首先应按照试验方案进行准备工作，其内容包括：

（1）搜集与试验桥梁有关的设计资料和图纸，详细研究，慎重选择并确定试验荷载。

（2）现场调查桥上和桥两端线路状态、线路容许速度、车辆和列车实际过桥速度及其他激振措施状态。

（3）了解有关试验部位情况，以确定测试脚手架的搭设位置、导线的布设方法及仪器安放位置。

（4）对拟测试的项目和测试断面，应按实际荷载和截面尺寸预先算出应力、位移、结构自振频率等，以便及时与实测值进行比较。

（五）动载试验测试中应特别注意的问题

（1）动态测试仪器，由于存在频响、阻抗匹配及相位等问题，应至少保证每一年整机标定一次。在振动台等条件具备的情况下，则最好是在测试前后各标定一次，以便取得准确的响应值，标定内容至少应包括频响特性、幅值线性两项试验，并绘成图形。

（2）每次动态测试前应进行现场的灵敏度对比和相位一致性试验。

（3）振动测量应尽量测定位移（动位移）值和加速度值。前者反应刚度，后者反应动荷载。因此尽量采用位移传感器和加速度传感器，尽量少用微积分线路（尤其避免二次微积分），以提高测定值的精度。

（4）振动测量应包括三维空间值，即桥轴水平向、横桥水平向和横桥垂直向。在记录与分析中亦应明确标明，工况记录要详细准确。

在正式测试之前，项目负责人应检查无载状态下应变仪各测点的零状态是否良好，其变化不应超过 $\pm 5\mu\varepsilon$。

二、动载试验效率

动载试验荷载效率的定义为

$$\eta_d = S_d / S_{1max} \tag{9-10}$$

式中　　S_d——动载试验荷载作用下控制截面的最大内力或变形；

　　　　S_{1max}——控制荷载作用下控制截面的最大内力或变形（不计冲击）。

η_d 宜取高值，但不应超过 1，动载试验的效率不仅取决于试验车型及车重，而且取决于实际跑车时的车间距，因此在动载试验跑车时应注意保持试验车辆之间的车间距，并应实际测定跑车时的车间距以作为修正动载试验效率 η_d 的计算依据。

三、动载试验的测点布置

在桥梁结构动载试验中，应根据现有仪器设备和试验人员的实践经验，按照动载试验的要求和目的及桥梁结构具体形式来确定拾振器和动应变测点的布置，并选择恰当的激振形式与激振位置。

（一）拾振器的布置

测点拾振器布置一般按照结构振型形状，在变位较大的部位布置测点，尽可能避开各阶振型的节点，以免丢失模态。

根据桥梁结构形式与结构体系，可以利用结构动力分析通用程序进行结构动力分析，从而估计结构前几阶振型形状和相应的固有频率，为制定动载试验方案提供理论依据。

（二）动应变测点的布置

动应变测点一般应布置在结构产生最大拉应变的截面处，并注意温度补偿。具体布置原则与静应变测点布置相同，只是动应变测点数较静应变少，在此不再赘述。

四、动载试验的测试内容

桥梁动载试验一般包含下述测试内容：

（一）跑车试验（无障碍行车试验）

动载试验一般安排标准汽车车列（对小跨径桥也可用单排车）在不同车速时的跑车试验，跑车速度一般定为在最高设计车速下的若干等级，比如 5、10、20、30、40、50、60（km/h）等。桥梁结构当车在桥上时为车桥联合振动，当车跨出桥后为自由衰减振动。应测量不同行驶速度下控制断面（一般取跨中或中支点处）的动应变和动挠度，记录时间一般以波形完全衰减为止。测试时需记录轴重、车速，并在时程曲线上标出首车进桥和尾车出桥的对应时间。动载测试一般应试验三组，在临界速度时可增跑几趟，以便全面记录动应变和动位移。

（二）跳车试验（有障碍行车）

在预定激振位置放置一块 15cm 高的直角三角木，斜边朝向汽车。一辆满载重车以不同速度行驶，后轮越过三角木由直角边落下后，立即停车。此时桥跨结构的振动是带有一辆满载重车附加质量的衰减振动。在数据处理时，附加质量的影响应予以修正。跳车的动力效应与车速和三角木放置有关。随车速的增加，桥跨结构的动位移、动应力会增加，从而冲击系数也会加大，跳车记录时间与跑车相同。

（三）刹车试验（制动试验）

按实际情况，有时需进行刹车试验，测定桥梁结构在制动力作用下的响应，用以了解桥梁承受活载水平力的性能。在进行刹车试验时，对车辆荷载的行驶速度及制动位置等均应作专门的考虑。

刹车试验是以行进车辆突然停止作为激振源，可以不同车速行驶，并停在预定位置。刹车可以是顺桥向或横桥向。一般横桥向由于桥面较窄，难以加速到预定车速。所以往往在宽桥上以斜桥向刹车代替，或横向起步后刹车。刹车试验数据同样需要进行附加质量影响的修正。由刹车的位移时程曲线可读取自振特性和阻尼特性数据，不过此时附加了的车辆质量也参与衰减振动，阻尼并非单纯桥跨结构阻尼。刹车记录项目与跑车相同，对记录的信号（包括振幅、应变或挠度等）进行频谱分析，可以得到相应的强迫振动频率等一系列参数。

（四）脉动试验

脉动试验是使用高灵敏度的传感器和放大器测量结构在环境振动作用下的振动，然后对其进行频谱分析，求出结构自振特性的一种方法。环境振动是随机的、多种振动的叠加，它输出的能量在相当宽的频段是差不多相等的，而结构在环境（如风、水流、机动车、人的活动等引起的振动）的激励下振动时，由于相位的原因，使得和结构自振频率相同或接近的振动被放大，所以对记录到的数据进行多次平均谱分析，即可得到结构的自振频率及振型。

脉动测试需记录脉动位移或速度，将记录到的信号在高精度的信号分析仪上进行频谱分析，便得到频谱图；将频谱分析的数据再结合跑车、跳车、刹车等的测试数据，综合分析便可得到精确而真实的桥跨结构自振特性数据。脉动测试要求高灵敏度的传感器和放大器，同时要具备质量较高的信号分析设备及其相应软件。脉动法记录时间一般不宜少于四十分钟。大跨径桥梁测试断面多，可分断面记录，但应保证每次有一个参考点不动，即所谓的导纳原点。

为了尽可能测出高阶频率，应当预先估算结构振型，以便在结构的敏感点布置拾振器。为了进行动力分析或风、地震响应分析，对不同桥型，测量自振频率的阶数可以不同。

9.3.3 动载试验数据分析与评定

一、试验数据的整理分析

（一）活载冲击系数（即动力放大系数）

活载冲击系数（不同速度下）可根据记录的动挠度时程曲线（图 9-10）按式（9-11）计算而得

$$1+\mu=S_{\max}/S_{\text{mean}} \tag{9-11}$$

式中　$S_{\max}$——荷载作用下该测点最大应变（或挠度）值，即最大波峰值；

　　　　S_{mean}——相应的静载作用下该测点最大应变（或挠度）值（可取本次波形的振幅中心轨迹线的顶点值）。

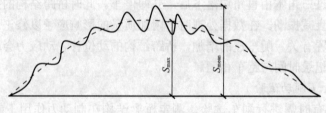

图 9-10　动挠度时程曲线

$$S_{\text{mean}}=(S_{\max}+S_{\min})/2 \tag{9-12}$$

式中　$S_{\min}$——与 S_{mean} 对应的最小应变（或挠度）值（即同周期的波谷值）。

同一桥梁结构不同部位的冲击系数是不同的。一般情况下，桥梁给出跨中和支点部位的冲击系数；斜拉桥和悬索桥给出吊点和加劲梁节段中点部位的冲击系数；而钢桁梁桥应区别弦杆、腹杆、纵梁、横梁分别给出冲击系数。

（二）系数与曲线

（1）根据不同车速的活载冲击系数绘制活载冲击系数与车速的关系曲线，并求出活载冲击系数最大值（应区分桥跨的不同部位）。

（2）动力系数与受迫振动频率的关系曲线。

（3）车速与受迫振动频率的关系曲线。

（4）卸载后（车辆出桥后）的结构自振频率。

（三）振型曲线

将桥跨结构分为若干区段，在区段的中间或区段的分界处设置拾振器，测取同一瞬间各测点处的振幅和相位差，即可点绘出振型曲线。一般情况下，实测混凝土桥跨结构前三个振型对桥跨结构的动力特征研究较有意义，特别是第一、二振型。

二、试验结果的评定与分析

（1）车辆荷载作用下测定的结构动力系数 δ_{max} 应满足式（9-13）

$$(\delta_{max}-1)\eta_d \leqslant \delta-1 \tag{9-13}$$

式中　δ_{max}——动力系数，即 $1+\mu_{max}$；

　　　　η_d——动力试验荷载效率；

　　　　δ——设计取用的动力系数。

根据动力系数与车速的关系曲线，确定动力系数达到最大值时的临界车速。

实际测定中，单车试验的动力系数比汽车车列试验的动力系数大，且单车的荷载效率低，因而量测的误差也比较大，因此应采用与设计荷载相当的试验荷载所引起的动力系数，作为理论动力系数比较的数据。

（2）结构控制截面实测最大动应力和动挠度小于标准的容许值。

（3）结构的最低自振频率应大于有关标准限值，结构最大振幅应小于相应标准限值。

（4）评定桥梁受迫振动特性还必须掌握试验荷载本身的振动特性、桥面行车条件（伸缩缝）和路面局部不平整等的影响。

（5）根据结构振动图形，可分析出结构的冲击现象、共振现象和有无缺陷。

（6）桥梁自身动力特性的全面资料，可作为评价结构物抗风力和抗地震力性能的计算参数。复杂桥梁结构的动力性能，还需要借助于模型的动力试验或风洞试验进行研究。

（7）定期检验的桥梁，通过前后两次动力结果的比较，可检查结构工作的缺陷，如果结构的刚度降低（单位荷载的振幅增大）或频率显著减小，应查明结构可能产生的损坏。

（8）如果结构动力试验结果不满足上述（1）中的条件，应分析动力系数与车速的关系和车速与受迫振动频率的关系，并采取适当的措施（如限制车速和改进结构的动力性能等）予以改进。

9.3.4　动载试验实例

（一）工程概况

惠州东新桥位于枝江与东江交汇处，北临东江，位于老东新桥桥址处，桥西侧有文笔塔，处于惠州老城繁华地段，是惠州市重要的景观桥梁。本桥全长 145m，双向四车道，主桥跨径为 101m 的预应力混凝土变截面箱形刚构桥，单箱四室，梁高：2.0m～8.92m，截面梁高按三次抛物线变化，上部结构箱梁按全预应力混凝土进行设计及验算。桥西侧桥头设喇叭口与两侧道路相连，喇叭口为钢筋混凝土实体板，实体板与桥箱梁断开。桥梁行车道宽 18m，两侧人行道 3m。

道路等级：城市次干路Ⅲ级；

设计行车速度：30km/h；

桥面竖面线半径：$R=600m$；

设计荷载：汽－20，挂－100，人行道 3.5kPa；

抗震设防标准：地震基本烈度 6 度，按 7 度设防；

活载标准：城—B 级车辆荷载；按公路－Ⅱ级验算人群：2.4kN/m²；

道航：Ⅶ级航道。

为了判定该桥的整体质量是否达到设计要求，确保大桥建成通车后的使用安全，受业主委托，对该桥梁进行一次全面的桥梁静、动载试验，以对桥梁的承载能力和使用性能作一次全面的技术评估。

（二）试验目的

作为一个大系统多变量的复杂结构，桥梁结构的结构敏感性很强，当结构的物理特性发生变化时（如开裂、尺寸变化、材料力学性能变化等），不但静力特性（变形、应力、裂缝等）发生变化，而且动力特性（频率、振型、阻尼比、传递函数等）也将发生变化。这一变化对桥梁现状评估有着积极意义：将成桥状态结构的动力特性参数作为一初始值，在运营一段时间后对照相关测值变化，即可对该桥进行相关现状评定。

本次试验目的是判定大桥的整体质量是否达到设计要求，确保大桥建成通车后的使用安全，并为该桥积累原始技术资料，利用动力测试技术来获取东新桥的动力特性及荷载激励下的结构响应。

（三）试验内容

（1）跑车试验。试验采用 1 辆 300kN 载重汽车，以 20km/h、30km/h 车速沿桥中心线匀速行驶过桥梁，测试桥梁结构的振动响应。

（2）跳车试验。用 1 辆 300kN 载重汽车进行跳车试验，在跨中截面位置布置三角块（长60cm，宽 80cm，高 10cm），通过跳车测试桥梁结构引起的振动响应。

（3）结构自振频率与振型的测试。

（四）测试系统

北京东方振动和噪声技术研究所研制的 INV 数据采集系统和 DSAP 数据分析系统、笔记本电脑系统及 891 型拾振器。采用 891 型拾振器采集时域随机振动信号。传感器信号经放大、A/D 转换，传送至计算机，再由 DASP 动态数据分析系统进行频谱分析，以确定桥梁结构的自振频率和振型。动力特性测试系统见图 9-11。

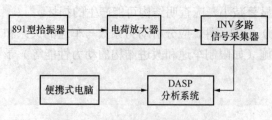

图 9-11　动力特性测试系统框图

（五）测点布置

沿桥面竖向共布置测点 17 个，如图 9-12 所示，共采集了 17 组振动信号，每组测试采集2 个测点的信号，分别为：F1-1，F2-2，F3-3，F4-4，F5-5，F6-6，F7-7，F9-8，F9-9，F10-10，F11-11，F12-12，F13-13，F14-14，F15-15，F16-16，F17-17。通过各测点的振动测试，分析桥梁的自振频率与竖向振型。本次试验采用脉动法（环境随机激励法）进行振动测试，每组测试时的数据记录时间长度为 3min。

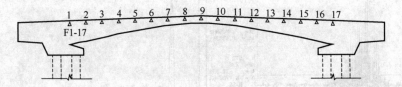

图 9-12　桥面动测测点布置

（六）测试与分析结果

对环境随机激励下的测试信号进行互谱分析，得到桥梁的自振频率与振型。实测结果与计算结果见表 9-11，表中仅列出了前 4 阶自振频率。

表 9-11　　　　　　　　　　主梁实测自振频率与计算自振频率比较

频率阶数	实测频率（Hz）	计算频率（Hz）	实测/计算	振　　型
1	3.14	3.318	0.985	近似正弦曲线
2	4.87	5.331	0.853	近似正弦曲线
3	6.58	6.748	0.975	近似正弦曲线
4	8.75	9.297	0.986	近似正弦曲线

实测一阶、二阶振形如图 9-13、图 9-14 所示，实测 20km/h 跑车试验的波形图及波形频谱分析图如图 9-15 所示，实测 30km/h 跑车试验的波形图及波形频谱分析图如图 9-16 所示。

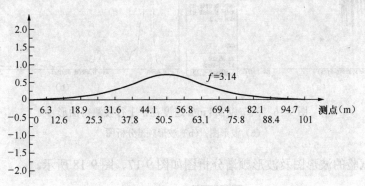

图 9-13　实测一阶振形

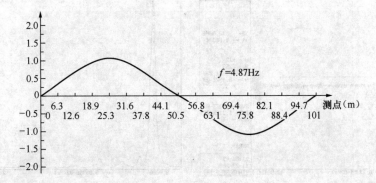

图 9-14　实测二阶振形

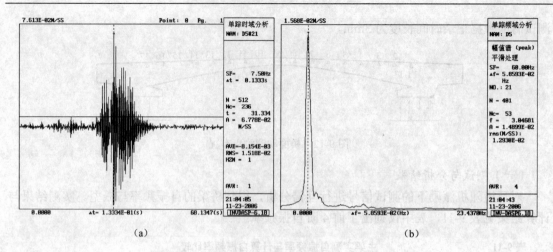

（a）　　　　　　　　　　（b）

图 9-15　汽车以 20km/h 速度在桥上行驶测得图形

（a）波形图；（b）波形频谱分析图

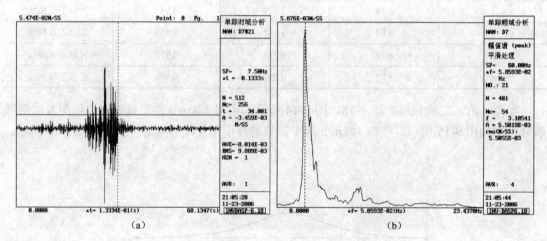

（a）　　　　　　　　　　（b）

图 9-16　汽车以 30km/h 速度在桥上行驶测得图形

（a）波形图；（b）波形频谱分析图

实测跳车试验的波形图及波形频谱分析图如图 9-17、图 9-18 所示。

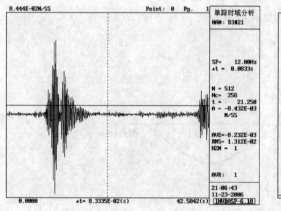

图 9-17　汽车跳车波形图

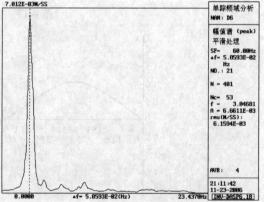

图 9-18　汽车跳车波形频谱分析图

9.4 桥梁技术状况评定

9.4.1 桥梁技术状况检测的主要内容和方法

桥梁技术状况是指桥梁结构各部件或构件的综合技术指标，反映桥梁结构的完好程度、安全程度及使用功能的完善程度。考虑桥梁规模、技术状况、运营环境及所处公路等级的不同，各级公路桥梁的养护需求和养护资源亦有所不同，《公路桥涵养护规范》（JTG 5120—2021）对桥梁检查等级进行分级，将公路桥梁养护等级分为Ⅰ～Ⅲ级，根据等级遵循不同巡检周期和养护技术要求。桥梁检查分为初始检查、日常巡查、经常检查、定期检查和特殊检查。

（1）初始检查。初始检查是新建或改建桥梁交付使用后，对桥梁结构及其附属构件的技术状况进行的首次全面检测，其成果是后期桥梁检查和评定工作的基准。初始检查宜与交工验收同时进行，最迟不得超过交付使用后1年，包括定期检查需测定的所有项目，并应提交技术状况评定报告。

（2）日常巡查。日常巡查是对桥面及其以上部分的桥梁构件、结构异常变位和桥梁安全保护区的日常巡视和目测检查。日常巡查一般由桥梁管理养护部门专业人员进行，以乘车目测为主，并应做巡检记录，发现明显缺损和异常情况应及时上报。

（3）经常检查。经常检查是抵近桥涵结构，采用目测结合辅助工具对桥面系、上部结构、下部结构和附属设施表观状况进行的周期性检查。经常检查以目测结合辅助工具进行，应现场填写桥梁经常检查记录表，发现桥梁重要部件缺损严重，应及时上报。

（4）定期检查。定期检查是对桥涵总体技术状况进行的周期性检查及技术状况评定。根据桥梁养护检查等级的不同，定期检查周期一般为1～3年。定期检查应接近各部件，仔细检查并记录其缺损情况，绘制主要病害分布图，判断病害原因及影响范围，进行技术状况等级评定，提出养护建议，对需限制交通或关闭的桥梁应及时报告并提出建议。定期检查包括下列内容：

1）桥面系检查。桥面铺装层纵、横坡是否顺适，有无严重的龟裂、纵横裂缝，有无坑槽、拥包、拱起、剥落、错台、磨光、泛油、变形、脱皮、露骨、接缝料损坏、桥头跳车等现象。伸缩缝是否有异常变形、破损、脱落、漏水、失效，锚固区有无缺陷，是否存在明显的跳车。人行道有无缺失、破损等。栏杆、护栏有无缺失、破损等。防排水系统是否顺畅，泄水管、引水槽有无明显缺陷，桥头排水沟功能是否完好。桥上交通信号、标志、标线、照明设施是否损坏、失效。

2）上部结构检查（以混凝土梁桥为例）。混凝土构件有无开裂及裂缝是否超限，有无渗水、蜂窝、麻面、剥落、掉角、空洞、孔洞、露筋及钢筋锈蚀。主梁跨中、支点及变截面处，悬臂端牛腿或中间铰部位，刚构的固结处和桁架的节点部位，混凝土是否开裂、缺损，钢筋有无锈蚀。预应力钢束锚固区段混凝土有无开裂，沿预应力筋的混凝土表面有无纵向裂缝。桥面线形及结构变位情况。混凝土碳化深度、钢筋锈蚀检测。主梁有无积水、渗水，箱梁通风是否良好。组合梁的桥面板与梁的结合部位及预制桥面板之间的接头处混凝土有无开裂、渗水。装配式梁桥的横向连接构件是否开裂，连接钢板的焊缝有无锈蚀、断裂。

3）支座检查。支座是否缺失，组件是否完整、清洁，有无断裂、错位、脱空。活动支座实际位移量、转角量是否正常，固定支座的锚销是否完好。橡胶支座是否老化、开裂，有无位置串动、脱空，有无过大的剪切变形或压缩变形，各夹层钢板之间的橡胶层外凸是否均匀等内容。

4）桥梁墩台及基础检查。墩身、台身及基础变位情况。混凝土墩身、台身、盖梁、台帽及系梁有无开裂、蜂窝、麻面、剥落、露筋、空洞、孔洞、钢筋锈蚀等。墩台顶面是否清洁，有无杂物堆积，伸缩缝处是否漏水。圬工砌体墩身、台身有无砌块破损、剥落、松动、变形、灰缝脱落，砌体泄水孔是否堵塞。桥台翼墙、侧墙、耳墙有无破损、裂缝、位移、鼓肚、砌体松动。台背填土有无沉降或挤压隆起，排水是否畅通。基础是否发生冲刷或淘空现象，地基有无侵蚀。水位涨落、干湿交替变化处基础有无冲刷磨损、颈缩、露筋，有无开裂，是否受到腐蚀。锥坡、护坡有无缺陷、冲刷。

5）附属设施检查。养护检修设施，墩台防撞设施，桥上避雷装置，桥上航空灯，航道灯，桥面照明系统，防抛网，声屏障，结构监测系统仪器设备，减振、阻尼装置，除湿设备是否完好，工作是否正常。

6）河床及调治构造物检查。桥位段河床有无明显冲淤或漂流物堵塞现象，有无冲刷及变迁状况。河底铺砌是否完好。调治构造物是否完好，功能是否适用。

（5）特殊检查。特殊检查是对桥梁承载能力、抗灾能力、耐久性能、水中基础技术状况进行的一项或多项检查与评定，以及对定期检查中难以判明病害成因及程度的桥梁进行的检查。对于定期检查中难以判明构件损伤原因及程度的桥梁；拟通过加固手段提高荷载等级的桥梁；需要判明水中基础技术状况的桥梁；遭受洪水、流冰、滑坡、地震、风灾、火灾、撞击，因超重车辆通过或其他异常情况影响造成损伤的桥梁，应作特殊检查。特殊检查应根据检测目的、病害情况和性质，采用仪器设备进行现场测试和其他辅助试验，针对桥梁现状进行检算分析，形成评定结果报告，提出建议措施。特殊检查包括下列内容：

1）材料的物理、化学性能及其退化程度的测试鉴定；结构或构件开裂状态的检测及评定。

2）结构的强度、刚度和稳定性的检算、试验和鉴定。桥梁承载能力评定宜按现行《公路桥梁承载能力检测评定规程》（JTG/T J21—2011)执行。

3）桥梁抵抗洪水、流冰、风、地震及其他灾害能力的检测鉴定。

4）桥梁遭受洪水、流冰、滑坡、地震、风灾、火灾、撞击，因超重车辆通过或其他因素造成损伤的检测鉴定。

5）水中墩台身、基础的缺损情况的检测评定。

6）定期检查中发现的较严重的开裂、变形等病害，应进行跟踪观测，预测其发展趋势。

总的来说，上述桥梁检测的内容包括外观损伤、内部缺陷、材料劣化状况、结构力学性能及几何形态特征等，一般通过人工目测或者采用一些简单的仪器设备进行现场测试及其他辅助性试验来进行。随着科技的发展，许多先进的仪器设备应用到桥梁技术状况检测中，使检测工作更为方便高效和准确，常用检测方法的检测原理详见第8章部分内容。

9.4.2　桥梁技术状况评定方法、等级分类和流程

桥梁技术状况是桥梁结构或构件在强度、刚度、稳定性、耐久性等方面的技术特征的总称，如结构位移、构件变形、混凝土表观质量、缺损状况、钢筋锈蚀状况等。桥梁技术状况评定的主要任务是根据规范、标准的方法，通过对桥梁存在的缺损状况、材质变化状况等检

测，把握桥梁当前的技术状况并对桥梁技术状况发展的趋势作出预测，以确定桥梁在当前和今后的一个周期内需要采取的养护措施，确保桥梁的运营安全。

（一）桥梁技术状况评定方法

公路桥梁技术状况评定包括桥梁构件、部件、桥面系、上部结构、下部结构和全桥评定。根据《公路桥梁技术状况评定标准》（JTG/T H21—2011）的规定，公路桥梁技术状况评定应采用分层综合评定与 5 类桥梁单项控制指标相结合的方法，对桥梁各构件进行评定，对桥梁各部件进行评定，再对桥面系、上部结构和下部结构分别进行评定，最后进行桥梁总体技术状况的评定，评定指标如图 9-19 所示。由于实际当中桥梁可能由两种或者多种不同结构形式组成，当单个桥梁存在既有梁桥又有拱桥或其他桥型，或者主桥和引桥结构形式不同等情况时，可根据结构形式的分布情况采用划分评定单元的方式，逐一对各评定单元进行桥梁技术状况的等级评定，然后以技术状况等级评定结果最差的一个评定单元作为全桥的评定结果。

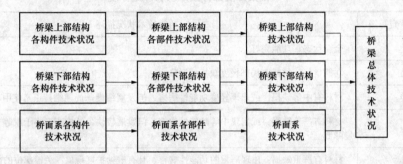

图 9-19　桥梁技术状况评定指标

评定时，首先依据规范各章节中各检测指标的技术状况评定表对指标进行评定，确定各构件指标的类别（1～5 类）。对本标准中各构件检测指标的评定，是整个技术状况评定工作的关键和基础，然后依次计算构件、部件、上部结构（下部结构、桥面系）的技术状况，最后根据上部结构、下部结构、桥面系的技术状况计算全桥技术状况。

（二）桥梁技术状况评定等级分类

由于不同的桥梁构件对桥梁技术状况影响程度不同，将桥梁结构分为两大部分，分别为主要部件和次要部件。各结构类型桥梁主要部件见表 9-12，其他部件为次要部件。

表 9-12　　　　　　　　　　　各结构类型桥梁主要部件

序号	结构类型	主要部件
1	梁式桥	上部承重构件、桥墩、桥台、支座
2	板拱桥（圬工、混凝土）、肋拱桥、箱形拱、双曲拱桥	主拱圈、拱上结构、桥面板、桥墩、桥台、基础
3	刚架拱桥、桁架拱桥	刚架（桁架）拱片、横向连接系、桥面板、桥墩、桥台、基础
4	钢—混凝土组合拱桥	拱肋、横向连接系、立柱、吊杆、系杆、行车道板（梁）、支座
5	悬索桥	主缆、吊索、加劲梁、索塔、锚碇、桥台、支座、基础
6	斜拉桥	斜拉索（包括锚具）、主梁、索塔、桥墩、桥台、基础、支座

桥梁总体技术状况评定等级分为 1 类、2 类、3 类、4 类、5 类，见表 9-13。

表 9-13　　　　　　　　　　　　**桥梁总体技术状况评定等级**

技术状况评定等级	桥梁技术状况描述
1 类	全新状态、功能完好
2 类	有轻微缺损，对桥梁使用功能无影响
3 类	有中等缺损，尚能维持正常使用功能
4 类	主要构件有大的缺损，严重影响桥梁使用功能；或影响承载能力，不能保证正常使用
5 类	主要构件存在严重缺损，不能正常使用，危及桥梁安全，桥梁处于危险状态

桥梁主要部件技术状况评定标度分为 1 类、2 类、3 类、4 类、5 类，见表 9-14。

表 9-14　　　　　　　　　　　　**桥梁主要部件技术状况评定标度**

技术状况评定等级	桥梁技术状况描述
1 类	全新状态、功能完好
2 类	功能良好，材料有局部轻度缺损或污染
3 类	材料有中等缺损；或出现轻度功能性病害，但发展缓慢，尚能维持正常使用功能
4 类	材料有严重缺损；或出现中等功能性病害，但发展较快，结构变形小于或等于规范值，功能明显降低
5 类	材料有严重缺损；出现严重的功能性病害，且有继续扩展现象；关键部位的部分材料强度达到极限，变形大于规范值，结构的强度、刚度、稳定性不能达到安全通行的要求

桥梁次要部件技术状况评定标度分为 1 类、2 类、3 类、4 类，见表 9-15。

表 9-15　　　　　　　　　　　　**桥梁次要部件技术状况评定标度**

技术状况评定等级	桥梁技术状况描述
1 类	全新状态、功能完好；或功能良好，材料有局部轻度缺损或污染等
2 类	有中等缺损或污染
3 类	材料有严重缺损，出现功能降低，进一步恶化将不利于主要部件，影响正常交通
4 类	材料有严重缺损，失去应有功能，严重影响正常交通；或原无设置，而调查需要补设

（三）桥梁技术状况评定流程

公路桥梁技术状况检测与评定工作主要包括收集资料、现场调查及编制桥梁检测方案等内容的准备阶段；组织现场交通临时管制、组织设备安装和数据采集的检测实施阶段；根据外业采集的数据，进行统计分析、计算和评定，并编写桥梁检测报告的分析报告阶段。评定工作流程如图 9-20 所示。

9.4.3　桥梁技术状况评定计算

（一）桥梁技术状况评分计算

（1）桥梁构件的技术状况评分。

桥梁构件的技术状况评分按式（9-14）计算

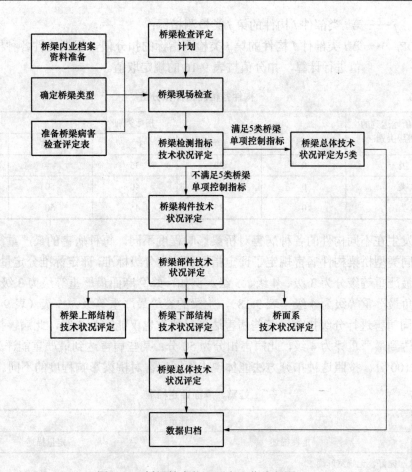

图 9-20 桥梁技术状况评定工作流程图

$$\text{PMCI}_l(\text{BMCI}_l \text{或} \text{DMCI}_l) = 100 - \sum_{x=1}^{k} U_x \qquad (9\text{-}14)$$

当 $x = 1$ 时

$$U_1 = \text{DP}_{i1}$$

当 $x \geqslant 2$ 时

$$U_x = \frac{\text{DP}_{ij}}{100 \times \sqrt{x}} \times \left(100 - \sum_{y=1}^{x-1} U_y\right) \text{（其中 } j = x\text{）}$$

当 $\text{DP}_{ij} = 100$ 时

$$\text{PMCI}_l(\text{BMCI}_l \text{或} \text{DMCI}_l) = 0$$

式中　PMCI_l——上部结构第 i 类部件 l 构件的得分，值域为 0~100 分；

　　　　BMCI_l——下部结构第 i 类部件 l 构件的得分，值域为 0~100 分；

　　　　DMCI_l——桥面系第 i 类部件 l 构件的得分，值域为 0~100 分；

　　　　k——第 i 类部件 l 构件出现扣分的指标的种类数；

　　U、x、y——引入的变量；

　　　　i——部件类别，例如 i 表示上部承重构件、支座、桥墩等；

　　　　　　j——第 i 类部件 l 构件的第 j 类检测指标；

　　DP_{ij}——第 i 类部件 l 构件的第 j 类检测指标的扣分值，根据构件各种检测指标扣分
　　　　　　值进行计算，扣分值按表 9-16 的规定取值。

表 9-16　　　　　　　　　　　　　　　构件各检测指标扣分值

检测指标所能达到的最高等级类别	指标类别				
	1 类	2 类	3 类	4 类	5 类
3 类	0	20	35	—	—
4 类	0	25	40	50	—
5 类	0	35	45	60	100

　　由于发生在不同构件的各种病害对桥梁影响程度不同，每种病害的最严重等级也不同，标准对不同类型桥梁构件病害规定了评定指标和评定分级标准，评定标准分定量和定性描述，规定病害最严重等级分为 3 级、4 级、5 级。例如，蜂窝麻面最严重等级为 3 级（表 9-17），剥落、掉角最严重等级为 4 级（表 9-18），主梁的裂缝最严重等级为 5 级（表 9-19）。通过表 9-16 将不同病害进行分级扣分，某些病害达到最严重也仅能评为 3 级，此病害扣分为 35 分；某些病害达到最严重评为 4 级，此病害扣分为 50 分；某些病害达到最严重能评为 5 级，此病害扣分为 100 分。按照这种扣分方法能体现出不同病害对桥梁影响程度的不同。

表 9-17　　　　　　　　　　　　　　　蜂窝、麻面评定标准

标度	评定标准	
	定性描述	定量描述
1	完好，无蜂窝麻面	—
2	较大面积蜂窝麻面	累计面积≤构件面积的 50%
3	大面积蜂窝麻面	累计面积＞构件面积的 50%

表 9-18　　　　　　　　　　　　　　　剥落、掉角评定标准

标度	评定标准	
	定性描述	定量描述
1	完好，无剥落、掉角	—
2	局部混凝土剥落或掉角	累计面积≤构件面积的 5%，或单处面积≤0.5m²
3	较大范围混凝土剥落或掉角	累计面积＞构件面积的 5%，且＜构件面积的 10%，或单处面积＞0.5m²，且＜1.0m²
4	大范围混凝土剥落或掉角	累计面积≥构件面积的 10%，或单处面积≥1.0m²

表 9-19　　　　　　　　　　　　简支梁（板）桥、刚架桥裂缝评定标准

标度	评定标准	
	定性描述	定量描述
1	完好	—
2	局部出现网状裂缝，或主梁出现少量轻微裂缝，缝宽未超限	网状裂缝累计面积≤构件面积的 20%，单处面积≤1.0m²，或主梁裂缝缝长≤截面尺寸的 1/3

标度	评定标准	
	定性描述	定量描述
3	出现大面积网状裂缝，或主梁出现较多横向裂缝（钢筋混凝土梁、板），或顺主筋方向出现纵向裂缝，或出现斜裂缝、水平裂缝、竖向裂缝等，缝宽未超限	网状裂缝累计面积>构件面积的20%，单处面积>1.0m²，或主梁裂缝缝长>截面尺寸的1/3，且≤截面尺寸的2/3
4	主梁控制截面出现较多横向裂缝（钢筋混凝土梁、板），或顺主筋方向出现严重纵向裂缝并有钢筋锈蚀等，或出现斜裂缝、水平裂缝、竖向裂缝等，缝宽超限	主梁裂缝缝长>截面尺寸的2/3，间距<20cm
5	主梁控制截面出现大量结构性裂缝，裂缝大多贯通，且缝宽超限，主梁出现变形	主梁裂缝缝宽> 1.0mm，间距≤10cm

【例 9-1】 某混凝土 T 梁桥 1 号主梁出现较大面积蜂窝麻面现象，累计面积为构件面积的 30%，试计算该构件的评分值。

按照表 9-17，病害最严重等级标度为"3"，该病害评定指标标度为"2"。

根据以上信息，对应表 9-16，该指标扣分值 $DP_{ij}=20$ 分。

该构件评分为 $PMCI_l = 100 - \sum_{x=1}^{1} U_x = 100 - 20 = 80$

【例 9-2】某混凝土 T 梁桥 1 号主梁发现两种病害，混凝土顺主筋方向出现纵向裂缝，裂缝长度约为构件尺寸的 2/5；主梁出现较大范围混凝土剥落，面积约为构件面积的 8%；试计算该构件的评分值。

查扣分值：对于裂缝，按照表 9-19，病害最严重等级标度为"5"，裂缝病害评定指标标度为"3"，查表 9-16 得该病害扣分值 $DP_{ij}=45$ 分；对于剥落，按照表 9-18，病害最严重等级标度为"4"，混凝土剥落病害评定指标标度为"3"，查表 9-16 得该病害扣分值 $DP_{ij}=40$ 分。

扣分值排序：DP_{ij} 按从大到小的顺序排列，即 $DP_{i1}>DP_{i2}$，得 $DP_{i1}=45$，$DP_{i2}=40$。

计算构件评分值为

$$U_1 = 45$$

$$U_2 = \frac{DP_{i2}}{100 \times \sqrt{2}} \times \left(100 - \sum_{y=1}^{1} U_1\right) = \frac{40}{100 \times \sqrt{2}} \times (100 - 45) = 15.6$$

$$PMCI_l = 100 - \sum_{x=1}^{2} U_x = 100 - U_1 - U_2 = 100 - 45 - 15.6 = 39.4$$

（2）桥梁部件的技术状况评分。

桥梁部件的技术状况评分按式（9-15）计算

$$PCCI_i = \overline{PMCI} - (100 - PMCI_{min})/t \qquad (9-15)$$

或 $$BCCI_i = \overline{BMCI} - (100 - BMCI_{min})/t$$

或 $$DCCI_i = \overline{DMCI} - (100 - DMCI_{min})/t$$

式中 $PCCI_i$——上部结构第 i 类部件的得分，值域为 0～100 分；当上部结构中的主要部件的某一构件评分值 $PMCI_l$ 在 [0, 60) 区间时，其相应的部件评分值 $PCCI_i = PMCI_l$。

$\overline{PMCI}$——上部结构第 i 类部件各构件的得分平均值，值域为 0～100 分。

$BCCI_i$——下部结构第 i 类部件的得分，值域为 0～100 分；当下部结构中的主要部件的某一构件评分值 $BMCI_l$ 在 [0，60) 区间时，其相应的部件评分值 $BCCI_i =BMCI_l$。

$\overline{BMCI}$——下部结构第 i 类部件各构件的得分平均值，值域为 0～100 分。

$DCCI_i$——桥面系第 i 类部件的得分，值域为 0～100 分。

$\overline{DMCI}$——桥面系第 i 类部件各构件的得分平均值，值域为 0～100 分。

$PMCI_{min}$——上部结构第 i 类部件中分值最低的构件得分值。

$BMCI_{min}$——下部结构第 i 类部件中分值最低的构件得分值。

$DMCI_{min}$——桥面系第 i 类部件中分值最低的构件得分值。

t——随构件的数量而变的系数，见表 9-20。

表 9-20 t 值

n（构件数）	t	n（构件数）	t
1	∞	20	6.6
2	10	21	6.48
3	9.7	22	6.36
4	9.5	23	6.24
5	9.2	24	6.12
6	8.9	25	6.00
7	8.7	26	5.88
8	8.5	27	5.76
9	8.3	28	5.64
10	8.1	29	5.52
11	7.9	30	5.4
12	7.7	40	4.9
13	7.5	50	4.4
14	7.3	60	4.0
15	7.2	70	3.6
16	7.08	80	3.2
17	6.96	90	2.8
18	6.84	100	2.5
19	6.72	$\geqslant 200$	2.3

注 n 为第 i 类部件的构件总数，表中未列出的 t 值采用内插法计算。

对于部件评分来说，组成部件的单个构件分数越低，部件分数也就越低；通过最差构件的得分对构件得分平均值进行修正；考虑到主要部件中最差构件对桥梁安全性的影响，当主要部件中的构件评分值在[0,60) 时，主要部件的评分值等于此构件的评分值。

【例 9-3】 某空心板桥上部结构有 10 片梁，按照标准对 10 片梁进行逐一评定，得分分别为：100、65、100、100、100、75、80、100、100、90，试计算该桥上部结构主梁的评分值。

各构件的得分平均值为 $\overline{PMCI} = (6 \times 100 + 65 + 75 + 80 + 90)/10 = 91$

上部结构主梁的得分为 $PCCI_1 = \overline{PMCI} - (100 - PMCI_{min})/t = 91 - (100 - 65)/8.1 = 86.7$

该桥上部结构主梁最终得分为 86.7 分。

【例 9-4】 某混凝土梁桥有 2 个桥台，按照标准对 2 个桥台进行逐一评定，得分分别为：0 号台 80 分、1 号台 56 分，试计算该桥下部结构桥台的评分值。

按式（9-15）计算得分

$$BCCI_1 = \overline{BMCI} - (100 - BMCI_{min})/t = 68 - (100 - 56)/10 = 63.6$$

但考虑到 1 号桥台评分值在 [0, 60)，故无需计算，直接取桥台的评分值为 1 号台的评分值。

（3）桥梁上部结构、下部结构、桥面系的技术状况评分。

桥梁上部结构、下部结构、桥面系的技术状况评分按式（9-16）计算为

$$SPCI(SBCI或BDCI) = \sum_{i=1}^{m} PCCI_i(BCCI_i或DCCI_i) \times W_i \qquad (9-16)$$

式中　SPCI ——桥梁上部结构技术状况评分，值域为 0～100 分；

　　　　SBCI ——桥梁下部结构技术状况评分，值域为 0～100 分；

　　　　BDCI ——桥面系技术状况评分，值域为 0～100 分；

　　　　m ——上部结构（下部结构或桥面系）的部件种类数；

　　　　W_i ——第 i 类部件的权重。

对于桥梁中未设置的部件，应根据此部件的隶属关系，将其权重值分配给各既有部件，分配原则按照各既有部件权重在全部既有部件权重中所占比例进行分配。

（4）各结构形式桥梁部件分类及权重值（以梁式桥为例）。

在进行上部结构、下部结构、桥面系的综合评定时，依据梁式桥、拱式桥、斜拉桥、悬索桥等不同桥型各部件重要程度的不同，给予了各类型桥梁部件不同的权重值。在进行全桥的综合评定时，依据上部结构、下部结构、桥面系重要程度的不同，分别给予了上部结构的权重 W_{SP}、下部结构的权重 W_{SB}、桥面系的权重 W_D。由于各地环境条件不同，除了采用规范的推荐值外，还允许依据实际情况进行调整。调整权重可采用专家评估法，调整值应经过批准认可，对主要构件的权重则不宜减小。梁式桥部件分类及权重值宜按表 9-21 取值，其他类桥部件分类及权重值详见《公路桥梁技术状况评定标准》（JTG/T H21—2011）第 4.2 条。

表 9-21　　　　　　　　　　梁式桥各部件权重值

部位	类别 i	评价部位	权重值
上部结构	1	上部承重构件（主梁、挂梁）	0.70
	2	上部一般构件（湿接缝、横隔板等）	0.18
	3	支座	0.12
下部结构	4	翼墙、耳墙	0.02
	5	锥坡、护坡	0.01
	6	桥墩	0.30
	7	桥台	0.30
	8	墩台基础	0.28
	9	河床	0.07
	10	调治构造物	0.02

续表

部位	类别 i	评价部位	权重值
桥面系	11	桥面铺装	0.40
	12	伸缩缝装置	0.25
	13	人行道	0.10
	14	栏杆、护栏	0.10
	15	排水系统	0.10
	16	照明、标志	0.05

实际工作中当存在某座桥梁没有设置某些部件时，如单跨桥梁无桥墩、部分桥梁无人行道等类似情况，需要根据此构件隶属于上部构件、下部构件或桥面系关系，将此缺失构件的权重值分配给其他部件。分配方法采用将缺失部件权重值按照既有部件权重在全部既有部件权重中所占比例进行分配的方法，简单易行，从而保证既有部件参与评价，使桥梁评价更符合实际情况。例如某梁式桥为单跨桥梁，无桥墩部件，其部件权重值分配见表9-22。

表 9-22　　　　　　　　　　　　某梁式桥部件权重值分配表

部位	类别 i	部位名称	权重	分配后权重	计算式	备注
上部结构	1	上部承重构件（主梁、挂梁）	0.70	0.70	无	
	2	上部一般构件（湿接缝、横隔板等）	0.18	0.18	无	
	3	支座	0.12	0.12	无	
下部结构	4	翼墙、耳墙	0.02	0.03	$\dfrac{0.02}{(0.02+0.01+0.30+0.28+0.07+0.02)}\times 0.3+0.02$	保留两位小数
	5	锥坡、护坡	0.01	0.01	$\dfrac{0.01}{(0.02+0.01+0.30+0.28+0.07+0.02)}\times 0.3+0.01$	
	6	桥墩	0.30	0.00	无	无桥墩
	7	桥台	0.30	0.43	$\dfrac{0.30}{(0.02+0.01+0.30+0.28+0.07+0.02)}\times 0.3+0.30$	
	8	墩台基础	0.28	0.40	$\dfrac{0.28}{(0.02+0.01+0.30+0.28+0.07+0.02)}\times 0.3+0.28$	保留两位小数
	9	河床	0.07	0.10	$\dfrac{0.07}{(0.02+0.01+0.30+0.28+0.07+0.02)}\times 0.3+0.07$	
	10	调治构造物	0.02	0.03	$\dfrac{0.02}{(0.02+0.01+0.30+0.28+0.07+0.02)}\times 0.3+0.02$	
桥面系	11	桥面铺装	0.40	0.40	无	
	12	伸缩缝装置	0.25	0.25	无	
	13	人行道	0.10	0.10	无	
	14	栏杆、护栏	0.10	0.10	无	
	15	排水系统	0.10	0.10	无	
	16	照明、标志	0.05	0.05	无	

（5）桥梁总体的技术状况评分。

桥梁总体的技术状况评分按式（9-17）计算，桥梁结构组成权重值宜按表 9-23 取值。

$$D_r = BDCI \times W_D + SPCI \times W_{SP} + SBCI \times W_{SB} \tag{9-17}$$

式中　D_r——桥梁总体技术状况评分，值域为 0～100 分；

　　　W_D——桥面系在全桥中的权重；

　　　W_{SP}——上部结构在全桥中的权重；

　　　W_{SB}——下部结构在全桥中的权重。

表 9-23　　　　　　　　　　　桥梁结构组成权重值

桥梁部位	权重
上部结构	0.4
下部结构	0.4
桥面系	0.2

表 9-24 为某梁式桥上部结构、下部结构、桥面系技术状况评分和总体技术状况评分计算结果。

表 9-24　　　　　　　　　　某梁式桥总体技术状况评分计算实例

部位	部件	权重	部件得分	权重×部件得分
上部结构	上部承重构件（主梁、挂梁）	0.70	80	56
	上部一般构件（湿接缝、横隔板等）	0.18	75	13.5
	支座	0.12	70	8.4
	上部结构得分：56＋13.5＋8.4＝77.9			
下部结构	翼墙、耳墙	0.02	70	1.4
	锥坡、护坡	0.01	70	0.7
	桥墩	0.30	80	24
	桥台	0.30	90	27
	墩台基础	0.28	60	16.8
	河床	0.07	75	5.25
	调治构造物	0.02	85	1.7
	下部结构得分：51.4＋0.7＋24＋27＋16.8＋5.25＋1.7＝76.85			
桥面系	桥面铺装	0.40	80	32
	伸缩缝装置	0.25	90	22.5
	人行道	0.10	100	10
	栏杆、护栏	0.10	100	10
	排水系统	0.10	80	8
	照明、标志	0.05	100	5
	桥面系得分：32＋22.5＋10＋10＋10＋8＋5＝87.5			
桥梁总体技术状况得分＝上部结构得分×0.4＋下部结构得分×0.4＋桥面系得分×0.2＝77.9×0.4＋76.85×0.4＋87.5×0.2＝79.4				

（二）桥梁技术状况等级类别划分

（1）桥梁技术状况分类界限。

桥梁技术状况分类界限宜按表 9-25 进行。

表 9-25　　　　　　　　　桥梁技术状况分类界限表

技术状况评分	技术状况等级 D_j				
	1 类	2 类	3 类	4 类	5 类
D_r（SPCI、SBCI、BDCI）	[95，100]	[80，95)	[60，80)	[40，60)	[0，40)

（2）五类桥梁技术状况单项控制指标。

主要部件和其他部件的关键病害对安全使用至关重要，为了突出安全因素的影响，规范将 5 类桥梁的评定方法列出，制定了各类桥梁 5 类技术状况单项控制指标，通过桥梁的关键病害确定桥梁的技术状况等级，以引起管理者的重视，及时、认真地进行养护维修，确保安全。满足下列任一情况时，桥梁总体技术状况应评为 5 类。

1）上部结构有落梁，或有梁、板断裂现象。

2）梁式桥上部承重构件控制截面出现全截面开裂，或组合结构上部承重构件结合面开裂贯通，造成截面组合作用严重降低。

3）梁式桥上部承重构件有严重的异常移位，存在失稳现象。

4）结构出现明显的永久变形，变形大于规范值。

5）关键部位混凝土出现压碎或杆件失稳倾向，或桥面板出现严重塌陷。

6）拱式桥拱脚严重错台、位移，造成拱顶挠度大于限值，或拱圈严重变形。

7）圬工拱桥拱圈大范围砌体断裂，脱落现象严重。

8）腹拱、侧墙、立墙或立柱产生破坏，造成桥面板严重塌落。

9）系杆或吊杆出现严重锈蚀或断裂现象。

10）悬索桥主缆或多根吊索出现严重锈蚀、断丝。

11）斜拉桥拉索钢丝出现严重锈蚀、断丝，主梁出现严重变形。

12）扩大基础冲刷线深度大于设计值，冲空面积达 20%左右。

13）桥墩（桥台或基础）不稳定，出现严重滑动、下沉、位移、倾斜等现象。

14）悬索桥、斜拉桥索塔基础出现严重沉降或位移，或悬索桥锚碇有水平位移或沉降。

实践证明，桥梁某些关键部位出现严重病害就足以危及桥梁安全，即使其他部位状况再好，也不能改善其总体安全状态。因此，规范制定了将桥梁技术状况评定为 5 类的单项控制指标，只要在桥梁检查中发现符合上述规定的任一情况时，就应将整座桥技术状况评定为 5 类。

（3）特殊情况类别划分。

1）当上部结构和下部结构技术状况等级为 3 类、桥面系技术状况等级为 4 类，且桥梁总体技术状况评分为 $40 \leqslant D_r < 60$ 时，桥梁总体技术状况等级应评定为 3 类，此条规定是为了避免桥面系评为 4 类，上部结构和下部结构没有达到 4 类而导致桥梁总体技术状况评为 4 类的情况出现。

【例 9-5】　某梁式桥经计算：桥面系 BDCI＝43（4 类），上部结构 SPCI＝61（3 类），下部结构 SBCI＝63（3 类），试确定该桥全桥总体技术状况等级。

　　根据式（9-17），查表 9-23 计算得

$$D_r = \text{BDCI} \times W_D + \text{SPCI} \times W_{SP} + \text{SBCI} \times W_{SB} = 43 \times 0.2 + 61 \times 0.4 + 63 \times 0.4 = 58.2$$

　　桥梁总体技术状况评分在 $40 \leqslant D_r < 60$ 之间，但因上部结构和下部结构技术状况等级为 3 类，故该桥桥梁总体技术状况等级评定为 3 类，而不是 4 类。

　　2）全桥总体技术状况等级评定时，当主要部件评分达到 4 类或 5 类且影响桥梁安全时，可按照桥梁主要部件最差的缺损状况评定，这是因为各主要部件在桥梁安全使用中的作用作为"串联"分析，荷载内力由桥面依次传递到上部结构、墩台、基础、地基，某一个环节出现严重缺损都可能影响到桥梁的安全使用。主要部件不仅对安全使用至关重要，而且维修工作量大、难度也较大，这种评定方法突出了安全因素的影响。

　　【例 9-6】　某预应力混凝土梁桥，梁底出现多条横向裂缝，其中 1-2 号、1-3 号主梁跨中出现横向贯通裂缝，宽度 0.4mm（裂缝超限，病害等级为"4"）。经计算：上部结构 SPCI＝53.2（其中 PCCI 上部承重构件＝40，PCCI 上部一般构件＝80，PCCI 支座＝90），下部结构 SBCI＝70，桥面系 BDCI＝80，试确定该桥全桥总体技术状况等级。

　　根据式（9-17），查表 9-23 计算得

$$D_r = \text{BDCI} \times W_D + \text{SPCI} \times W_{SP} + \text{SBCI} \times W_{SB} = 80 \times 0.2 + 53.2 \times 0.4 + 70 \times 0.4 = 65.2$$

　　桥梁总体技术状况评分在 $60 \leqslant D_r < 80$ 之间，按照表 9-25，该桥评定为 3 类，但是考虑到该桥梁底跨中裂缝达到 0.4mm，影响桥梁安全，且其中 PCCI 上部承重构件＝40，参考表 9-25，上部承重评定为 4 类，全桥总体技术状况也可以根据最差部件评定为 4 类。

　　（4）基于技术状况评定结果的养护对策。

　　《公路桥涵养护规范》（JTG 5120－2021）规定，应根据桥梁技术状况评定结果，对各类桥梁按表 9-26 采取相应的养护对策。通过全面描述桥梁各部件的缺陷，评价桥梁技术状况，记录桥梁基本特征，建立健全桥梁技术档案，提供进行桥梁养护、维修和加固的决策支持，使桥梁长期处于良好的工作状态，最终体现于对营运的桥梁进行有效管理和状况监控。

表 9-26　　　　　　　　　　　桥梁技术状况等级与养护对策

技术状况等级	桥梁技术状况描述
1 类	正常保养或预防养护
2 类	修复养护、预防养护
3 类	修复养护、加固或更换较大缺陷构件，必要时可进行交通管制
4 类	修复养护、加固或改造，及时进行交通管制，必要时封闭交通
5 类	及时封闭交通，改建或重建

本 章 小 结

　　本章主要介绍了桥梁荷载试验和技术状况评定的基本原理和方法，即：对一座桥梁进行静、动载试验和动力特性试验的方案设计、核心内容的计算和依据，以及各类仪器设备主要功能及测试原理、试验结果的整理、分析与评定、荷载试验中应注意的事项等，其中，荷载试验内容包括静动载实验目的、组织和流程，荷载试验理论计算、加载方案、布置测点和测试截面、试验数据处理与评价方法等，并给出了典型实桥静动载试验的实例。技术状况评定

内容包括桥梁技术状况检测的主要内容和方法，桥梁技术状况评定方法、等级分类和流程，桥梁技术状况评定计算和类别划分等。

复习思考题

9-1 桥梁荷载试验的主要内容有哪些？

9-2 分别简述简支梁和连续梁桥试验荷载工况的主要内容。

9-3 桥梁动载试验的目的是什么？跑车试验的时速一般规定为多少？

9-4 静梁试验效率系数 η_q 的意义是什么？一般情况下的取值为多少？

9-5 静梁试验的荷载选用一般有哪几种？当采用车辆加载时的分级方法是什么？

9-6 简述几种常见桥梁体系应力测试主要测点布置情况。

9-7 简述桥梁技术状况检测的主要内容。

9-8 简述桥梁技术状况评分及等级判定方法。

9-9 简述桥梁技术状况评定的流程。

第10章 结构试验数据处理

10.1 概　　述

试验中采集到的数据是数据处理所需要的原始数据，但这些原始数据往往不能直接说明试验的结果或解答试验所提出的问题。将原始数据经过整理换算、统计分析及归纳演绎后，得到能反映结构性能的数据、公式、图表等，这样的过程就是数据处理。例如由结构试验中最普遍采集的应变数据计算出结构的内力分布；由结构的加速度数据积分得出其速度、位移等。

由于量测是观测者在一定的环境条件下，借助于必需的量测仪表或工具进行的，因此，一切量测的结果都难免存在误差。在试验中，对同一物理量的多次量测结果总是不能完全相同，也就是说，所测试的物理量均与真实值有差别，且间接量测结果还有运算过程中产生的误差。误差的产生，可能是由于仪器自身存在的缺陷、试件所不可避免的差别、观测者自身的差错或是量测时所处的外界条件的影响等因素造成的。

本章主要介绍试验数据处理的内容和步骤：①数据的整理和换算；②数据的误差分析；③数据的表达。

10.2　结构试验数据的整理和换算

把剔除不可靠或不可信数值和统一数据精度的过程叫试验数据的整理。把整理后的试验数据通过基础理论来计算另一物理量的过程称为试验数据的换算。

在数据采集时，由于各种原因，会得到一些完全错误的数据。例如，仪器参数设置错误造成数据错误，人工读、记错误造成数据出错，环境因素造成的数据失真，测量仪器的缺陷或布置错误造成数据出错，测量过程受到干扰造成数据出错等。这些数据错误中的部分错误可以通过复核仪器参数等方法进行整理，加以改正。

试验采集到的数据有时杂乱无章，如不同仪器得到的数据位数长短不一，应该根据试验要求和测量精度，按照国家《数值修约规则》的规定进行修约。数据修约应按下面的规则进行：

（1）四舍五入，即拟舍数位小于 5 时舍去，大于 5 时进 1，等于 5 时，若所保留的末位数字为奇数则进 1，为偶数则舍弃。

（2）负数修约时，先将它的绝对值按上述规则修约，然后在修约值前加上负号。

（3）拟修约数值应在确定修约位数后一次性修约获得结果，不得多次连续修约。例如，将 15.4546 修约到 15 的正确做法为 15.4546→15，错误的做法为 15.4546→15.455→15.46→15.5→16。

经过整理的数据还需要进行换算，才能得到所求的物理量，如把应变仪测得的应变换算成相应的位移、转角、应力等。数据换算应以相应的理论知识为依据进行，这里不再赘述。

由试验数据经过换算得到的数据不是理论数据，仍是试验数据。

10.3 结构试验数据的误差分析

10.3.1 误差的概念

结构试验中的测量误差是指在测量过程中，所测量的实测值 x 与被测量值的真值 μ 之间的差值 δ，即 $\delta=|\mu-x|$，它们之间的关系也可写作：$\mu=x\pm\delta$。

根据测量误差其性质的不同又可分为：系统误差、过失误差和偶然误差三种。

（一）系统误差

系统误差又称为经常误差，具有在整个测量过程中有规律地存在且大小和符号都不变或按某一规律改变的特点。由于系统误差的大小是固定（或按一定规律改变）的，所以它的误差是可以测定的，故系统误差又可称之为可测误差。

系统误差常因测量方法不正确或限于试验条件无法消除的因素造成。如测量位移时，百分表的不正确安装（百分表测杆的运动方向和测点位移方向不一致），电子量测仪表因预热时间不够引起的零点漂移，电阻应变片的工作片和温度补偿片未能保持在同一温度条件下等都会引起系统误差。归结起来，系统误差有如下几个来源：

（1）方法误差。由于采用了不完善的测量方法或数学处理方法所导致，例如采用某种简化的测量方法或近似计算方法，或对某些经常作用的外界条件影响的忽略等，从而导致测量结果偏高或偏低。

（2）工具误差。由于测量仪器或工具在结构上不完善或零部件制造时的缺陷所导致的测量误差。例如仪表刻度不均匀，百分表的无效行程等。

（3）条件误差。测量过程中，由于测量条件变化所造成的误差。例如测量工作开始和结束时某些条件（如温度、湿度、气压等）发生变化所导致的误差。

（4）调整误差。由于量测人员没有调整好仪器所带来的误差。例如使用未校准的仪器或零点调整不准的仪器；对混凝土构件进行超声波无损检测时，测区相对面位置不对，收发换能器未能在同一直线上，超声测距测量不准等。

（5）主观误差。由于测量人员本身的一些主观因素造成的误差。例如用眼在刻度上估读时习惯性地偏向某一个方向等。

（二）过失误差

过失误差又名粗大误差、粗差，主要由于检测人员粗心大意引起。例如读错仪表刻度（位数，正负号）、测点或测读数据混淆、记录或计算出错等等，造成测量数据存在不可允许的错误。此类误差往往误差数值很大，甚至导致检测结果显然与事实不符，如结构受拉区的测点读出压应变等，因此，当发现检测数据中出现很大误差时应分析原因，及时纠正或在计算时予以剔除。

（三）偶然误差

由于大量的、未被控制或因控制代价太大而不加控制的微小因素的影响，测量值在最后一、二位数上总存在差异，由此引起的误差称为偶然误差。偶然误差带有随机性，因此又称随机误差。引起偶然误差的原因有偶然因素对测量仪表的影响如电源电压不稳、仪器内部摩擦间隙等的不规则变化；测试人员手、眼在每次测量时的不确定性；周围环境条件的干扰等等。

偶然误差不像系统误差是固定的或有一定规律的，即使是一个很有经验的测量者也不可能进行多次测量使其结果都完全相同。它由随机因素造成，无法从检测方法上加以防止，但它存在随机性，服从统计规律，可用统计的方法来解决。若对同一量值进行反复多次测量（如果其中不包括系统误差或过失误差）就会发现，特别大的数值是少数，特别小的数值也是少数，且数值为正的误差与数值为负的误差数量接近，绝对值越小的误差出现的概率越大，这表明偶然误差的分布服从正态分布，可用正态分布曲线来描述。

10.3.2 误差处理依据

在实际检测中，系统误差、过失误差和偶然误差是同时存在的，检测误差就是这三种误差的组合。因此，对检测数据进行误差处理，首先需要通过对数据的分析，区分误差的性质，并依据误差产生的原因予以相应的处理。系统误差产生的原因虽多，但总是由某些固定因素造成的，且误差值较为稳定或有一定规律，因此通过修正不妥的试验方法、操作方法、计算方法（如注意电测导线过长的修正等）、试验前率定、校准好仪器等手段予以尽可能地消除或修正。过失误差由于其偏差很大，极易被发现，则可从测量记录中及时识别、更正或剔除。

在检测数据中剔除了过失误差并尽可能地消除和修正了系统误差后，只剩下偶然误差。可以说，检测数据的误差处理主要是针对偶然误差进行的。偶然误差带有随机性，但它们服从正态分布的统计规律，因此，对偶然误差的处理就是依据正态分布理论对偶然误差的大小进行估计以便确定测量值的误差范围。

一、正态分布的规律

正态分布是最常用的描述随机变量的概率分布的函数。检测测量中的偶然误差近似服从正态分布，正态分布 $N(\mu, \sigma^2)$ 的概率密度分布函数为

$$P_N(x) = \frac{1}{\sqrt{2\pi} \cdot \sigma} e^{-\frac{(x-\mu)^2}{2\sigma^2}} \qquad -\infty < x < +\infty \qquad (10\text{-}1)$$

其分布函数为

$$N(x) = \frac{1}{\sqrt{2\pi} \cdot \sigma} \int_{-\infty}^{x} e^{-\frac{(t-\mu)^2}{2\sigma^2}} dt \qquad (10\text{-}2)$$

式中 μ, σ ——两个特征参数，随机变量数学特征参数中的数学期望和标准误差。

对于满足正态分布的曲线族，只要参数 μ 和 σ 已知，曲线就可以确定。如图 10-1 所示为不同参数的正态分布密度函数，从图 10-1 中可以看出：

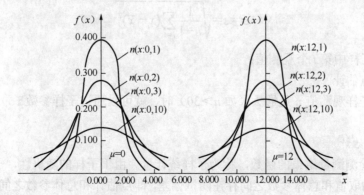

图 10-1 正态分布密度函数图

（1）$P_N(x)$在 $x=\mu$ 处达到最大值，μ 表示随机变量分布的集中位置；

（2）$P_N(x)$在 $x=\mu\pm\sigma$ 处曲线有拐点。σ 值越小，曲线 $P_N(x)$ 的最大值就越大，并且下降迅速，所以 σ 表示随机变量分布的分散程度；

（3）若把 $x-\mu$ 称作偏差，可知小偏差出现的概率较大，而很大的偏差则很少出现；

（4）$P_N(x)$曲线关于 $x=\mu$ 对称，即大小相同的正负偏差出现的概率相同。

正态分布密度函数可简写为 $N(x;\ \mu,\ \sigma)$，同样，正态分布函数 $P_N(x)$ 可表示为 $N(x;\ \mu,\ \sigma)$。$\mu=0$，$\sigma=1$ 的正态分布称为标准正态分布，它的概率密度分布函数和概率分布函数如下

$$P_N(t;0,1)=\frac{1}{\sqrt{2\pi}}e^{-\frac{t^2}{2}} \tag{10-3}$$

$$N(t;0,1)=\frac{1}{\sqrt{2\pi}}\int_{-\infty}^{x}e^{-\frac{t^2}{2}}dt \tag{10-4}$$

标准正态分布的函数值可直接从标准正态表中查取，对于非标准正态分布可先将函数标准化，用 $t=\dfrac{x-\mu}{\sigma}$ 进行变量代换，然后从标准正态分布表中查取 $N\left(\dfrac{x-\mu}{\sigma};0,1\right)$ 的函数值。

二、分布参数的估计

随机变量的研究需要大量试验观测值，通常将研究对象的全体称为"总体"或"母体"，总体中的一部分称为"子样"或"样本"，"子样"或"样本"所包含的个体数量 n 称为"容量"。随机变量分布函数的特征参数是总体的参数，但在实际情况中，往往只能作有限次数（如 n 次）的测量，因此，分布函数的特征参数只能根据子样的观测值作出估计，参数估计包括点估计和区间估计两部分。

（一）点估计

点估计是根据子样观测值计算出子样特征值并根据子样特征值对总体特征值进行估计。

由于正态分布密度函数的位置和形状是由 μ 和 σ 决定的，它们刚好是随机变量的数学期望和标准误差。由统计学可知：子样的算术平均值和方差是母体的平均值和方差的无偏估计。所谓无偏估计是指该估计值的数学期望等于该未知母体的参数，则

$$\hat{\mu}=\bar{x}=\frac{1}{n}\sum_{i=1}^{n}x_i \tag{10-5}$$

$$\hat{\sigma}=s=\sqrt{\frac{1}{n-1}\sum_{i=1}^{n}(x_i-\bar{x})^2} \tag{10-6}$$

式中　x_i——子样中第 i 个观测值；

　　符号 $\wedge$ ——点估计。

因此，当子样观测值 n 足够大（如 $n>30$）时，就可以通过子样参数 $\bar{x}$，s 来估计总体参数 μ，σ。

（二）区间估计

点估计是检测测量结果的函数，称为子样统计量。由于子样的随机性，子样统计量也是随机变量，它的取值和总体参数之间存在随机偏差，即点估计和总体参数之间存在随机偏差。因此，在作出点估计之后，还必须知道其随机偏差的可能范围，也就是需要估计出总体参数

可能在怎样的区间内取值，这种估计称为总体参数的区间估计。

区间估计一般是在点估计的两边定出一定的区间，它以一定的置信程度（$1-\alpha$）使总体参数包括在内。与置信程度相应的区间称为置信区间，置信区间的半长就相当于测量误差。

当子样容量足够大（如 $n>30$）时，可用正态分布进行区间估计。

由概率论可知，若子样容量足够大，当总体具有正态分布时，子样特征值的分布亦为正态分布。此时，子样平均值 $\bar{x}$ 的均方差为

$$\sigma_{\bar{x}}=\frac{1}{\sqrt{n}}\sigma \qquad (10\text{-}7)$$

其分布服从正态分布 $N\left(\bar{x};\ \mu,\frac{\sigma}{\sqrt{n}}\right)$。由此正态概率分布函数可得出总体均值 μ 落在一定区间内的肯定程度，或者说是某一区间包含 μ 的概率的大小。这个概率表示的是对某一区间包含 μ 这一事实的置信程度（$1-\alpha$）。置信程度一般是事先选定的，在工程问题中通常取 0.95，重要问题可取 0.99。置信区间的具体求法是：

（1）在给定的置信程度下，由正态分布表查得标准变量的范围 t

$$P\{-t\leqslant z\leqslant t\}=(1-\alpha)=1-2P(z\geqslant t)$$

$$P\{z\geqslant t\}=\frac{1-(1-\alpha)}{2}=\frac{\alpha}{2} \qquad (10\text{-}8)$$

查正态分布表得 t。

（2）计算置信区间

$$\left[\bar{x}-t\frac{\sigma}{\sqrt{n}},\ \bar{x}+t\frac{\sigma}{\sqrt{n}}\right] \qquad (10\text{-}9)$$

【例 10-1】 由一批钢筋中抽出 45 根测定其直径（单位 mm）为 21.97，23.40，21.64，23.11，21.26，21.91，21.80，22.48，23.40，21.94，23.14，21.58，22.00，21.75，21.70，20.58，21.58，21.83，23.04，21.74，21.67，22.00，21.38，23.20，22.40，21.55，22.50，21.10，21.24，21.40，22.10，21.30，21.94，24.21，22.00，21.00，21.34，22.50，23.66，21.60，21.61，21.28，24.03，22.90，22.50，求这批钢筋的名义直径及置信度为 0.95 时的置信区间。

解　（1）计算 45 个测定值的子样平均值

$$\bar{x}=\frac{1}{n}\sum x_i=22.09$$

（2）推算母体方差

$$\hat{\sigma}=s=\sqrt{\frac{1}{n-1}\sum_{i=1}^{n}(x_i-\bar{x})^2}=1.02$$

（3）子样平均值方差

$$\sigma_{\bar{x}}=\frac{1}{\sqrt{n}}\sigma=\frac{1.02}{\sqrt{45}}$$

（4）子样平均值的分布为

$$N\left(\bar{x};\ 22.09,\frac{\sigma}{\sqrt{n}}\right)$$

标准化后子样平均值的分布为　　$N\left(\dfrac{\bar{x}-22.09}{1.02/\sqrt{45}};0,1\right)$

（5）求置信区间：

置信程度 $1-\alpha=0.95$，则 $P\{z\geqslant t\}=\dfrac{1-(1-\alpha)}{2}=\dfrac{0.05}{2}=0.025$

查正态分布表 10-1，得 $t=1.96$，$t\dfrac{\sigma}{\sqrt{n}}=1.96\times\dfrac{1.02}{\sqrt{45}}=0.298\approx0.3$

可知置信度为 95% 时的置信区间为以 22.09 为中心 ±0.3 为半长的区间（21.79，22.39）。

　　用正态分布对母体参数进行估计的前提是：子样平均值 $\bar{x}$ 服从正态分布，但这仅当子样容量 n 足够大时才成立。当子样容量很小时，母体的标准误差 σ 就不能用子样方差 s 来代表。因此，如果要在 σ 未知的情况下，由小子样的子样平均值 $\bar{x}$ 来估计母体参数 μ 的区间，就必须考虑子样容量 n 的影响，即按 t 分布来进行区间估计。

　　因此，随机变量最终表达为由子样统计量得出的总体参数的点估计值和在一定置信程度下包含此点估计值的区间范围。

三、偶然误差的分布

　　在对研究对象进行测量时，假定测量过程中只有偶然误差产生，因偶然误差服从正态分布，则在等精度条件下经过大量反复测量所得到的观测值也将服从 $N(\mu,\sigma^2)$。由概率统计知识可知，所谓数学期望，可理解为当随机变量大量取值时所取值的平均值的稳定位置。服从正态分布的偶然误差中大小相同的正负偏差出现的概率相同，因此，当观测值的数量足够大时，μ 即为研究对象的真值，在数值上等于观测值的算术平均值，偶然误差 δ 可表示为 $\delta=x-\mu$，σ 为标准误差。一组测定值的标准误差 σ 最明确地表征了这组测定值的精密度。σ 值越小，表明这组测定值中数值较小的误差出现较多，也就是测量的精密度较高；反之，若 σ 值大，表明这组测定值中数值较大的随机误差出现较多，数据分散大，因此精密度低。σ 可用式（10-10）计算

$$\sigma=\sqrt{\dfrac{\sum(x_i-\mu)^2}{n}}=\sqrt{\dfrac{\sum\delta_i^2}{n}} \tag{10-10}$$

式中　x_i——各测量数据；

　　　n——数据个数。

　　偶然误差正态分布曲线方程式为

$$y=f(\delta)=\dfrac{1}{\sigma\sqrt{2\pi}}e^{-\frac{\delta^2}{2\sigma^2}} \tag{10-11}$$

　　μ 和 σ 偶然误差正态分布曲线见图 10-2，由图形特征可知，偶然误差具有以下特点：

　　（1）单峰性：绝对值小的误差出现的概率比绝对值大的误差出现的概率大，零误差出现的概率最大；

　　（2）对称性：绝对值相等的正误差与负误差出现的概率相等；

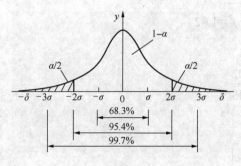

图 10-2　偶然误差正态分布曲线

（3）有界性：在一定条件下，误差的绝对值实际上不超过一定界限；

（4）抵偿性：同一条件下对同一量进行测量，其误差的算术平均值随着测量次数 n 的无限增加而趋向于零，即误差算术平均值的极限为零。

偶然误差正态分布曲线还表示误差出现的概率，根据曲线的绘制条件，曲线下的面积相当于全部误差出现的概率，即

$$\int_{-\infty}^{+\infty} f(\delta)\mathrm{d}\delta = 1 \tag{10-12}$$

将式（10-11）代入式（10-12）则有

$$\frac{1}{\sigma\sqrt{2\pi}}\int_{-\infty}^{+\infty} e^{-\frac{\delta^2}{2\sigma^2}}\mathrm{d}\delta = 1 \tag{10-13}$$

服从 $N(0,\sigma^2)$ 分布，将 $Z=\dfrac{\delta}{\sigma}$ 代入式（10-13），则

$$\frac{1}{\sqrt{2\pi}}\int_{-\infty}^{+\infty} e^{-\frac{Z^2}{2}}\mathrm{d}Z = 1 \tag{10-14}$$

如图 10-2 所示，曲线右端下面阴影部分的面积相当于落在 $Z_\alpha \sim \infty$ 范围内的误差出现的概率，令

$$P(Z>Z_\alpha) = \frac{1}{\sqrt{2\pi}}\int_{Z_\alpha}^{+\infty} e^{-\frac{Z^2}{2}}\mathrm{d}Z = \frac{\alpha}{2} \tag{10-15}$$

则偶然误差超过 Z_α 和小于 $-Z_\alpha$ 的概率为上述面积的两倍，即 α。反过来说，$-Z_\alpha \leqslant \delta \leqslant Z_\alpha$ 的概率为 $1-\alpha$。在计算大于某偶然误差 Z_α 出现的概率时，可查标准正态分布表 10-1。从表中可以看出，随着 Z_α 的增大，其出现概率 $\alpha/2$ 减小得很快。

当 $Z_\alpha = 2$ 时（即 $\delta = 2\sigma$），$\dfrac{\alpha}{2} = 0.0228$，而 $0.0228 = \dfrac{1}{44}$，则另一层含义意味着 44 次测量中只有一次偶然误差大于 2σ。同理，当 $Z_\alpha = 3$ 时，$\delta = 3\sigma$。此时 $\dfrac{\alpha}{2} = 0.00135$，即意味着 740 次测量中只有一次偶然误差大于 3σ。

在工程检测中，由于测量的次数一般不会超过几十次，因此可以认为在任何情况下都不会出现绝对值大于 3σ 偶然误差，通常将这个可能出现的最大误差称为偶然误差的极限误差，即

$$\Delta_{\lim} = \pm 3\sigma$$

而误差大于 3σ 的就可认为不是偶然误差，而有可能是过失误差。因此，偶然误差的正态分布理论不仅可以用来确定标准差，估计被测对象的误差范围及其概率分布，而且可以作为检验数据中是否存在过失误差或系统误差的判断标准，因为过失误差或系统误差是不服从偶然误差的正态分布规律的。

四、误差的传递

在实测中，经常会遇到所测的物理量需通过转换（传递）来得到所需的物理量。例如，用应变仪实测到的应变量来描述位移或力的物理量，通过标定可知实测的应变量与位移或力物理量的线性关系。即必须由一些直接测得的物理量经过转换运算之后才能得到。这样，运算所求得的结果不可避免地会带来一定的误差。

设 y 由 $x_1, x_2, \cdots, x_n$ 各直接测得的数值所决定，则

$$y = f(x_1, x_2, \cdots, x_n)$$

令 $\delta_1, \delta_2, \cdots, \delta_n$ 分别代表 $x_1, x_2, \cdots, x_n$ 的误差，Δy 代表由 $\delta_1, \delta_2, \cdots, \delta_n$ 引起的 y 的误差，则得

$$y + \Delta y = f(x_1 + \delta_1, x_2 + \delta_2, \cdots, x_n + \delta_n)$$

将上式右边按泰勒级数展开，得

$$f(x_1 + \delta_1, x_2 + \delta_2, \cdots, x_n + \delta_n) = f(x_1, x_2, \cdots, x_n) + \delta_1 \frac{\partial f}{\partial x_1} + \delta_2 \frac{\partial f}{\partial x_2} + \cdots + \delta_n \frac{\partial f}{\partial x_n}$$

$$+ \frac{1}{2}(\delta_1)^2 \frac{\partial^2 f}{\partial x_1^2} + \cdots + \frac{1}{2}(\delta_n)^2 \frac{\partial^2 f}{\partial x_n^2} + \delta_1 \delta \frac{\partial^2 f}{\partial x_1 \partial x_2} + \cdots$$

$$\approx f(x_1, x_2, \cdots, x_n) + \delta_1 \frac{\partial f}{\partial x_1} + \delta_2 \frac{\partial f}{\partial x_2} + \cdots + \delta_n \frac{\partial f}{\partial x_n}$$

故得

$$\Delta y = \delta_1 \frac{\partial f}{\partial x_1} + \delta_2 \frac{\partial f}{\partial x_2} + \cdots + \delta_n \frac{\partial f}{\partial x_n}$$

相对误差为

$$E = \frac{\Delta y}{y} = \frac{\partial y}{\partial x_1}\frac{\delta_1}{y} + \frac{\partial y}{\partial x_2}\frac{\delta_2}{y} + \cdots + \frac{\partial y}{\partial x_n}\frac{\delta_n}{y} = \frac{\partial y}{\partial x_1}E_1 + \frac{\partial y}{\partial x_2}E_2 + \cdots + \frac{\partial y}{\partial x_n}E_n$$

最大误差和最大相对误差取各误差的绝对值，即

$$\Delta y_{max} = \pm \left(\left| \frac{\partial f}{\partial x_1}\delta_1 \right| + \cdots + \left| \frac{\partial f}{\partial x_n}\delta_n \right| \right)$$

$$\Delta E_{max} = \pm \left(\left| \frac{\partial y}{\partial x_1}E_1 \right| + \cdots + \left| \frac{\partial y}{\partial x_n}E_n \right| \right)$$

由上式可得如下实用公式：
加法

$$y = x_1 + x_2$$
$$\Delta y_{max} = \pm(|\delta_1| + |\delta_2|)$$
$$E_{max} = \frac{\Delta y_{max}}{x_1 + x_2}$$

减法

$$y = x_1 - x_2$$
$$\Delta y_{max} = \pm(|\delta_1| + |\delta_2|)$$
$$E_{max} = \frac{\Delta y_{max}}{x_1 - x_2}$$

乘法

$$y = x_1 x_2$$
$$\Delta y_{max} = E_{max} x_1 x_2$$

$$E_{max} = \pm \left(\left| \frac{\delta_1}{x_1} \right| + \left| \frac{\delta_2}{x_2} \right| \right)$$

除法

$$y = \frac{x_1}{x_2}$$

$$\Delta y = E_{max} \frac{x_1}{x_2}$$

$$\Delta y = E_{max} = \pm \left(\left| \frac{\delta_1}{x_1} \right| + \left| \frac{\delta_2}{x_2} \right| \right)$$

方次

$$y = x^n$$

$$\Delta y = E_{max} x^n x^{n-1} \delta$$

$$E_{max} = \pm n \left| \frac{\delta}{x} \right|$$

开根

$$\Delta y_{max} = \pm \frac{\sqrt[n]{x}}{n} \delta$$

$$E_{max} = \pm \frac{\delta}{n}$$

对数

$$y = \log x = 0.434\,29 \ln x$$

$$\Delta y_{max} = \pm 0.434\,29 \frac{\delta}{x}$$

$$E_{max} = \pm \frac{\partial y}{\partial x} \cdot \frac{\delta}{x}$$

分析以上实用公式可以看到:

(1) 和的最大误差等于各直接观测误差之和,和的最大相对误差将低于各直接观测量的相对误差绝对值之和;

(2) 差的最大相对误差一定增大,当差值很小时,其影响更加严重,应注意避免;

(3) 积、商、幂的最大相对误差都有所增大,积与商的最大相对误差等于各个直接观测量的相对误差绝对值之和。幂的最大相对误差等于直接观测量的相对误差绝对值乘其指数;

(4) 开根的最大相对误差低于原始的相对误差;

(5) 某数的常用对数的绝对误差接近于该数相对误差的一半。

【例 10-2】 荷重传感器连接电阻应变仪,以应变值来表示荷重值。通过标定,标定值为 10kN/20με。即:$y = x_1 \times x_2 =$ 荷重值 = 应变值 × 标定值。若应变值为 20με 时的绝对误差 $\delta_1 = 1$,标定值的绝对误差 $\delta_2 = 0.1$,则:

解
$$E_{max} = \pm\left(\frac{1}{20} + \frac{0.1}{0.5}\right) = \pm 0.25$$

所以
$$\Delta y_{max} = 0.25 \times 20 \times 0.5 = 2.5 \text{kN}$$

即最大误差为 2.5kN。

10.3.3　检测数据的误差计算

检测数据中包含偶然误差、过失误差和系统误差，经过辨析后，对偶然误差需经过计算对其大小进行估计并确定测量值的误差范围，过失误差予以剔除，系统误差予以修正。

一、偶然误差的计算

偶然误差是不可避免的随机因素所造成的，它的概率密度函数服从正态分布，可以用总体数据的真值 μ 和总体标准差 σ 两个重要参数记作 $N(\mu, \sigma^2)$ 来描述。μ 通常用检测数据的算术平均值 $\bar{x}$ 估计；对于 σ，有依据时可直接采用测量仪器的均方差，当样本容量很大时，可用子样的标准差 s 估计；对 μ 的置信区间，可根据样本容量的大小，采用正态分布或 t 分布来估计。

（一）当 σ^2 为已知且 $n < 30$ 时 μ 的区间估计

由于算术平均值 $\bar{x}$ 与真值 μ 之差为绝对误差（$\Delta t = \bar{x} - \mu$），$\bar{x}$ 是一个以 μ 为中心而散布的随机变量。其绝对误差也服从正态分布，由式（10-7）可知，其标准差 $\sigma_{\bar{x}} = \dfrac{\sigma}{\sqrt{n}}$，服从 $N\left(\bar{x};\ \mu, \dfrac{\sigma}{\sqrt{n}}\right)$，则

$$Z_\alpha = \frac{\bar{x} - \mu}{\sigma_{\bar{x}}} \tag{10-16}$$

对于置信概率 $1 - \alpha$，其 μ 的估计区间

$$\bar{x} - Z_\alpha \frac{\sigma}{\sqrt{n}} \leqslant \mu \leqslant \bar{x} + Z_\alpha \frac{\sigma}{\sqrt{n}} \tag{10-17}$$

【例 10-3】 已知电阻应变片的灵敏系数服从正态分布，标准差 $\sigma = 0.032$。今从一批产品中随机抽出 6 个试件，测得灵敏系数为 2.160、2.180、2.186、2.190、2.200、2.226，试计算保证率为 95% 时 μ 的估计区间。

解
$$n = 6, \quad \bar{x} = \frac{\sum x_i}{n} = 2.190\,3$$

$$1 - \alpha = 0.95, \quad \alpha = 0.05, \quad \frac{\alpha}{2} = 0.025$$

查表 10-1，当 $\dfrac{\alpha}{2} = 0.025$ 时，$Z_\alpha = 1.96$，$Z_\alpha \dfrac{\sigma}{\sqrt{n}} = \dfrac{1.96 \times 0.032}{\sqrt{6}} = 0.025\,6$

$$\bar{x} - Z_\alpha \frac{\sigma}{\sqrt{n}} \leqslant \mu \leqslant \bar{x} + Z_n \frac{\sigma}{\sqrt{n}}, \quad \text{故 } 2.165 \leqslant \mu \leqslant 2.216。$$

表 10-1   **正 态 分 布 表**

Z_α	0.00	0.01	0.02	0.03	0.04	0.05	0.06	0.07	0.08	0.09
0.0	0.500 0	0.496 0	0.492 0	0.488 0	0.484 0	0.480 1	0.476 1	0.472 1	0.468 1	0.464 1
0.1	0.460 2	0.456 2	0.452 2	0.448 3	0.444 3	0.440 4	0.436 4	0.432 5	0.428 6	0.424 7
0.2	0.420 7	0.416 8	0.412 9	0.409 0	0.405 2	0.401 3	0.397 4	0.396 9	0.389 7	0.385 9
0.3	0.382 1	0.378 3	0.374 5	0.370 7	0.366 9	0.363 2	0.359 4	0.355 7	0.352 0	0.348 3
0.4	0.344 6	0.340 9	0.337 2	0.333 6	0.330 0	0.326 4	0.322 8	0.219 2	0.315 6	0.312 1
0.5	0.308 5	0.305 0	0.301 5	0.298 1	0.294 6	0.291 2	0.287 7	0.284 3	0.281 0	0.277 6
0.6	0.274 3	0.270 9	0.267 6	0.264 3	0.261 1	0.257 8	0.254 6	0.251 4	0.248 3	0.245 1
0.7	0.242 0	0.238 9	0.235 8	0.232 7	0.229 6	0.226 6	0.223 6	0.220 6	0.217 7	0.214 8
0.8	0.211 9	0.209 0	0.206 1	0.203 3	0.200 5	0.197 7	0.194 9	0.192 2	0.189 4	0.186 7
0.9	0.184 1	0.181 4	0.178 8	0.176 2	0.173 6	0.171 1	0.168 5	0.166 0	0.163 5	0.161 1
1.0	0.158 7	0.156 2	0.153 9	0.151 5	0.149 2	0.146 9	0.144 6	0.142 3	0.140 1	0.137 9
1.1	0.135 7	0.133 5	0.131 4	0.129 2	0.127 1	0.125 1	0.123 0	0.121 0	0.119 0	0.117 0
1.2	0.115 1	0.113 1	0.111 2	0.109 3	0.107 5	0.105 6	0.103 8	0.102 0	0.100 3	0.098 5
1.3	0.096 8	0.095 1	0.093 4	0.091 8	0.090 1	0.088 5	0.086 9	0.085 3	0.083 8	0.082 3
1.4	0.080 8	0.079 3	0.077 8	0.076 4	0.074 9	0.073 5	0.072 1	0.070 8	0.069 4	0.068 1
1.5	0.066 8	0.065 5	0.064 3	0.063 0	0.061 8	0.060 6	0.059 4	0.058 2	0.057 1	0.055 9
1.6	0.054 8	0.053 7	0.052 6	0.051 6	0.050 5	0.049 5	0.048 5	0.047 5	0.046 5	0.045 5
1.7	0.044 6	0.043 6	0.042 7	0.041 8	0.040 9	0.040 1	0.039 2	0.038 4	0.037 5	0.036 7
1.8	0.035 9	0.035 1	0.034 4	0.033 6	0.032 9	0.032 2	0.031 4	0.030 7	0.030 1	0.029 4
1.9	0.028 7	0.028 1	0.027 4	0.026 8	0.026 2	0.025 6	0.025 0	0.024 4	0.023 9	0.023 3
2.0	0.022 8	0.022 2	0.021 7	0.021 2	0.020 7	0.020 2	0.019 7	0.019 2	0.018 8	0.018 3
2.1	0.017 9	0.017 4	0.017 0	0.016 6	0.016 2	0.015 8	0.015 4	0.045 0	0.014 6	0.014 3
2.2	0.013 9	0.013 6	0.013 2	0.012 9	0.012 5	0.012 2	0.011 9	0.011 6	0.011 3	0.011 0
2.3	0.010 7	0.010 4	0.010 2	0.009 9	0.009 6	0.009 4	0.009 1	0.008 9	0.008 7	0.008 4
2.4	0.008 2	0.008 0	0.007 8	0.007 5	0.007 3	0.007 1	0.006 9	0.006 8	0.006 6	0.006 4
2.5	0.006 2	0.006 0	0.005 9	0.005 7	0.005 5	0.005 4	0.005 2	0.005 1	0.004 9	0.004 8
2.6	0.004 7	0.004 5	0.004 4	0.004 3	0.004 1	0.004 0	0.003 9	0.003 8	0.003 7	0.003 6
2.7	0.003 5	0.003 4	0.003 3	0.003 2	0.003 1	0.003 0	0.002 9	0.002 8	0.002 7	0.002 6
2.8	0.002 6	0.002 5	0.002 4	0.002 3	0.002 3	0.002 2	0.002 1	0.002 1	0.002 0	0.001 9
2.9	0.001 9	0.001 8	0.001 8	0.001 7	0.001 6	0.001 6	0.001 5	0.001 5	0.001 4	0.001 4
3.0	0.001 3	0.001 3	0.001 3	0.001 2	0.001 2	0.001 1	0.001 1	0.001 1	0.001 0	0.001 0

注 对应于 Z_α 的 $\dfrac{\alpha}{2}$ 的数值表 $p(Z > Z_\alpha) = \dfrac{1}{\sqrt{2\pi}} \int_{z_\alpha}^{+\infty} e^{-\frac{z^2}{2}} dZ = \dfrac{\alpha}{2}$。

（二）当 σ^2 为未知且 $n > 30$ 时 μ 的区间估计

此种情况，以子样的标准差 $s = \sqrt{\dfrac{1}{n-1} \sum\limits_{i=1}^{n} (x_i - \bar{x})^2} = \sqrt{\dfrac{\sum v_i^2}{n-1}}$ 代替总体标准差 σ。同上，得出

μ的估计区间

$$\bar{x}-Z_\alpha\frac{s}{\sqrt{n}}\leqslant\mu\leqslant\bar{x}+Z_\alpha\frac{s}{\sqrt{n}}\qquad(10\text{-}18)$$

（三）当σ^2为未知且$n<30$时μ的区间估计

此种情况，以子样标准差s来代替总体标准差σ时，随机变量不再遵循正态分布，而遵循t分布。此时应按t分布来估计μ的区间。

设有一个随机变量t，使

$$t=\frac{\bar{x}-\mu}{\frac{s}{\sqrt{n}}}\qquad(10\text{-}19)$$

则t的概率分布可由式（10-20）表示

$$F(t,k)=\frac{\Gamma\left(\frac{k+1}{2}\right)}{\sqrt{k\pi}\Gamma\left(\frac{k}{2}\right)}\left(1+\frac{t^2}{k}\right)^{-\frac{k+1}{2}}\qquad(10\text{-}20)$$

式中 k——自由度，指独立观察的个数，$k=n-1$。

因估计σ时所使用的 n 个观测值受到算术平均值$\bar{x}$的约束，这就相当于有一个观测值不是独立的，而

$$\Gamma(k)=\int_0^\infty t^{k-1}\mathrm{e}^t\mathrm{d}t\qquad(10\text{-}21)$$

因此

$$P(-t_\alpha<t<t_\alpha)=2\int_0^{t_\alpha}F(t)\,\mathrm{d}t=1-\alpha\qquad(10\text{-}22)$$

根据要求的信任概率和自由度，可从表10-2查得t_α值，则

$$-t_\alpha\leqslant\frac{\bar{x}-\mu}{\frac{s}{\sqrt{n}}}\leqslant t_\alpha\qquad(10\text{-}23)$$

则μ的置信区间为$\left[\bar{x}-t_\alpha\frac{s}{\sqrt{n}},\ \bar{x}+t_\alpha\frac{s}{\sqrt{n}}\right]$，即

$$\bar{x}-t_\alpha\frac{s}{\sqrt{n}}\leqslant\mu\leqslant\bar{x}+t_\alpha\frac{s}{\sqrt{n}}\qquad(10\text{-}24)$$

表 10-2 t 分 布 表

k \ v	0.200 0	0.100 0	0.050 0	0.025 0	0.010 0	0.005 0	0.001 0	0.000 5
1	1.376	3.078	6.314	12.706	31.821	63.656	318.29	636.58
2	1.061	1.886	2.920	4.303	6.965	9.925	22.328	31.600
3	0.978	1.638	2.353	30182	4.541	5.841	10.214	12.924
4	0.941	1.533	2.132	2.776	3.747	4.604	7.173	8.610
5	0.920	1.476	2.015	2.571	3.365	4.032	5.894	6.869

续表

k \ v	0.200 0	0.100 0	0.050 0	0.025 0	0.010 0	0.005 0	0.001 0	0.000 5
6	0.906	1.440	1.943	2.447	3.143	3.707	5.208	5.959
7	0.896	1.415	1.895	2.365	2.998	3.499	4.785	5.408
8	0.889	1.397	1.860	2.306	2.896	3.355	4.501	5.041
9	0.883	1.383	1.833	2.262	2.281	3.250	4.297	4.781
10	0.879	1.372	1.812	2.228	2.764	3.169	4.144	4.587
11	0.876	1.363	1.796	2.201	2.718	3.106	4.025	4.437
12	0.873	1.356	1.782	2.179	2.681	3.055	3.930	4.318
13	0.870	1.350	1.771	2.160	2.650	3.012	3.852	4.221
14	0.868	1.345	1.761	2.145	2.624	2.977	3.787	4.140
15	0.866	1.341	1.753	2.131	2.602	2.947	3.733	4.073
16	0.865	1.337	1.746	2.120	2.583	2.921	3.686	4.015
17	0.863	1.333	1.740	2.110	2.567	2.898	3.646	3.965
18	0.862	1.330	1.743	2.101	2.552	2.878	3.610	3.922
19	0.861	1.328	1.729	2.093	2.539	2.861	3.579	3.883
20	0.860	1.325	1.725	2.086	2.528	2.845	3.552	3.850
21	0.859	1.323	1.721	2.080	2.518	2.831	3.527	3.819
22	0.858	1.321	1.717	2.074	2.508	2.819	3.505	3.792
23	0.858	1.319	1.714	2.069	2.500	2.807	3.485	3.768
24	0.857	1.318	1.711	2.064	2.492	2.797	3.467	3.745
25	0.856	1.316	1.708	2.060	2.485	2.787	3.450	3.725
26	0.856	1.315	1.706	2.056	2.479	2.779	3.435	3.707
27	0.855	1.314	1.703	2.052	2.473	2.771	3.421	3.689
28	0.855	1.313	1.701	2.048	2.467	2.763	3.408	3.674
29	0.854	1.311	1.699	2.045	2.462	2.756	3.396	3.660
30	0.854	1.310	1.697	2.042	2.457	2.750	3.385	3.646
40	0.851	1.303	1.684	2.021	2.423	2.704	3.307	3.551
50	0.849	1.299	1.676	2.009	2.403	2.678	3.261	3.496
60	0.848	1.296	1.671	2.000	2.390	2.660	3.232	3.460
70	0.847	1.294	1.667	1.994	2.381	2.648	3.211	3.435
80	0.846	1.292	1.664	1.990	2.374	2.639	3.195	3.416
90	0.846	1.291	1.662	1.987	2.368	2.632	3.183	3.402
100	0.845	1.290	1.660	1.984	2.364	2.626	3.174	3.390

注　对应于 $k=n-1$ 和 $v=\alpha/2$ 的 t_0 数值表。

【例 10-4】　同 [例 10-3]，但不知道标准差 σ，试计算 μ 的区间。

解　$n=6$，$\bar{x}=\dfrac{\sum x_i}{n}=2.190\,3$，$k=5$，因此有

$$s=\sqrt{\frac{1}{n-1}\sum_{i=1}^{n}(x_i-\overline{x})^2}=0.022\,0$$

$$1-\alpha=0.95,\quad \alpha=0.05,\quad \frac{\alpha}{2}=0.025$$

查表 10-2 得 $t_\alpha=2.571$，$t_\alpha\dfrac{s}{\sqrt{n}}=\dfrac{2.571\times0.022\,0}{\sqrt{6}}=0.010\,7$

故 $2.167\leqslant\mu\leqslant2.213$。

二、过失误差的剔除

如前所述，过失误差是人为因素造成的一种不合理的反常数据。在数据整理中应设表置"鉴别值"与"被怀疑值"作比较，大于鉴别值的应予以确认并剔除。

（一）3σ准则

根据偶然误差的正态分布理论，偶然误差大于 3σ 的测量数据出现的概率极小。所以一般大于 3σ 则可视为过失误差。故实测数据中的绝对误差超过 3σ 时应剔除。但是 3σ 准则是不够严格的，因为按 3σ 准则，绝对误差不超过 3σ 的过失误差却不被视为过失误差而不被剔除，但在绝对误差不超过 3σ 的数据中也有过失误差存在的可能。这样，3σ 准则就不能将它们剔除。

（二）肖维纳准则

由于数据较大误差出现的概率很小，则在 n 次观测中，某数据的剩余误差可能出现的次数小于半次时，可剔除此数据。

具体方法：当 $|x_i-\overline{x}|>K$ 时，其中，$K=Z_\alpha s$（Z_α 可根据测量次数 n 直接查表 10-3 获得），则认为 x_1 为过失误差，应被剔除。

表 10-3 $n-Z_\alpha$ 表

n	Z_α	n	Z_α	n	Z_α	n	Z_α
5	1.65	14	2.10	23	2.30	50	2.58
6	1.73	15	2.13	24	2.32	60	2.64
7	1.80	16	2.16	25	2.33	70	2.69
8	1.86	17	2.18	26	2.34	80	2.74
9	1.92	18	2.20	27	2.35	90	2.78
10	1.96	19	2.22	28	2.37	100	2.81
11	2.00	20	2.24	29	2.38	150	2.93
12	2.04	21	2.26	30	2.39	200	3.03
13	2.07	22	2.28	40	2.50	500	3.29

（三）格拉贝斯准则

格拉贝斯准则导出了 $g=(x_i-\overline{x})/s$ 的分布，取显著水平 α，可得临界值 g_0，而

$$P(|x_i-\overline{x}|\geqslant g_0 s)=\alpha \tag{10-25}$$

若某个测量数据 x_i 满足下式，则认为是过失误差而应被剔除。

$$|x_i-\overline{x}|\geqslant g_0 s \tag{10-26}$$

其中 g_0 按表 10-4 中的 n 及 α 来查得。

表 10-4 g_0 表

n \ α	0.05	0.01	n \ α	0.05	0.01
3	1.15	1.16	17	2.48	2.78
4	1.46	1.49	18	2.50	2.82
5	1.67	1.75	19	2.53	2.85
6	1.82	1.94	20	2.56	2.88
7	1.94	2.10	21	2.58	2.91
8	2.03	2.22	22	2.60	2.94
9	2.11	2.32	23	2.62	2.96
10	2.18	2.41	24	2.64	2.99
11	2.23	2.48	25	2.66	3.01
12	2.28	2.55	30	2.74	3.10
13	2.33	2.61	35	2.81	3.18
14	2.37	2.66	40	2.87	3.24
15	2.41	2.70	50	2.96	3.34
16	2.44	2.75	100	3.17	3.59

【例 10-5】 若测得一批构件的开裂应力分别为：2.5，2.5，3.6，2.7，2.2，2.4，2.5，2.6，2.5，2.4，单位为 MPa，试分析其中是否包含过失误差。

解 本题以 3.6MPa 为例来检定过失误差。计算得：$\bar{x} = 2.59$，$s = 0.3784$。

（1）按 3σ 准则：$|x_i - \bar{x}| > 3\sigma \approx 3s$ 则认为试过失误差应剔除。

$$3s = 3 \times 0.3784 = 1.1352$$

则 $|x_i - \bar{x}| = |3.6 - 2.59| = 1.01 < 3s$，故 3.6MPa 应保留。

（2）按肖维纳准则 $|x_i - \bar{x}| > Z_\alpha s$ 时，则认为是过失误差应剔除。这里，$n = 10$，由表 10-3 查得 $Z_\alpha = 1.96$，则

$$Z_\alpha s = 1.96 \times 0.3784 = 0.74166$$
$$|x_i - \bar{x}| = |3.6 - 2.59| = 1.01 > 0.74166$$

故 3.6MPa 应剔除。

（3）格拉贝斯准则：$|x_i - \bar{x}| \geqslant g_0 s$，则认为是过失误差而应被剔除。

这里，$n = 10$，先取 $\alpha = 0.05$，查表 10-4 得 $g_0 = 2.18$，则

$$g_0 s = 2.18 \times 0.3784 = 0.8419 < 1.01$$

故 3.6MPa 应剔除。

再取 $\alpha = 0.10$，查表 10-4 得 $g_0 = 2.41$，则

$$g_0 s = 2.41 \times 0.3784 = 0.9119 < 1.01$$

故 3.6MPa 应剔除

从上例可以看出 3σ 准则不够严格，因为其他方法都认为 3.6MPa 应视为过失误差而被剔除。

要注意的是：不能一次同时去掉两个以上被认为可疑的测量值，只能剔除它们中最大的一个。然后再重新求得剩下各测量值的平均值和标准差，再来剔除偏差较大的可疑值，直至不出现有粗大偏差的值为止。

三、系统误差的修正

系统误差通常是固定不变的，即使是变化也通常是有规律的，如积累变化或周期性变化等。由于造成系统误差的原因通常是由于操作方法、采用的测试方法、计算方法等的某些缺陷或是所用仪器设备内部的固定偏差所引起的。所以造成的误差不易被发现，不易查明所有的系统误差，也不能完全抵消它的影响。通常用以下方法予以识别和尽量消除。

（1）对于固定误差较难发现，可用另一种方式或另一种仪器设备进行对比实验来发现其系统误差。

（2）对于变化的系统误差，可从实测数据列中发现某些有规律的变化。如误差大小有规律地向一个方向变化即为积累变化的系统误差。若是有规律地交替变化即为周期性变化的系统误差。

（3）当测量次数 n 很大时，根据偶然误差正态分布理论应有

$$\frac{\sum|v_i|}{\sqrt{n(n-1)}}=0.797\,9\sigma \tag{10-27}$$

而系统误差不服从正态分布规律，所以当测量数据列的标准差（这里可以让 $s=\sigma$）不能满足式（10-27）时，可认为其中包含有可变的系统误差。

消除系统误差的方法，一是修正不妥的试验方法、操作方法、计算方法（如注意电测导线过长的修正等），可尽量避免出现此类系统误差。二是试验前先对仪器进行率定、校准（如注意百分表使用前人工校零等）。

10.4　结构试验数据的表达

在结构试验中，我们根据试验目的测出很多的试验数据，根据结构受力和变形的情况，对数据进行分类整理，采用适当的方式表达试验结果，以便能完整、准确地理解结构性能。结构试验数据的表达方式主要有：表格表示、图形表示和经验公式表示法等。

10.4.1　列表表示法

采用列表格的方式列举试验数据给出试验结果是最常见的方式之一。用表格方式可精确地给出实测的多个物理量与某一个物理量之间的对应关系。按表格的内容和格式可分为分标签式汇总表格和关系式数据表格。汇总表格常用于试验结果的总结、比较或归纳，将试验中的主要结果和特征数据汇集在表格中，便于一目了然地浏览主要试验结果。关系式数据表格用来给出试验中实测物理量之间的关系。例如荷载与位移的关系，试件中点位移和其他测点位移的关系等。通常一个试验或一个试件使用一张表格。

表格的主要组成部分和基本要求如下：

（1）每一个表格都应该有表格的名称，说明表格的基本内容。当一个试验有多个表格时，还应该为表格编号。

（2）表格中的每一列起始位置都必须有列名，说明该列数据的物理量及单位。

（3）表格中的符号和缩写应采用标准形式。对于相同的物理量，采用相同精度的数据。数据的写法应整齐规范，数字为零时记"0"，不可遗漏。数据空缺时记为"—"。

（4）有些试验现象或需要说明的内容可以在表格下面添加注解，注解是表格的一部分。

10.4.2 图形表示法

图形方式是表达结构试验数据的常用方式之一，在试验研究报告和科研论文中，常采用的有：曲线（曲面）图、形态图、直方图、散点分布图等。采用图形方式给出试验结果最主要的优点是直观明了，与表格方式比较，图形方式更加符合人的思维方式。

（一）曲线（曲面）图

曲线图用来表示两个试验变量之间的关系，曲面图则可以表示三个变量之间的关系。试验数据之间的关系可以清楚地通过曲线图加以表示。例如，在钢筋混凝土简支梁的荷载—挠度曲线图上，混凝土受拉开裂、钢筋屈服等现象对梁性能的影响可在曲线上清楚地表现出来。

运用曲线图表示试验结果的基本要求是：

（1）标注清楚。曲线图中通常包括图名、图号，纵、横坐标轴的物理意义及单位，试件及测点编号等都应表示清楚。

（2）合理布图。曲线图常用直角坐标系，应选择合适的坐标和坐标原点。根据数据的性质可采用均匀分度的坐标轴或对数坐标轴。

（3）选用合适的线型。对于离散的试验数据，一般用直线连接试验点。当图中有多条试验曲线时，可以采用不同的线型，如实线、虚线、点画线等。试验点也可采用不同的标记，如实心圆点、空心圆点、三角形等。

（4）给出必要的文字或图形说明。如加载方式、测点位置、试验现象或试验中出现异常情况。

在有些曲线图中，也可以采用光滑曲线或理论曲线逼近试验点。

（二）形态图

用图形或照片给出试验观察到的现象，此类图形称为形态图。例如，房屋的裂缝分布与构件的破坏特征，钢结构的失稳破坏形态等。形态图的制作方式有手工绘制和摄影制作两种。摄影得到的照片可以真实地反映试验现象，而手工绘制的图形可以突出地表现我们关心的试验现象。在摄影照片中，由于透视关系，有些物理量的数值特征很难直观地反映出来。例如钢筋混凝土梁的裂缝分布就很难用一张照片清楚地照下来，所以一般采用手工绘制的裂缝分布图。传统的摄影照相技术已较少在结构试验中应用。近年来数码照相机、数码摄像机和图像处理技术的发展，使数字图像在结构试验中的应用越来越普及。试验过程中拍摄的照片可以很容易地传送至计算机，再进行文字处理和图像处理，从而得到正确描述试验现象的形态图。

（三）直方图

直方图的纵坐标为试验中观测的物理量取某一数值的频率，横坐标为物理量的值。直方图主要用来作统计分析。绘制直方图应有足够的观测数据或试验数据。数据太少时绘制的直方图很难看出试验数据的分布规律。通常把数据至少分为 5 组，每组若干个试验数据，按等间距确定数据的分组区间，统计每一区间内的试验观测值的数目。位于区间端点的试验数据不重复统计。在数据量不是很大时，直方图的整体形状与分组区间的大小有密切的关系。如果区间分得太小，落在每一区间内的数据可能很少，直方图显得较为平坦；如果区间分得太大，又会降低统计分析的精度。

（四）散点分布图

散点分布图在建立试验结果的经验公式或半经验公式时最常用。在相对独立的系列试验中得到的试验观测数据，采用回归分析确定系列试验中试验变量之间的统计规律，然后用散点分布图给出数据分析的结果，如混凝土立方体抗压强度和混凝土棱柱抗压强度的散点分布图，从图中可以直观地看到两者之间的关系以及数据的偏离程度。有时也用散点分布图说明计算公式与试验数据之间的偏差。

10.4.3　经验公式表示法

通常，试验的目的包括以下方面：

（1）测定某一物理量，如材料的弹性模量等；

（2）由试验确定某个指标，如结构的承载能力、破坏状况，或验证某种计算方法等；

（3）推导出某一现象中各物理量之间的关系。

试验中，由于模型制作、量测仪器、加载设备及试验人员的错觉等都可能引起试验结果的误差。因此，必须对试验结果进行处理，整理出各个物理量之间的函数关系，由此确定理论推导出的公式中的一些系数，或者完全用试验结果分析得出各物理量之间的函数关系式，这就是经验公式法。

一、经验公式的选择

经验公式不仅要求各物理量之间的函数关系明确，还要求形式紧凑，便于分析运算及推广普及。一个理想的经验公式应该形式简单，待定常数不能太多，且要能准确反映试验数据，反映各个物理量之间的关系。

对于试验数据，一般没有简单的方法直接选定经验公式。比较常用的方法是先用曲线图将各物理量之间的关系表现出来，再根据曲线判定公式的形式，最后通过试验加以验证。

目前，有一些计算软件能够非常方便、迅速地给出所需要的数据拟合曲线（经验公式），不仅有多项式拟合还有指数、双曲线等拟合方式。在了解了曲线拟合方法的前提下，可以根据实际情况选用。

多项式是比较常用的经验公式，在可能的条件下应尽量采用这种类型。为了确定多项式的具体形式，应首先确定其次数，然后再确定其待定常数。下面介绍两种常用的确定一元多项式待定常数的方法：

（一）最小二乘法

目前较多使用的计算机软件中，用以进行数据多项式拟合一般采用的是最小二乘法原理，详细可参考相关资料。

（二）分组平均法

进行试验时，如果测量 n 次，得到了 n 组数据，就可以建立 n 个测定公式。而试验最终要求的是最可靠的那一个公式。如果用图形曲线表示，根据实测的数据，可以绘制 n 条曲线。通常在作图时，应使实测点均匀分布在曲线的两侧，然后根据这条曲线定出经验公式。但是，究竟哪一条曲线最为合适，仅仅用作图求解，其结果往往标准不一，不易确定。分组平均法是确定经验公式常用的一种方法。其基本原理是使经验公式的离差的代数和等于零，即

$$\sum d_i = 0$$

若对应 x_i 时，量测值为 y_i，而曲线上的 y 值为

$$y=f(x_i,a_0,a_1,a_2,\cdots,a_n)$$

离差为

$$d_i=y_i-y$$

由此可以得出各点的 d_i。

若测定公式中的待定常数有 m 个,而测定公式为 n 个($n>m$)。将 n 组数据代入选定的经验公式中,得到 n 个方程;再将它们分成 m 组分别求和,得到 m 个方程后联立求解,可得式中的待定常数,这就是分组平均法。

【**例 10-6**】 设有经验公式 $y=b+mx$,相应的测量及计算见表 10-5,试用分组平均法求系数 b、m。

表 10-5   测 量 数 据 举 例

序号	x	y	代入经验公式 $y=b+mx$
1	1.0	3.0	$b+m=3.0$
2	3.0	4.0	$b+3m=4.0$
3	8.0	6.0	$b+8m=6.0$
4	10.0	7.0	$b+10m=7.0$
5	13.0	8.0	$b+13m=8.0$
6	15.0	9.0	$b+15m=9.0$
7	17.0	10.0	$b+17m=10.0$
8	20.0	11.0	$b+20m=11.0$

解 因经验公式中只有两个待定常数,所以将表 10-5 中的 8 个方程分成两组,即序号 1~4 为一组,5~8 为一组,这样得到两个方程

$$\begin{cases}4b+22m=20.0\\4b+65m=38.0\end{cases}$$

联立求解可得

$$\begin{cases}b=2.698\\m=0.419\end{cases}$$

代入原方程得所求的经验公式为

$$y=2.698+0.419x$$

【**例 10-7**】 经测量得到的某物体运动的速度与时间的关系见表 10-6,试求速度与时间关系的经验公式 $\overline{V}=f(t)$。

表 10-6   测量数据及 $\overline{V}$

时间 t(s)	速度 $\overline{V}$ (m·s⁻¹)	时间 t(s)	速度 $\overline{V}$ (m·s⁻¹)
0.0	3.195 0	0.5	3.228 2
0.1	3.229 9	0.6	3.180 7
0.2	3.253 2	0.7	3.126 6
0.3	3.261 1	0.8	3.059 4
0.4	3.251 6	0.9	2.975 9

解　从试验曲线的形态看，可近试选定经验公式为二次多项式

$$\overline{V}=a_0+a_1t+a_2t^2$$

下面是采用两种方法分别求解多项式系数的结果。

（1）采用最小二乘法求解。按照最小二乘法所求得的经验公式为

$$\overline{V}=3.195\ 1+0.442\ 5t-0.765\ 3t^2$$

定义贝塞尔概差为

$$\gamma=0.674\ 5\sqrt{\dfrac{d_i^2}{n-N}}=$$

式中　　n——测定值的数目；

　　　　N——公式中常数的数目（即方程数）。

（$n-N$）的意义是当常数个数为 N 时，需要解 N 个联立方程，所求的经验公式一定通过 N 个点，N 个点的离差为 0。剩下的（$n-N$）个点与曲线有一定离差，所以应以这些离差的平方和除以被离差的个数（$n-N$）来计算概差。

此时贝塞尔概差为

$$\gamma=0.674\ 5\sqrt{\dfrac{d_i^2}{n-N}}=0.001\ 9$$

（2）采用分组平均法求解。按照分组法所求得的经验公式为

$$\overline{V}=3.195\ 0+0.444\ 8t-0.768\ 3t^2$$

分组平均法计算的贝塞尔概差为

$$\gamma=0.674\ 5\sqrt{\dfrac{d_i^2}{n-N}}=0.005\ 1$$

二、多元线性回归分析

以上叙述了试验数据的一元回归方法，事实上，因变量只与一个自变量有关的情形仅是最简单的情况，在实际工作中，经常遇见的是影响因变量的因素多于一个，这就要采用多元回归分析。由于许多非线性问题都可以化成线性问题求解，所以，较为常见的是多元线性回归问题，即试验结果可表达为

$$\gamma=a_0+a_1x_1+a_2x_2+\cdots+a_nx_n$$

其中，自变量为 $x_i(i=1,2,\cdots,n)$，回归系数为 $a_i=(i=0,1,2,\cdots,n)$。

类似于一元线性回归方法中所采用的最小二乘法，多元线性回归也用最小二乘法求得，详细可参见有关数学书籍，这里不再赘述。

★ **本章小结**

（1）数据处理就是在结构试验后，对所采集得到的数据（即原始数据）进行整理换算、统计分析和归纳演绎，得到可以代表结构性能的公式、图像、表格、数学模型和数值，包括数据的整理和换算、数据的统计分析、数据的误差分析、数据的表达四部分内容。

（2）对结构试验采集得到的杂乱无章、位数长短不一的数据，应根据试验要求和测量精度，按照有关的规定（如国家标准《数值修约规则》）进行修约。此外，采集得到的数据有时

需要进行换算才能得到所求的物理量。例如把采集到的应变换算成应力，把位移换算成挠度、转角、应变等，把应变式传感器测得的应变换算成相应的力、位移、转角等。

（3）测量数据不可避免地都包含一定程度的误差，可以根据误差产生的原因和性质将其分为系统误差、过失误差和偶然误差三类。对误差进行统计分析时，需要计算三个重要的统计特征值即算术平均值、标准值和变异系数。对于代数和、乘法、除法、幂级数、对数等一些常用的函数形式，可以分别得到其最大绝对误差Δy和最大相对误差δy，了解其误差传递。实际试验中，过失误差、随机误差和系统误差是同时存在的，试验误差是这三种误差的组合。可以通过3σ准则、肖维纳准则、格拉贝斯准则剔除异常数据；利用分布密度函数确定极限误差来处理随机误差；而对于规律难以掌握的系统误差则需要通过改善测量方法、克服测量工具缺陷等一系列措施来减少或消除。

（4）试验数据应按一定的规律、方式来表达，以方便对数据进行分析。一般采用表格方式、图形方式和曲线拟合等方式。表格按其内容和格式可分为汇总表格和关系式表格两类；图像表达则有曲线图、直方图、形态图等形式，其中最常用的是曲线图和形态图。在试验数据之间建立一个函数关系，首先需要确定函数形式，其次需通过回归分析、一元线性回归分析、一元非线性回归分析、多元线性回归分析乃至系统识别等方法求出函数表达式中的系数。

复习思考题

10-1 为何要对结构试验采集到的原始数据进行处理？数据处理的内容和步骤主要有哪些？

10-2 进行误差分析的作用和意义何在？

10-3 误差有哪些类别？是怎样产生的？应如何避免？

10-4 试验数据的表达方式有哪些？各有什么基本要求？

10-5 测定一批构件的承载能力，得4520、4460、4610、4540、4550、4490、4680、4460、4500、4830N·m，问其中是否包含过失误差？

参 考 文 献

［1］王伟. Midas Civil 桥梁荷载试验实例精析［M］. 北京：中国水利水电出版社，2017.

［2］应江虹，苏龙. 公路桥梁技术状况检测与评定［M］. 北京：北京理工大学出版社，2021.

［3］李忠献. 工程结构试验理论与技术［M］. 天津：天津大学出版社，2004.

［4］易伟建，张望喜. 建筑结构试验［M］. 5 版. 北京：中国建筑工业出版社，2020.

［5］马永欣，郑山锁. 结构试验［M］. 北京：科学出版社，2021.

［6］周克印，周在杞，姚恩涛，马德志. 建筑工程结构无损检测技术［M］. 北京：化学工业出版社，2006.

［7］姚谦峰. 土木工程结构试验［M］. 北京：中国建筑工业出版社，2008.

［8］宋彧，廖欢，徐培蓁. 建筑结构试验与检测［M］. 2 版. 北京：人民交通出版社，2014.

［9］张曙光. 建筑结构试验［M］. 2 版. 北京：中国电力出版社，2022.

［10］张俊平. 桥梁检测与维修加固［M］. 3 版. 北京：人民交通出版社，2023.

［11］周明华. 土木工程结构试验与检测［M］. 第四版. 江苏：东南大学出版社，2017.

［12］王天稳. 土木工程结构试验［M］. 3 版. 湖北：武汉理工大学出版社，2013.

［13］王建华，孙胜江. 桥涵工程试验检测技术［M］. 北京：人民交通出版社，2004.

［14］田建勃，史庆轩，陶毅，等. 小跨高比钢板－混凝土组合连梁受力与变形性能研究［J］. 建筑结构学报，2016，37（12）：83-96.

［15］邱法维，李文峰，潘鹏，钱佳茹. 钢筋混凝土柱双向拟静力实验研究［J］. 建筑结构学报，2001，22（5）：26-31.

［16］徐超，石志龙. 剪切试验中筋土界面土颗粒运动的细观量测［J］. 同济大学学报（自然科学版），2011，39（11）：1605-1609+1668.

［17］刘路明，方志，刘福财，等. 室内环境下 UHPC 的收缩徐变试验和预测［J］. 中国公路学报，2021，34（8）：35-44.

［18］王维斌，索涛，郭亚洲，等. 电磁霍普金森杆实验技术及研究进展［J］. 力学进展，2021，51（4）：729-754.

［19］梁兴文，董振平，王应生，等. 汶川地震中离震中较远地区的高层建筑的震害［J］. 地震工程与工程振动，2009，29（1）：24-31.

［20］夏坤，张令心，董林. 汶川地震远震区黄土场地地震反应特征分析［J］. 地震工程学报，2018，40（3）：504-511.

［21］蒋璐，李向民，蒋利学，等. 既有多层砌体住宅增设电梯与抗震加固综合改造技术振动台试验研究［J］. 建筑结构学报，2021，42（7）：20-29.

［22］易伟建，刘莎. 最小配箍率下钢筋混凝土简支梁受剪性能试验研究［J］. 建筑结构学报，2022，43（1）：128-137.

［23］邹思敏，何旭辉，王汉封，等. 横风作用下高速列车－桥梁系统气动特性风洞试验［J］. 交通运输工程学报，2020，2（1）：132-139.

［24］朱劲松，王修策，丁婧楠. 钢－UHPC 华夫板组合梁负弯矩区抗弯性能试验［J］. 中国公路学报，2021，34（8）：234-245.

［25］解琳琳，黄羽立，陆新征，等. 基于 OpenSees 的 RC 框架-核心筒超高层建筑抗震弹塑性分析［J］. 工程力学，2014，31（1）：64-71.

［26］郭海山，史鹏飞，齐虎，等. 后张预应力压接装配混凝土框架结构足尺试验研究［J］. 建筑结构学报，2021，42（7）：1-7.

［27］吴曦，汪梦甫. 预制叠合剪力墙新型连接节点抗震性能研究［J］. 地震工程与工程振动，2019，39（4）：73-85.